面向新工科的电工电子信息基础课程系列教材

教育部高等学校电工电子基础课程教学指导分委员会推荐教材

数据智能科学技术导论

追寻数据的足迹　探索智能的奥秘

黄卫平　编著

清华大学出版社

北京

内 容 简 介

本书沿着时间的轨迹,讲述了物理世界中宇宙和地球的诞生与演变,探讨了生物世界中生命和人类的诞生与进化,讨论了数字世界中科学技术的产生与进步。数据与物质和能量并驾齐驱,构成了人类宇宙的三个基本要素,并以此为基础建立了物理、生物和数字三个各有千秋却密切相连的世界。"三个世界"的概念和框架构成了本书讨论数据智能的基础,为认识、理解数据和智能的起源与发展提供了一个宏观的问题视角和理论平台。介绍和讨论数据、信息和知识的概念定义、运作法则与实际应用,全面系统地描述和讨论了从原始数据到主观信息,最终到抽象知识的提炼与升华过程。对执行和实现此过程的自然和人工智能系统的模型、算法和功能等的基本原理和最新进展进行系统的介绍和研讨。

本书可作为高校电子信息类、计算机类、自动化类等相关专业大一新生的入门级通识课程教材,也可供从事信息科学、技术和应用的工程技术人员参考。

图书在版编目(CIP)数据

数据智能科学技术导论:追寻数据的足迹 探索智能的奥秘/黄卫平编著.—北京:清华大学出版社,2022.1

面向新工科的电工电子信息基础课程系列教材

ISBN 978-7-302-59154-2

Ⅰ.①数… Ⅱ.①黄… Ⅲ.①数据处理—高等学校—教材 Ⅳ.①TP274

中国版本图书馆 CIP 数据核字(2021)第 182838 号

责任编辑:文 怡
封面设计:王昭红
责任校对:刘玉霞
责任印制:杨 艳

出版发行:清华大学出版社
　　　网　　　址:http://www.tup.com.cn,http://www.wqbook.com
　　　地　　　址:北京清华大学学研大厦 A 座　　　邮　　编:100084
　　　社　总　机:010-62770175　　　邮　　购:010-83470235
　　　投稿与读者服务:010-62776969,c-service@tup.tsinghua.edu.cn
　　　质量反馈:010-62772015,zhiliang@tup.tsinghua.edu.cn
　　　课件下载:http://www.tup.com.cn,010-83470236
印 装 者:三河市龙大印装有限公司
经　　销:全国新华书店
开　　本:185mm×260mm　　　印　张:18　　　字　　数:406 千字
版　　次:2022 年 1 月第 1 版　　　印　　次:2022 年 1 月第 1 次印刷
印　　数:1~5000
定　　价:79.00 元

产品编号:089871-01

　　本书起源于作者自 2014 年起在山东大学信息科学与工程学院为本科一年级学生开设的入门级通识课程。初衷是希望通过一门必修课,使新入学的学生对信息科学、技术与应用有一个较为全面和系统的了解,以避免和纠正"只见树木,不见森林"的局限与偏见。同时,通过课堂内外师生之间有组织的分组分享与交流,开拓知识视野,激发学习兴趣,鼓励独立思考。

　　作为通识课,首先要强调的是"基础性",即重点讲述数据与智能的基本概念和原理;其次是"启发性",提倡学生围绕所讲述和讨论的问题进行主动学习与独立思考。当代大学生都属于数字网络时代的"原住民",在充分消费享受数字资源和智能技术带来的便利和快乐的同时,能否培养自己主动学习和独立思考的能力与习惯,将决定未来事业和人生的发展和前途。对于这些经过长期应试教育培训和激烈考试竞争脱颖而出的年轻人来说,通过一种全新的跨时空、多学科跨界融合的视角,讲述和讨论关于数据智能的科学、技术与应用,可以更好地帮助他们应对大学学习以及未来的职业选择和人生规划。

　　我们也在思考和探索关于大学教育的一些基本问题。在人类知识不断数字网络化和人工智能迅速专业化、普及化的大趋势下,大学本科生的教学内容和培养方式面临"百年未有之大变局",特别是大学工程教育和创新实践方面的问题和危机更为突出和严峻。人类所创造和掌握的知识被数字化和网络化后大规模向机器迁移,而具有专业知识和学习能力的机器则开始具有更专业甚至更高级的智能,能够在许多专业细分领域代替甚至超过人类的水平。数据智能科学与技术将从根本上改变人类与机器在知识与智能方面的分工与协作,同时也将给工业革命以来所建立的传统大学教育内容和培养方式带来新的问题与挑战。大学的专业划分越来越细致,课程内容越来越繁多,但学生对自己所学知识的理解与掌握却越来越肤浅,对数字网络媒体的依赖和困惑越来越严重,对未来人生的选择和价值取向越来越迷茫。从这个意义上讲,本课程和本书是作者思考和推动大学本科教育的一项创新性探索。我们认为应该在学生选择专业领域和职业方向之前,为他们提供更宽泛、更基础和更系统的通识入门教育,在此基础上和过程中使得他们能够以更高、更广的视角认识和理解相关学科的丰富内涵、基本概念、基础原理以及由此发展出来的技术和应用。毋庸置疑,信息科学特别是数据智能科学正在与物理、化学、生命、社会等学科深度交叉融合并在许多专业领域内产生了许多革命性技术和创新性应用。因此,新一代从事信息科学、技术和应用的专业人士和相关人员必须具备足够的知识基础和科学意识以迎接和拥抱正在发生的变革。

　　本书所涉及的大数据和人工智能等是目前科技界和社会上极流行和高热度的话题。

但对这些科学概念和技术原理的认识和传播却往往过于片面、简化,以致造成误解甚至错误。关于数据与智能的书籍大体可以分为两类:一类是面向大众的通俗读物,内容往往比较宽泛浅显,更倾向于描述事物是什么和能做什么,而对事物深层和背后的科学概念和技术原理缺乏严格、系统的描述和讨论。这种快餐式和碎片化的学习和知识很难帮助读者建立一个较为全面、系统的知识体系,更不可能激发有价值的独立思考与创新,其娱乐和商业成分往往高于科学技术成分。另一类是专业的教科书和参考书,主要针对从事数据科学和人工智能技术的专业人士,内容涉及某些专业技术领域的程序性专业知识,但往往缺乏内容广度和学科交叉融合的宏观视角。对于数据、信息、知识、智慧、智能以及相关的基本概念和基础理论,在大众常识和专业讨论中经常出现混淆、误解和错误等现象。而这些概念和模型不仅是专业人士从事更高级科技创新工作的理论基础,也是非专业人士认识和理解相关科学、技术与应用的必要条件。从一个更加宏观和长远的视角,对通识的理解掌握和融会贯通正是人类区别于机器的独特优势。当未来人类社会中众多的科学技术专家的职能和工作被具有智能与知识的专门算法和机器所替代和承担之后,人类的想象力和创造力将更加依赖和取决于对世界上实际问题的独特视角和科学技术的融合知识。与今天"专家"所建立和统治的世界不同,未来的世界也许将由那些具有创新能力和融合知识的个人和组织来推动和发展。基于这种认识和动机,我们希望通过一本通识但不失专业性的入门级教科书,对数据智能科学、技术和应用的基础概念和基本原理、历史背景和目前现状,以及存在的问题和未来预测等做一个比较全面、系统与科学的描述和解释。数据智能科学、技术与应用所涉及的知识范围广、内容更新快,开设这样一门课程,特别是撰写这样一本教科书无疑是一项极具挑战性的任务和工作。为此,我们尽量选取最基本的概念、假设、模型、推论和证据等,同时指出和讨论它们的局限性和近似性,鼓励和激发学生与读者批判性独立思考和大胆创新是本课程和本书最核心的目标。耶鲁大学前校长理查德·莱文(Richard Levin,1947—)曾经讲过:"真正的教育不传授任何知识和技能,却能令人胜任任何学科和职业,这才是真正的教育。"这无疑是一种极高的境界,现实中可能很难达到。但他还说:"本科教育的核心是通识,是培养学生批判性独立思考的能力,并为终身学习打下基础。"在山东大学的课堂上,我们希望能够实现这个教育的核心目标并正在为此做出努力。通过本书,我们希望能够在更大的范围内取得同样的效果。是否能够达到这个目的,只能由学生和读者来做最终的评判。

本书副标题**"追寻数据的足迹,探索智能的奥秘"**概括了本书所遵循的基本思路与逻辑。数据、物质和能量并驾齐驱,构成了人类宇宙的三种基本要素,并以此为基础建立了物理、生物和数字三个各有千秋、密切相连的世界。首先,我们沿着时间的轨迹,讲述了物理世界中宇宙和地球的起源与演变,探讨了生物世界中生命和人类的诞生与进化,讨论了数字世界中科学技术的产生与进步。同时,为了讲述的系统性和内容的完整性,我们简单明了地说明和解释了与物质、能量和数据相关的一些基本概念、理论模型与主要结论等。"三个世界"的概念和框架构成了本书讨论数据智能的基础,为认识和理解数据与智能的起源和发展提供了一个宏观的问题视角和基本的理论框架。接下来我们通过三个独立的篇章分别介绍与讨论数据、信息和知识的概念定义、运作法则和实际应用,全面、系统地描述和讨论从原始数据到主观信息,最终到抽象知识的提炼与升华过程。需要特别提及的是,数据(data)、信息(information)、知识(knowledge)和智慧(wisdom)这些人们习以为常的概念在学术界和社会上并没有一个被普遍接受的定义与解释。关于这些概念的讨论不仅会得出不同甚至相互矛盾的结论,也会引起一些不必要的混淆、误解和争论。为此,我们对文献中关于这些基本概念和模型的各种观点和理论做了尽可能全面、系统的梳理、分析和总结,最终选择和提出了一套我们认为相对合理和自洽的体系。

在"数据法则"一篇中,我们给出了数据的严格定义、表现形式和度量方法,并且提出和讨论了数据所遵循的三个基本法则及推论,描述了数据所具有的客观性、物理性和生物性。"客观性"是指可以观测的客观世界可以被数据化,同时指出数据化的过程需要某种自然或人造的数据系统才能完成。"物理性"是指数据的存在和运动离不开物理世界的物质与能量并受到其物理规律的限制,同时也说明人类所发现和发明的科学技术不断减少处理和运用数据比特所需要的物质和消耗的能量。"生物性"是指数据是人类相互交流的媒介和认识世界的工具。通过对世界数据化,人类建立了一个虚拟化的数字世界,它既是客观物理和生物世界的反映,更是人类主观世界的扩展和升华。在"信息纽带"一篇中,我们首先讨论数据中结构形式、内容含义和预期效用的不确定性,进而引入用来消除这些不确定性的信息。我们将信息定义为基于某种形式、含义和效用,通过编码所得到的数据。信息源于数据,但不等于数据。在引入概率的基本概念之后,系统地介绍和解释了香农基于数据中符号分布的随机性进行编码的基本理论,讲述了对数据进行压缩、纠错和加密的基本原理和典型例子。接下来,通过一些生动和有启发性的事例对信息的含义和效用问题做了阐述,并指出了香农信息论的局限性和扩展信息论模型考虑含义与效用的核心问题和可能思路。在"知识升华"一篇中,我们首先指出信息是连接数据与知识的纽带:消除数据中的不确定性而产生信息必须以先验知识为重要依据,信息是知识的前提;而知识本身又需要通过信息不断充实和丰富,知识是信息的归宿。从信息到知识的过程是一个不断消除不确定性的迭代过程。其次,引入了知识的定义,指出了知识本身具有客观与主观的双重特性,并进一步提出和讨论了知识的分类。我们总结和引入的关于知识的三个基本法则,分别对应知识的来源、过程和作用。最后,指出并讨论了科学技术进步引发知识爆炸和数字网络化,导致知识迁移,为人类带来的挑战性问题和可能影响，并且鼓励、启发学生和读者思考、探索应对和解决的方法与途径。

从数据到信息、知识最终到智慧的过程，从形式上讲是一个从具体到抽象的数据压缩过程，而实质上却是一个从客观到主观的数据加工处理过程。能够驾驭这个过程的系统则是目前宇宙中"唯一"存在的人类智能系统，也包括人类所创造的人工智能系统。智能是目前科技等各个行业中曝光率很高的一个术语，却又是被误读、曲解、滥用甚至错用最多的概念之一。从本质上讲，知识和智慧均是数据，而智能却是数据系统的功能，两者不能混为一谈。关于智能，我们将通过两篇的内容介绍和讨论自然智能和人工智能的课题。所谓"自然智能"，主要是指人类的智力，它属于心智能力的一部分，主要是指通过数据获取知识、通过知识做出决定和基于决定改变行为的能力。智能可以通过生理、心理和行为等测试来衡量。智能的最终目的是能够在所处环境和条件下实现有价值和意义的目标。而"人工智能"则是一种数学模型、计算程序和执行系统，包括软件和硬件，能够胜任和完成由人类或自然智能所具有的职能和任务。关于自然智能，我们介绍并讨论了基于心理测试、认知过程、生物机理以及认知与环境相互作用所建立的理论模型。虽然这些模型在一定程度上解释了自然智能的许多现象，但并没有真正回答和解决人类智能与大脑神经网络的关系等最根本的问题。在"人工智能"一篇中，我们重点介绍和讨论了机器学习和推理的模型、算法和应用。人工智能模型虽然的确受到自然智能现象的启发和影响，但本质上讲却属于一种基于数学算法和算力资源的数据系统。人工智能是目前科技和工业界最活跃和动态的前沿领域。除了尽可能跟踪和介绍前沿科技和最新应用外，我们特别提出了人工智能作为人类的工具会带来哪些价值、会有哪些风险等问题。信息与生物科学的融合所带来的人工与自然智能的融合若真正发生，将会从根本上改变人工智能作为被动工具的原始属性。经过人工智能加强、升级和扩展的未来人类最终会进化成为什么样的物种？这是一个看起来符合逻辑而又极其敏感的问题。对此，我们不应该回避，而是应该认真严肃地提出、思考与讨论。

本书涉及数学、物理、生物和信息等不同学科，知识跨度大、强度高，同时不同学科之间的交叉融合度高，为学习、认识和研究数据智能科学、技术和应用提供了一个全新的视角。书中所涉及的知识点数量多，需要学生和读者潜心研读、用心思考。对于大学一年级的学生，这是一门具有相当宽度和一定深度的通识课，但具有中学数理化生基础的读者应该能够理解和接受。我们近年来的教学实践在很大程度上可以证明这个判断。对于希望了解和学习数据智能科学、技术和应用的读者，这也许是一本相对严肃的教科书，知识性较强，娱乐性较差。如果将学习和掌握知识的过程比喻为通过饮食获取营养的过程，内容的娱乐性和通俗性就像食品的色彩和味道，色香味俱全的食品可以激发食欲，但不一定具有足够的营养；通俗有趣的内容可以吸引眼球，但不一定具有所需要的知识。

作为本书的作者和读者,我们将一起追寻数据的足迹,领略广阔宇宙物理世界的起源与演变,目睹地球奇妙生物世界的诞生与进化,感受人类创造的数字世界的辉煌和伟大。生物世界孕育了人类的自然智能,而智能的人类又创造了机器智能。探索智能的奥秘,我们充满好奇,不断提问、思索、解答和迭代。大自然在物质与能量之上进化出了神奇强大的人类自然智能,人类的自然智能创造出美丽惊艳的数字虚拟世界。这是一个前所未有的世界,充满了机遇与挑战。正如狄更斯在《双城记》中所说:"这是最好的时代,也是最坏的时代;这是智慧的年代,也是愚蠢的年代;这是信仰的时期,也是怀疑的时期;这是光明的季节,也是黑暗的季节;这是希望的春天,也是失望的冬天;我们面前应有尽有,我们面前一无所有;我们正在直登天堂,我们正在直落地狱。"面对这个充满变化和未知的世界,人类所拥有的不只是智能,更有驾驭这些智能的主观意识与自由意志。智能的终结问题不在于智能本身,科技的终结问题也不在科技本身,而在于拥有智能和掌握科技的人类主观意识和自由意志所做出的选择与坚持。人类只有做出和坚持正确的选择,才有可能避免"聪明反被聪明误"的悲剧。

最后,本书的出版不仅是山东大学信息科学与工程学院的同事和作者在高等学校新工科教育改革与创新探索过程中的一项标志性成果,也是作者学术和教育生涯中的第一部著作。我少年求学时期因当时信息知识贫乏,加之社会动荡,未能得到足够的书本知识和文化熏陶。1977 年,我有幸考入山东大学电子系,开启了对科学知识追求、探索和创新之旅。从 1982—1989 年在中国科学技术大学和美国麻省理工学院的研究生学习,到1989—2013 年在加拿大滑铁卢大学和麦克马斯特大学执教的几十年里,我所关注和聚焦的领域均属于应用物理与工程学科的光电子学,知识与技能的积累也集中在其相关领域。在山东大学任教的八年中,我开始对数据、信息、知识和智能等科学、技术和应用产生好奇与兴趣,并在开设和建设信息学院本科生入门通识课的过程中进行学习、思考与探索,不仅使我对信息科学技术的前沿发展有了新的了解和认识,也在一定程度上弥补了我过去知识图谱中的空白与不足。与大多数 20 世纪 50 年代末期出生的同龄人相似,我们生长在一个以"贫乏"与"饥饿"为标志的年代,当时的社会不仅存在物质与能量贫乏而导致的饥寒,更有信息和知识的缺乏带来的无知和愚昧。作为时代变迁中的"幸存者"和"幸运儿",我没有经历过饥饿的痛苦,但亲身感受到了无知的困惑,目睹了知识和科技对人生带来的巨大影响。在那个"读书无用",甚至"知识越多越反动"的年代,我感谢父母赋予我生命中好奇的基因,更加感恩在我困惑迷茫时帮我指点迷津、拨云散雾的家人、朋友和同学。也许正如经受过物质饥饿的人对食物会具有一种本能的珍惜与分享一样,受过精神饥饿的人则对知识具有一种本能的好奇与分享的冲动与渴望。斯里兰卡传教士奈尔斯(D. T. Niles,1908—1970)曾经说过:我们就像乞丐一样,试图告诉其他乞丐我们在哪里找到了面包。他所指的是传递上帝的福音，而我所讲的是传播科学的知识。对于作者来讲，创作与教学的过程中最大的挑战、最大的乐趣是对新知识的学习与理解以及对新问题的思考与探索。特别是在生物学基础、信息学理论以及人工智能科学技术等领域，作者原有的知识基础肤浅，对前沿成果的了解有限。借助开设课程和编写本书的机会，我不得不阅读相关基础和专业书籍以及大量的原始论文。

本书的编写得到了很多领域专家学者的指导与帮助。特别是周洪超教授在信息和人工智能理论方面，澄清和解答了我的许多疑问和不解。周斌教授在人工智能前沿研究和最新成果等方面提供了许多极具价值的材料，激发和鼓励我不断学习的热情和动力。在本书写作和成书过程中，我得到了许多同事和朋友的指点、鼓励和帮助。海信集团的原副总裁、我的发小王志浩先生对我最初几章的手稿做了详细的审阅，提出了许多珍贵的意见和建议。山东大学信息学院的张东升书记、刘琚教授、孙宝清教授、吴强教授不仅帮助纠正了书中的一些错误，也对本书提出了建设性的修改意见。在本书内容准备、讲授和研讨的过程中，山东大学信息学院的信息科学技术通识课的助教老师和本科生，不仅提出了许多极具启发的洞见和评论，也为我坚持最终完成此书提供了持续的激励与鞭策。最后，感谢山东大学张涵女士在本书编辑过程中给予的帮助和支持，经过她绘制和美化的插图为本书增色添彩。清华大学出版社的文怡编辑在本书出版的整个过程中给予了专业指导和精心审阅，最终促成了本书的最终落地出版。在此一并表示感谢！

作　者

2021 年 12 月

目录

目录

目录

目录

第 1 篇

三个世界

作为本书的第一部分,本篇的主要目的和任务是为后续所讲述的课题提供一个宏观的问题视角、理论框架和讨论平台。同时,也将所涉及的内容规范和限制在一个比较容易描述和理解的范围之内。这里所要介绍的理论框架是一个关于物理、生物和数字"三个世界"的模型。这是一个为了简化问题所提出的近似模型,对于我们所要研究讨论的问题具有较普遍的适用性和较强大的解释性。为了使所介绍的核心知识点更容易理解,我们将沿着历史时间演进的主线,讲述物理、生物和数字世界的起源、演化、进化与发展过程。正如德国哲学家恩斯特·特勒尔奇(Ernst Troeltsch,1865—1923)所说的,"从起源中理解事物,就是从本质上理解事物"。不过关于世界构成的本源与本质问题属于哲学的范畴,深究起来恐怕会引起歧义和争议。在这里我们仅试图从"纯科学"的角度出发,尽量采用经过观察与实验验证的证据与主流的理论模型来说明与支持所阐述的论点。即便如此,所涉及的有些问题仍属于科学领域中博大精深、悬而未决的前沿课题。好在关于宇宙、地球、生物以及人类起源等方面的优秀科普书、专业教科书以及参考文献很多,读者可以根据个人兴趣志向进一步深入地系统学习和研究。本书希望通过极其简化概括的介绍,建立一个关于"物理-生物-数字"的理论框架,并以此作为我们的世界观和范式。需要提醒的是,这些关于世界的观点与范式均出自以人类为中心的动机与前提。这种动机和前提在一个更大的宇宙视角下也许是自私和局限的,但在没有发现其他智能物种之前,这也许是一种自然和合理的选择和视角。

1.1 物理世界

物理世界是指由物质与能量所组成的世界。这个世界的范围极大,可以包括整个可观测的宇宙。根据实际经验和科学常识,我们所处的世界是由各种实实在在的物质所构成的,而推动物质运动和变化的动力则是形形色色的能量。

1.1.1 物质的概念

物质是构成客观世界一切物体的材料,具有一定的结构和质量。物质的宏观形态根据构成物质微观粒子(如分子等)之间的距离,可以分为固体(如金属等)、液体(如水等)和气体(如氧气和氢气等),如图 1-1(a)所示,产生物质不同宏观形态的主要条件是所处的温度。温度越高,微观粒子之间的相对平均距离则越大,但不同的物质所对应的相变(从一种状态(如固体)到另一种状态(如液体)的变化)的温度不同。根据经典物理学,物体的质量是物体中所含物质多少的衡量,基本度量为"克"。根据牛顿的力学理论,一个物体的质量可以通过其受力和加速度之间的关系定义和测量。在同样加速度条件下,所需要的力越大,物体所包含的物质质量就越大。用此种方法定义的质量称为惯性质量。在经典物理学中,物质的质量在相对静止的条件下是一个相对稳定的常数,比如在物质转化(如化学反应)过程中,物质的总质量保持守恒(不变)。

物质的微观结构按从高到低层次是由分子、原子、电子以及原子核等构成的

[图 1-1(b)]。分子作为构成物质最高层次的粒子,一般呈电中性,是使物质保持其化学性质而单独存在的最小单元。原子在化学反应(分子结构发生变化)过程中保持不变(不可再分),是保持物质(分子)化学性质的最小微观粒子。分子是由多个原子通过化学键(如共用电子的共价键等)连接一起而形成的。它可以由相同的化学元素构成,如由两个氧原子组成的氧气分子;也可以由不同的元素构成,如由两个氢原子和一个氧原子构成的水分子。目前人类所发现的 3000 多万种分子均是由自然界中 100 多种元素的原子以不同的结合方式和空间结构组成的。原子则由原子核和围绕在它周围的电子构成。原子核还可以再分为更小的带正电的质子和不带电的中子。而中子和质子又可能是由更基本的粒子夸克组成的。分子和原子的尺寸为 $10^{-10} \sim 10^{-8}$ 米(m),而原子核的尺寸在 10^{-14} m 以下。人类对物质的认识从古希腊的原子论的猜想到近代的量子力学的发现和实验,再到现代物理学的各种大胆假说与模型,经历了由浅到深、由分立到统一的过程。这种将物质复杂的宏观现象划分为简单的微观机制的分析方法是物理学最基本也是最成功的科学方法,称为"还原法"(reductionist method)[①]。

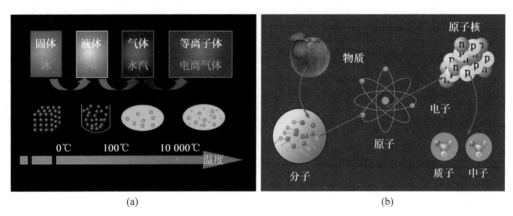

(a)   (b)

图 1-1　物质的宏观和微观结构

对于信息科学与技术来说,最重要的物质是固体材料中普遍存在的电子(electron)。电子是英国物理学家约瑟夫·约翰·汤姆逊(Joseph John Thomson,1856—1940)于 1897 年在剑桥大学卡文迪什实验室发现的,是组成原子的基本粒子之一。电子具有一定的质量和电荷,其静止质量为 $9.109\,383\,56 \times 10^{-31}$ 千克(kg),所携带的电荷为负,电量为 1.6×10^{-19} 库仑(C)。在电场的作用下,电子可以在真空或物质材料中运动,形成电流。电子作为一种微观的基本粒子,本身所具有的物质质量和携带电量均是极其微小的,但大量电子所形成的电流却是可以观测的宏观现象,如暴雨天气中观察到的闪电和实验室中测量的电流等。数据在许多情况下都表现为电子的宏观状态如电流、电压等,或微观状态如速度、能级、自旋等。关于电子在不同材料中和条件下运动的规律和特性,读者可以在相关教材和参考书中学习和了解。正是电子在不同固体材料(如半导体与金属)中

---

① 英国科学史作家吉姆·巴戈特(Jim Baggolt,1957—)的《物质是什么》(英文原名：*Mass*；中信出版社,2020 年)一书对此做了深入浅出、系统全面的描述和讨论,有兴趣的读者可以阅读。

由于电磁场或其他物理作用下产生的不同运动方式与特性,使它成为数据传感、显示、存储和计算的载体。

1.1.2　能量的概念

关于能量,物理学的通常定义是指物体运动转换和系统做功的度量。做功的定义是一个物体在受力的情况下运动一定距离与受力的乘积,或更确切地讲是物体受力沿运动轨迹积分的结果。所以能量是导致物质运动和变化的驱动因素。自然界中能量的形式很多,根据其性质可以分为势能、动能两大类。势能的主要特征是与位置相关,典型的势能有重力势能、弹性势能、化学势能和原子核能等。动能的主要特征是与运动相关,典型的动能有机械能、声波能、热能等。与电磁相关的能量既有电磁波所携带的动能,又有存储在电场和磁场中的势能。能量的度量单位是焦耳(J)。能量在转换过程中可以有不同形式,但总量保持不变,此现象称为能量守恒定律。

对于信息科学与技术来说,最重要的能量是电子所具有的势能和动能以及与其密切相关的电磁场与电磁波。固体物质中的电子作为一种带电荷粒子本身具有一定的势能,电子在电磁场(力)的作用下发生运动获得动能从而产生电流。我们将一个电子经过 1V 电位差(电压)加速后所获得的动能定义为电子伏特(eV),并将此作为衡量微观现象中能量的一个基本衡量单位。1eV 的能量等于 1.6×10^{-19} J,是一个极小的能量衡量单位。

电磁波是一种承载能量的波动电磁场。电磁场是电磁力与能量的空间分布,虽然看不见摸不着,却是实实在在的客观存在。人类对电磁场的认识在很早就开始了,法国物理学家库仑(Charles-Augustin de Coulomb,1736—1806)、法国物理学家、数学家安培(André-Marie Ampère,1775—1836)、英国物理学家法拉第(Michael Faraday,1791—1867)以及德国数学家、物理学家和天文学家高斯(Johann Karl Friedrich Gauss,1777—1855)等均对电磁场理论的建立做出了开创性的贡献。但真正发现和建立电磁场理论框架并首次预见电磁波存在的却是英国数学物理学家麦克斯韦(James Clerk Maxwell,1831—1879)。与普通的波(如声波等)相同,电磁波具有一定的波长(或频率)和传播速度。电磁波波长范围极大,目前所知的可以从 10^{-18} m(γ 射线)到 100km(长波无线电),对应的频率范围为 3×10^{26} Hz(赫兹)到 3×10^3 Hz(图 1-2)。与我们所知的任何其他波(如声波)不同的是,电磁波(如光波)传播的速度极高,在真空中为 299 792 458m/s(约 3×10^5 km/s)。更加有趣甚至怪异的是,这个数值只与电磁波传播的介质有关,与观察者的参照系无关! 1887 年,波兰裔美国物理学家迈克耳孙(Albert Michelson,1852—1931)著名的干涉实验证实光速在不同惯性系和不同方向上都是相同的,是一个与参照系无关的常数。这无疑是一个违反直觉和常识的结论,却成为近代物理学的基本理论基石之一。正是基于这个实验观测,犹太裔物理学家阿尔伯特•爱因斯坦(Albert Einstein,1878—1955)在 1905 年建立狭义相对论时认为光速是绝对的,光速至今仍被认为是宇宙间物质与能量运动和传输的最高速度。根据狭义相对论,时间与空间均是与参照系的相对速度相关的物理量,不再是绝对不变的,这引发了一个非常有意思的物理现象,即"同时性的相对性",如一位乘坐接近光速宇宙飞船的宇航员父亲在执行完任务回到地球后却比一直待在地球上的儿子更年轻。关于电磁波在不同材料和环境中运动的规律和特性,读者可以在相关的教科书和参考书中学习和了解。在这里要强调的是,电磁波作为一种能量的载体,可以在介质(如空气和固体材料等)中以极高但有限的固定速度传播。正是电磁场的不同特性(如波长、强度、极化和角动量)和状态,使其成为数据(信息)传输、传感等的最佳载体。

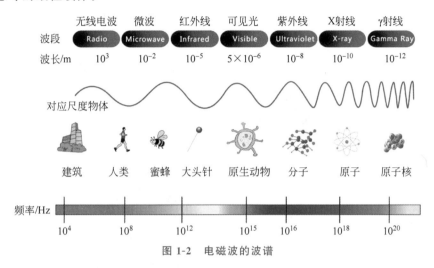

图 1-2 电磁波的波谱

作为物质形式的电子、电流和能量形式的波动电磁场之间存在着密切的联系。运动的电子(电流)是产生电磁场的发射源,而电磁场是导致电子运动的驱动力。电子与电磁波作为数据存在和运动的载体,构成了现代信息科学与技术的物理基础,也是数据、信息器件和系统设计、运行所遵循的自然规律。从这个意义上讲,信息科学与技术基础的本质是电子学和电磁学。对此,从事信息领域的学生和专业人员均需要有充分的认识和重视。

在不同能量的类型中,与我们日常生活经验密切相关却又相当诡秘的是热能。热能是一种存在于物体内部的能量,与物体中微观粒子(分子、原子、电子)的运动状态相关。产生热能的微观物理机制源于构成物体的微观粒子处于永恒的热运动状态。虽然单个粒子的运动是无序的,但大量粒子的运动遵循物理学统计规律,导致所构成的系统(物体)的宏观特性(如体积、压力、温度)在宏观状态下具有有序性和稳定性。其中温度是衡量微观粒子存储热能密度的物理参数,与粒子动能或速度的系统平均值相关。温度越高,粒子存储热能的密度越高,对应的平均速率越高。换一个角度,"温度"也是物体中决定粒子在不同能级分布的物理参数。温度越高,处于高能级状态的粒子则越多。近代物理对产生热能的微观物理机制不断有新的认识,发现产生和决定热能的是围绕原子核电子的运动方式和行为。既然如此,一定会存在一个最低的绝对极限温度,在此绝对零度(摄氏温度-273℃)下,微观粒子趋于"静止"状态或处于最低的能级。"热量"则是描述物体中热能流动或传递的物理量,本质上是由于物体内不同系统(区域)温度差而导致的能量转化过程中所做的功或传递的热能,即热量等于流动的热能。

热能与热量除了遵守能量守恒定律(也称为热力学第一定律)之外,还遵守另外一个普遍的物理定律,即热力学第二定律(图1-3)。这个定律是建立在热量总是从温度高的系统向温度低的系统单向流动这一普遍观察基础上的。从微观的视角,系统的微观状态是无序的。温度越高,不仅粒子的平均速度越高,并且不同粒子速度的统计分布范围也越宽,这意味着微观状态的不确定性越高。有趣的是,如果我们对系统的微观状态做统计分析,就会发现最无序的状态却是出现概率(可能性)最大的状态! 这听起来有些不可思议,为什么物理系统总是趋向于更加无序的状态呢?

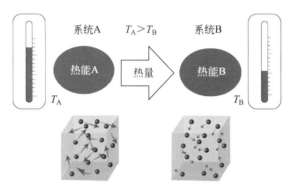

图1-3 热能、热量与温度的关系

虽然能量从一种形式(如势能)到另一种形式(如动能)转化的过程中其总量不变,但在能量转化过程中总会有一部分能量转化为不可利用的"损耗"即热能,在物理上定义为"熵"(entropy)。物质与能量的运动与变化所遵循的热力学第二定律可以表述为:一个封闭系统的熵随着时间总是增加的。这意味着能量转换过程是不可逆的,每次转换总会伴随一定的能量变为不可利用的熵。能量转化越多、越快,所产生的熵则越大。熵所代表的能量的主要特征是所对应物质的微观状态数即"混乱度"。熵越高,物质的状态数或无序性便越高。这好像与我们通常的主观愿望相悖,却是宇宙中普遍适用和不可违抗的客观规律。理论上讲,物质宏观状态总是倾向于从有序到无序的规律与时间的单向性指向是一致的,也可以作为时间单向性的一种注释。在实际中,转为热能的能量不仅降低了能量的利用效率,也会引起物质温度升高,从而影响相关系统的性能。对于数据(信息)系统来讲,能量效率和热量管理是工程设计和科学研究的重要领域,也是最终限制技术和系统性能的物理极限。对此,我们将在第2篇"数据法则"中做进一步探讨。

1.1.3 波粒二象性

根据经典电磁波理论,电磁场(包括光)是一种波动,传统的麦克斯韦方程可以成功解释电磁波的传播、辐射、衍射、散射等波动现象。1887年,德国物理学家赫兹(Heinrich Rudolf Hertz,1857—1894)发现了一种奇特的光电效应。他将光投射到金属表面,观察到由光波导致产生的电流。测量电流的结果却发现电流与光的频率相关。只有频率高于某个阈值时,电流才产生。这个现象无法用经典的波动理论解释。1905 年,年轻的爱因斯坦发表了《关于光的产生和转化的一个试探性观点》的论文,认为光束不是连续的波动,而是一群离散的光子。爱因斯坦认为,只有光子的频率大于某个阈值才能拥有足够能量使得电子逃逸,造成光电效应,于是解释了为什么光电子的产生条件只与照明光的频率有关,而与强度无关的实验现象。这种新的理论在当时受到主流学术界的强烈反对。直到 14 年后,他才因为"对理论物理学的成就,特别是光电效应定律的发现"而荣获 1921 年诺贝尔物理学奖。

经典的电磁理论强调其波动性,其运动规律遵循麦克斯韦方程。量子理论则认为电磁波是一种能量不连续的"粒子"(光子),其(静止)质量为零,所携带的最小能量与其波长有关,为 $E=hc/\lambda$。其中,c 为光速,λ 为波长,h 为普朗克常数(等于 $6.63\times10^{-34}\mathrm{J\cdot s}$)。普朗克常数是物理学中极其重要的标志性参数,是区分经典与量子物理现象与模型的衡量尺度因子。单个电磁"粒子"的能量与其波长呈反比,波长越短,能量越高;相反,波长越长,能量越低。从本质上讲,电磁波应该是一种具有波动性的"粒子",只是这种粒子特性在人类所接触和熟悉的电磁波的波段和能量范围内被淹没了,从而只显现出波动的特性。所以,电磁波本质上更像一种"粒子",但在实际应用中对这种粒子的测量却常常只看到它"波动"特性的一面。如图 1-4 所示,如果我们用能量(纵轴)和空间(横轴)尺度这两个维度来观察电磁场,就会发现在给定波长前提下,当电磁场的能量低于一定阈值(一般是相当于几个光子的能量)时,它的粒子性将会显现,其运动行为才满足量子化的麦克斯韦方程,即光的量子理论。高于此阈值,电磁场呈现波动性,满足经典麦克斯韦方程,即光的经典理论。所以,电磁波的粒子性和波动性的呈现条件与它携带的总能量相关,即单光子能量乘以总光子数。人类视觉感官能够接收的电磁波(可见光)光子的能量为 $1.62\sim3.11\mathrm{eV}$,所以电磁波的粒子性对于所观察和体验的宏观电磁现象来讲可以忽略不计。

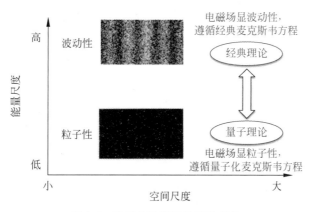

图 1-4　电磁场的波动性和粒子性

根据经典理论,电子是一种粒子,传统的牛顿方程可以成功解释电子在电磁场作用下的运动现象。1923 年,法国物理学家路易·德布罗意(Louis de Broglie,1892—1987)

在他的博士论文中提出了物质波的概念,认为基本粒子(如电子)也具有波动的特性,并建立了波动和粒子的关系,即著名的"波粒二象性"公式。与爱因斯坦发现并提出光量子的"从实验现象到理论模型"的过程相反,德布罗意的物质波发现和理论却是"从理论模型到实验验证"的过程。他的导师、著名物理学家保罗·朗之万(Paul Langevin,1872—1946)对此研究结果半信半疑,向爱因斯坦请教,得到了认可。四年后,德布罗意的物质波假说通过电子衍射实验得到了证实,他因此于 1929 年获得诺贝尔物理学奖。1926 年,奥地利物理学家埃尔温·薛定谔(Erwin Schrödinger,1887—1961)又提出了电子波所遵循的波动方程,即著名的薛定谔方程,从而奠定了量子理论的基础,并于 1933 年获得诺贝尔物理学奖。根据量子理论,电子的行为本质上是一种随机存在和运动的物质波,其波长为 $\lambda = h/mv$,其中 h 为普朗克常数,m 为电子的质量,v 为电子的速度。电子的运动规律遵循薛定谔波动方程,可以用一种概率波的方式描述,只能给出电子在空间不同位置出现的概率分布。但在实际应用中,对这种波动的测量却常常只看到它"粒子"特性的一面。电子的波长很短,在金属中约为 0.1nm(10^{-10} m)。电子能够不因散射而丧失相干性所能运动的平均距离称为电子自由程,在金属中约为 1nm,在自由程之内的电子可以保持其波动性。但超出了这个范围,电子在固体中因不断经历散射而"失相",丧失了波动所具有的相位信息(相干性)而显现出经典的粒子性。如图 1-5 所示,如果我们用能量(纵轴)和空间(横轴)尺度这两个维度来观察电子,则会发现在电子所处的空间的尺寸小于一定阈值即电子自由程时,其波动性才会显现。若高于此阈值,电子将丧失其波动性而呈现粒子性,运动规律满足经典的牛顿方程。对于典型的固体材料来讲,这个空间阈值在纳米量级。所以,电子的粒子性和波动性仅与所受限的空间大小相关,而与所拥有的能量高低无关。

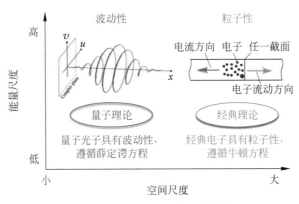

图 1-5　电子的粒子性和波动性

电子和电磁场这些微观的"量子"效应一方面可能是所对应的纳米电子器件和量子光电器件的工作"极限",也可能会被用来发明新的技术,如纳米晶体管、量子计算、量子通信等。对电子和电磁场量子效应的研究和应用是目前信息技术发展的前沿和最具潜力的领域和方向之一。

1.1.4　物质与能量的关系

物质与能量可以当作物理世界的两类"独立"元素来对待。根据经典牛顿力学的理论,物体的质量和能量是两个相互独立的物理量。后来,爱因斯坦建立了更加普遍的狭义相对论,发现质量与能量是可以相互转换的,如图 1-6 中的式(1)所示,其中 m 代表物体运动时的质量,m_0 为物体静止时的质量,v 为物体运动的速率,c 为光的速率。这个公式说明随着速度 v 增加,物体的动能开始转化为质量,从而导致物体的质量增加。若速度接近光速($v \rightarrow c$),则任何物体的质量均趋向于无穷大($m \rightarrow \infty$)。这也说明光速是物体运动速度不可超过的极限。另外,根据爱因斯坦著名的质能公式,能量等于质量乘以光速的平方($E = mc^2$),如图 1-6 中式(2)所示。质能公式如此简单,却包含了极其深奥的科学内涵和普遍的应用范畴。它说明即使处于静止状态的物质也含有巨大的能量,并建立了质量与能量的等价关系,表明质量也可以转化为能量。如热核聚变就是在高温与高压条件下将物质中的部分质量转化为巨大能量的典型例子。反过来根据同一公式,能量也可以转化为质量。如波长极短、能量极高的光子(电磁波)也可以转化为物质(如氢原子核等)。虽然这些遵循爱因斯坦狭义相对论的物理现象是千真万确的,但在人类生活环境的实际情况中却极难、极少发生。这是因为光速远远大于人类所创造和体验的任何物体的运动速度。即便美国研制的宇宙飞船"旅行者"(Voyager)的速度也才达到17.2km/s,仅为光速的 0.0057%。所以对大多数实际应用的情景,由于实际速度远小于光速,所以式(1)所得出的结果为物体运动质量与静止质量基本相同($m \approx m_0$),爱因斯坦与伽利略-牛顿力学所得出的结论是一致的。另外,人们日常遇到的光子波长(如太阳光)一般比较长(可见光或红外电磁波等),所对应的能量极小,也无法通过核聚变产生新的物质。所以,物质与能量两者的相互关系在我们大多数讨论的情况下完全可以忽略不计,物质与能量作为独立变量的假设是成立的。

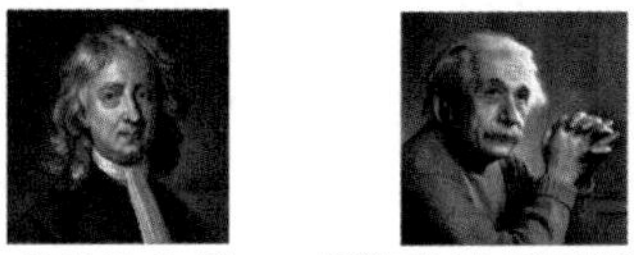

$$(1)\ m = \frac{m_0}{\sqrt{1 - \left(\dfrac{v}{c}\right)^2}}$$

艾萨克·牛顿　　阿尔伯特·爱因斯坦

$$(2)\ E = mc^2$$

图 1-6　物质与能量的概念与关系

物质与能量的存在、运动与变化均是在一个"四维"时空(一维时间、三维空间)中发生的。空间决定并衡量物质和能量占据的领域及位置,而时间决定并衡量物质与能量的变化及顺序。牛顿的经典力学认为空间和时间是绝对的和独立的,相互无关且不依赖于任何物质与能量。后来,爱因斯坦的狭义相对论则证明在光速不变的基本假设之下,时间与空间是相对的,取决于观察者所处的参照系,并且是相互关联的。广义相对论进一步揭示了当物体质量足够大时,时空在引力的作用下将发生弯曲。所以,物体的质量和所产生的引力(即能量)与时空是相关的。当引力趋向于无穷大时,空间将坍缩为一个奇异点(黑洞),时间则被凝固。另外,经典的理论认为空间和时间均是连续的,我们可以确定和描述在任意小的空间和时间范围内的物质和能量。而量子力学却发现空间与时间是不连续的,我们无法完全确定和描述小于 10^{-37}m(普朗克距离)的空间和 10^{-43}s(普朗克时间)的时间范围内所发生的事情。最后,我们所了解的物理模型中,时间是双向和可逆的。但在现实中,时间却是单向和不可逆的。时间的单向不可逆性是长期以来令人困惑和引人思考的重大基础课题,可以通过热力学第二定律加以解释和理解。

1.1.5　宇宙的起源

那么我们所熟悉和赖以生存的物质与能量又是如何而来的呢? 近代物理学所产生的最令人惊讶的理论之一是宇宙的"大爆炸"模型(big bang theory),如图 1-7 所示。1929 年美国天文学家哈勃(Edwin Powell Hubble,1889—1953)发现离我们越远的星系正在以越快的速度远离我们,这说明整个宇宙空间在膨胀。通过广义相对论将宇宙的膨胀进行时间反演,则可以推测出我们所熟悉的四维物理世界(宇宙)在距今约 138 亿年[(137.98±0.37)亿年]前起源于一个密度和温度无限高的"奇点"。对奇点所包含"无穷大"的真正含义以及在宇宙起始时刻(即 10^{-43}s 或普朗克时间内)所发生的事情,我们也许永远不能完全确定。我们不能将宇宙起源于奇点简单理解为一个从无到有的过程。这

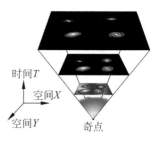

图 1-7　宇宙演化示意图
(图片来源：Wikipedia)

里的"无"严格意义上是反映了我们主观世界对此客观世界问题认识的空白和缺乏,而不是客观世界本身的虚无。目前可以确定的是,宇宙空间在 10^{-36}s 内暴胀了 10^{56} 倍(1 后面 56 个 0)! 宇宙形成的初期,极高密度的能量以极短波长的光子(电磁辐射)形式存在,并由此产生了最原始的电子(带有一个负电荷)、质子(带有一个正电荷)、中子(不带电)和最简单的原子核(氢元素)。直到大爆炸后约 30 万年,电子才开始凝聚在原子核周围形成了中性的原子氢(约占 75%)、氦(约占 25%)和锂(不足 1%)。随着宇宙不断膨胀和降温,在引力的作用下,星云、恒星和星系等天体结构逐渐形成。在恒星形成过程中,以氢为燃料的核聚变所产生的巨大能量和压力在恒星内部又产生了更复杂的原子核和更重的元素,如碳、氧、镁、硅、铁。以高度稳定的铁原子核为核心的超级恒星无法继续进行核聚变,于是在不断增大的引力作用下发生坍缩。这种超新星在爆炸过程中产生的巨大力量将原有的原子核打碎并重组形成比铁更重的 90 多种元素,如铜、锌、金、铂、铀、钍等,并将这些物质洒向宇宙空间,形成了新的星云并产生了打造新恒星和行星的材料。所以,构成物理世界的基本元素是在宇宙大爆炸后由奇点中所包含的能量在约 90 亿年波澜壮阔的热核聚变过程中锤炼出来的。有趣的是,这个基于近代物理学模型的描述与两千多年前中国哲学家老子在《道德经》所讲的"无名,天地之始;有名,万物之母"竟然不谋而合。

1.1.6　地球的形成

对于人类来讲,宇宙演化过程中最重要的事件是太阳系星球,特别是恒星太阳、行星地球以及卫星月亮的形成(图 1-8 左图)。约 46 亿年前,在具有数千亿恒星的银河系中一个微不足道的角落,可能是由一次超新星爆发所产生的冲击波引起的星云引力坍缩,产生了太阳系。太阳本身获得了星云中 99.8% 的质量,其中 71% 是氢,27% 是氦。早期太阳系中其余的物质围绕太阳形成了一个圆盘,在引力的作用下相互碰撞并黏附聚集形成了太阳系行星。距太阳较远的吸收了剩余的氢和氦形成气态巨行星,即木星、土星、天王星、海王星,而距离太阳较近的太阳风将气体吹散留下仅占初始星云质量 0.6% 的重元素组成较小的固体岩石行星,即水星、金星、地球和火星。

在太阳的核心极高的温度(约 1500 万℃)和压力(约 3000 亿大气压)下,持续发生氢变为氦的核聚变(图 1-8 右图)。图 1-8 右图为太阳动力学观测台于 2012 年 7 月 12 日东部夏季时间 00 点 45 分在 30.4nm 波长段拍摄到的图片,成色为红色,显示温度为 50 000K。太阳每秒将 6.2 亿 t 氢转化为氦,其中 0.7% 的质量转化为 $3.828×10^{26}$ J 能量。这相当于 910 亿颗 100 万 t TNT 当量级的氢弹爆炸或 1.3 亿亿 t 煤燃烧所产生的能量! 这些在 70 万 km 深处的太阳核心产生的高能光子($γ$ 射线和 X 射线)需要经过数千亿年才最终转化为低能量的可见光达到太阳表面。虽然太阳拥有大量的氢,但也是有限的。太阳的寿命在 100 亿年左右,目前已经度过一半的岁月。当太阳消耗所拥有的氢之后,产生能量的核聚变将很难发生。燃料耗尽的太阳会坍缩为一颗白矮星,白矮星会在漫长的宇宙岁月中逐渐冷却,最终成为一颗黑矮星。

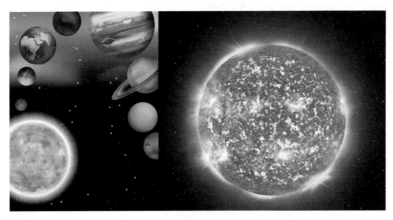

图 1-8　太阳系的形成与太阳

与太阳不同,地球约 90% 的物质是氧、硅、铝和铁。在形成之初,地球是一个炽热的岩浆球,物质以液体形式不断流动,铁、镍等较重的元素下沉到地球中心形成地核。地核创造了笼罩整个地球的磁场,使其免受太阳风的伤害。而氧、硅、镁、铝等较轻的元素则上浮到外层构成了地幔和地壳。随着地球温度下降,地壳的外层冷却凝固形成了坚硬的岩石。地幔灼热的岩石则继续缓缓流动,推动地壳不断分离合并形成了山脉和峡谷。岩浆溶解产生的气体释放出氮气、二氧化碳和水等组成了大气层。随着温度降低,大气中的水迅速凝结以暴雨的形式落回到地面。暴雨持续了数百万年之久,直到液态水覆盖了70%以上的地表形成了海洋(图1-9)。正是太阳所提供的能量资源与地球所具备的物质环境的结合,为在这个美丽星球上最终孕育出神奇的生命提供了独特的环境和条件。

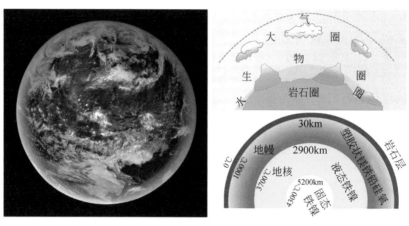

图 1-9 地球的外貌与内部结构

1.1.7 宇宙的熵增

宇宙进化的过程从"无"到"有"、从"简单"到"复杂",能量与物质不断运动和变化。能量在空间流动,不仅通过核聚变产生不同的物质,也在不同的形式之间转化。宇宙物质与能量运动与变化遵循热力学第二定律,所以宇宙的熵随着时间总是增加的[图1-10(a)]。这意味着能量转换过程是不可逆的,每次转换总会伴随一定的能量变为不可利用的熵。能量转化越多、越快,所产生的熵越大。熵所代表的能量的主要特征是所对应物质的微观状态数或者混乱度。能量转换会让系统的混乱度增加,熵就是系统的混乱度。熵越高,物质的状态数或无序性便越高。物质宏观状态总是倾向于由有序到无序的规律与时间的单向性指向是一致的,也可以作为时间单向性的一种注释。宇宙自大爆炸以来的熵估计已经增加了约 10^{12} 倍!

需要指出的是,关于宇宙熵的本质与构成问题,目前学术界仍有许多不同的观点。对充满宇宙的微波辐射的分析表明宇宙的熵似乎变化很少,无法解释宇宙整体熵增的趋势。研究表明,宇宙熵增的主要原因竟是由于演化过程中黑洞的出现。黑洞所吞噬的物质质量巨大,所对应的熵也巨大。如处于银河系中心的黑洞 Sagittarius A* 具有太阳 400 万倍的质量,对应的熵则是宇宙大爆炸时熵的 1000 倍!根据现代物理学模型的预测,宇宙演化过程中黑洞不断增加,最终将会被黑洞吞噬。那时(10^{100} 年后)宇宙中黑洞的熵将比今天增加 10^{20} 倍,之后将不再增加。那时的宇宙将变得无比寂静和黑暗

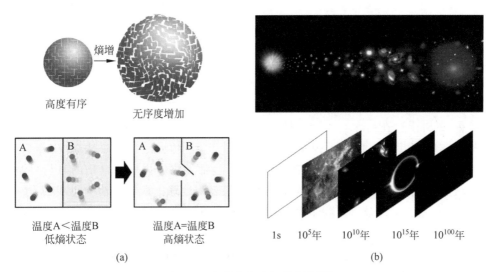

图 1-10　宇宙演化过程中熵的增加

[图 1-10（b）]。关于宇宙起源于奇点（黑洞？）而最终消失于黑洞（奇点？）的理论和预言似乎描述了一个从无到有、从有到无的循环过程。对于这个过程中的观察者（人类）来讲，这又好像是一个从无知到有知，最终又回到无知的大循环。

1.2　生物世界

1.2.1　生命的概念

在宇宙进化过程中，在一个极其渺小的星球上发生了一件看起来概率极小的事件，那就是太阳系中地球上约 45 亿年前生命的诞生与进化。在整体持续熵增的宇宙中，在一定的条件下，在局部区域和有限时间内，有可能发生物质系统熵减的现象，即系统在由简单到复杂的过程中实现了从无序到有序的进化。这种现象最典型的例子就是生命。在宇宙整体永恒熵增的大趋势下，是什么神奇的力量赋予了生命这种局部暂时的熵减现象，目前还没有很好的解释。虽然现实中我们很容易区分和描述生命和非生命的现象，但要给出一个关于生命的全面而严格的定义却是一件很难的事情。物理学家埃尔温·薛定谔认为生命是一个具有抗拒自然趋向无序的自组织物理系统。化学家杰拉德·乔伊斯（Gerald Joyce，1963— ）则认为生命是一个在达尔文进化过程中能够自我持续的化学系统。生物信息学家伯纳德·科热尼奥夫斯基（Bernard Korzeniewski，1964— ）认为生命是由一个具有反馈机制的信息网络构成的。根据维基百科（Wikipedia）的解释，生命泛指一类具有稳定的物质和能量代谢现象并且能回应刺激、能进行自我复制（繁殖）的半开放物质系统。生命个体经历出生、成长、衰老和死亡，生命种群在个体一代代更替中经过自然选择发生进化以适应环境。

1.2.2 生物圈

由具有生命的物体所组成的系统被称为生物世界或生物圈。生物世界中生物种类与形态繁多,包括各种不同的动物、植物和微生物,其中微生物又可以包括细菌、真菌、原生生物、微藻和病毒等,如图 1-11(a)、(b)所示。根据加拿大生物学家 2011 年所发表的研究结果,地球上存在约 870 万个物种(正负误差约为 130 万),包括约 777 万种动物、30万种植物、61 万种真菌、3.64 万种原生生物和 2.75 万种微藻[①]。关于地球"生物量"(即某一时刻单位面积内对应生物有机物质的重量,包括生物体内所存食物的重量)的相对比例,以色列科学家 2018 年发表的最新研究结果表明地球上所有生命的组成中,植物占82%、细菌占 13%,其余 5% 为其他全部生物。相比之下,人类仅占地球生物量的0.01%!这些生物的 86% 生活在陆地,13% 是地表下的细菌,1% 存在于海洋之中[②]。

无论从哪个角度和层次来衡量,生物世界及生物体均是极其复杂的动态半开放系统。采取"还原法"可以将生物世界的结构从宏观到微观划分为若干的层次。一种常用的分层模型为[图 1-11(c)]:生物圈(biosphere)、生态(ecosystem)、部落(community)、种群(population)、个体(organism)、系统(organ system)、器官(organ)、组织(tissue)、细胞(cell)、细胞器(organelle)、分子(molecule)、原子(atom)。这样一个分层模型将生物世界的复杂问题划分和简化分为不同学科所关注和聚焦的问题。生态学只关注个体以上的层次,即种群、部落和生态体系;生理学通常只研究细胞以上的结构,如组织、器官等;细胞学研究各种生物分子,将之视为细胞的结构和功能的材料;生物化学聚焦生物分子的结构与功能等。在不同的层次,组成生命载体的物质元素的尺寸越小,涉及的范围越小,则运动的速度越快,动态的程度也越高。

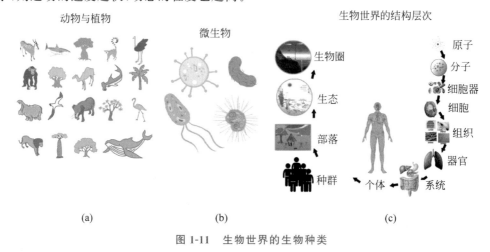

图 1-11 生物世界的生物种类

---

① Mora C, et al. How Many Species Are There on Earth and in the Ocean?[J]. PLoS Biology, 2011, 9(8).

② Baron Y M, et al. The Biomass Distribution on Earth[J]. Proceedings of the National Academy of Sciences of the United States of America, 2018, 115 (25): 6506-6511.

在宏观层次,生物圈是地球上所有的生物以及生存环境的总和,是宇宙中目前已知最大和唯一的生物生态体系。它处于地球的一个外层圈,范围为海平面上下垂直约10km[图 1-12(a)]。地球生物圈是一个能量开放但物质封闭的系统,能量的来源主要是太阳的电磁辐射。接收到太阳辐射的植物通过光合作用将二氧化碳和水转化为葡萄糖和氧气。植物作为生态系统中食物(承载能量的有机物)生产者,供生物圈中其他的成员(如动物)消费。这些食草动物又可能成为食肉动物的食物,将所存储的能量传递给食肉动物,而根据在食物链中所处的地位不同,这些食肉动物有可能成为更高层食肉动物的能量来源。同时,植物和动物的尸体腐烂降解之后又成为植物和细菌的养分。能量在生物圈中的生物体之间以有机物的形式转化过程中,部分能量转变为热能损失掉了[图 1-12(b)]。所以,地球生物圈的能量流动是单向的且效率逐级递减,维持生命复杂系统的有序性需要大量能量源源不断地供应,同时也在生物圈中以热的形式产生了大量的熵。维持生命所需要的物质(如水、氧气、二氧化碳、磷、硫等)则在太阳能量的驱动下,在封闭的生态体系中反复循环。正是能量和物质的流动转化、相互依赖与作用,为地球上的生命提供了生存和发展的动力和源泉。

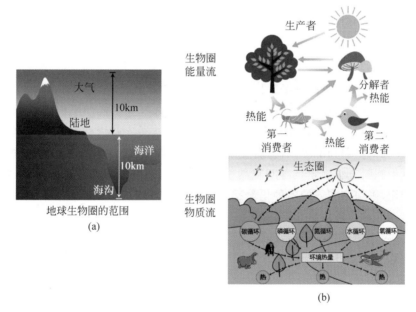

图 1-12　生物世界的生物圈

1.2.3　细胞

在微观层次,细胞是所有生物体形态结构和生命活动的基本单位。细胞在生物体内相对独立却又相互协同配合,组建成高度复杂且有序的组织器官有机体。细胞通过增殖、分化、运动、变异、衰老、死亡等实现其基本生命活动。细胞因功能不同,具有不同的尺寸和形状。如在血液中输送氧气的红细胞平均直径为 $7\mu m$(微米),呈圆盘状,很容易在血液中运动[图 1-13(a)上图];肌细胞呈长条纤维状,其长度从数毫米到十厘米不等,宽度则为 $10\sim100\mu m$,具有收缩功能[图 1-13(a)上图]。神经细胞由细胞体和神经突两部分构成,神经突与其他神经元连接,通过接收、整合、传导和输出信息实现信息交换[图 1-13(a)下图]。人体内有 200 多种不同类型的细胞,分别负责不同的组织结构和生理功能。根据最新的研究,人体有总共 30 万亿~40 万亿(37.2 万亿±0.81 万亿)个细胞;同时还有同样或更多数量(38 万亿或更多)的单细胞微生物(包括细菌、真菌、病毒等)寄生在人体内,负责免疫、营养等功能。所以人体就是一个由自身和共生微生物细胞组成的巨大生态体系。

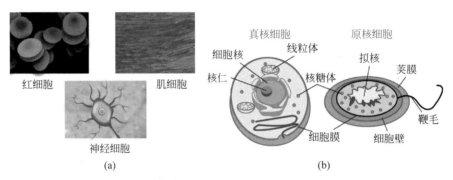

图 1-13　生物细胞的种类和结构

生物界的生物一般由两种细胞构成:原核细胞与真核细胞[图 1-13(b)]。前者对应的特征生物是细菌和古菌,后者是组成植物和动物的基本元素。原核细胞相对体积较小,没有细胞器和细胞核。它具有简单环状的染色体,所含基因数量较少。真核细胞相对体积大,具有细胞器和细胞核,具有复杂线状染色体,所包含的基因数量较多。所有的细胞均具有细胞膜。细胞膜具有双重功能,一方面将细胞内部与外部环境隔离,对内部起到保护作用,确保细胞内的各种化学反应不受外部环境的影响;另一方面又可以实现细胞内外物质的输送和信息交流。

1.2.4　蛋白质

蛋白质是由不同氨基酸通过肽键相连形成的大分子含氮化合物,它是构成细胞的基本有机物和生命活动的主要承担者。蛋白质的一级结构由 20 多种氨基酸按不同比例和顺序组合而成(图 1-14)。由于不同的氨基酸各具特殊的侧链,具有不同的理化性质和空间排布,当按照不同的序列关系组合时,蛋白质分子一维的长链可形成多种多样的空间结构,可以进一步分为更高的层次,如二级结构的 α-螺旋(α-Helx)、三级结构的多肽链和四级结构的复合体。这些空间结构具有不同的生物学活性,可以用于构建生命不同组织与器官,作为生物催化剂(即酶和激素),协助和加速生命活动所需的各种化学反应。同时,它也是生物的免疫作用所必需的物资。人类所需的蛋白质众多,估计有几万到十几万种。蛋白质占人体重量的 16%~20%,仅次于水的比重(70%)。生命通过具有电极

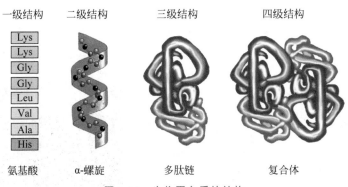

一级结构　　二级结构　　　三级结构　　　　四级结构

氨基酸　　　α-螺旋　　　　多肽链　　　　　复合体

图 1-14　生物蛋白质的结构

性的一维分子长链构成结构和功能如此复杂多样系统的奥秘一直是科学研究探索的重大问题之一。

1.2.5　DNA

细胞内的染色体中存在一类高度规则的"双螺旋"链状结构的核酸大分子,即脱氧核糖核酸(DNA)。DNA 是由四种不同的氨基酸(dAMP、dCMP、dGMP、dTMP,或简单表述为 A、C、G、T)按照一定的排列顺序,通过磷酸二酯键连接形成的多核苷酸。DNA 的宽度为 $2.2\sim2.4$nm,单位长度约为 0.34nm,而螺旋一圈的周期约为 3.4nm[图 1-13(a)]。一个 DNA 分子可能含有数百万个相连的单元。例如人类细胞中最大的一号染色体含有约 2.2 亿个碱基对。人体细胞中 23 对染色体所包含的 DNA 碱基对数目全部加起来约为 3×10^9 个。如果将人类一个细胞中所有染色体中 DNA 首尾连接在一起,其长度可达 2m！DNA 的功能主要是存储生物生命的遗传数据,其中指导生物产生所需要的各种蛋白质的部分称为基因或编码的 DNA。在人类 DNA 中对应产生蛋白质的基因仅占整个 DNA 链条的 1.5%；其余 98.5% 曾被认为是"垃圾",但近些年来对这些非编码蛋白质部分 DNA 的结构特征和生命功能不断有新的发现与认识,它们在基因表达产生蛋白质过程中具有极其重要的作用。

DNA 作为生物遗传数据的物理载体,其双螺旋结构是英国科学家詹姆斯·沃森(James Watson,1928—)和弗兰西斯·克里克(Francis Crick,1916—2004)于 1953 年发现的(图 1-15(b)上图)。当时,人们已经意识到隐藏在细胞染色体中的 DNA 是生命遗传的秘密所在,但对其结构和功能却不清楚。当时这两位英国剑桥大学的研究员综合利用物理学和化学的规律,基于前人的实验数据和失败教训提出了 DNA 的双螺旋结构模型。他们在 *Nature* 发表的论文不足 1000 字,却开拓了分子生物学和基因工程的新纪元。因此,他们也在 1962 年获得了诺贝尔生理学或医学奖。同时获奖的还有英国物理学和分子生物学家莫里斯·威尔金斯(Maurice Wilkins,1916—2004),他在利用 X 射线观测研究 DNA 方面做出了重要贡献。但需要指出的是,在 DNA 故事后还有一位关键人物,那就是美国科学家罗莎琳德·富兰克林(Rosalind Franklin,1920—1958)。她在研究中所取得的衍射图,清晰地揭示了 DNA 的双螺旋结构,据说对沃森和克里克产生过重要的启发(图 1-15(b)下图)。可惜她于 1958 年因癌症去世,年仅 38 岁,未能获得应得的殊荣。

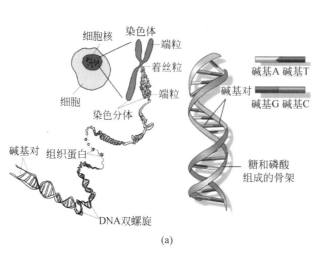

詹姆斯·沃森　　　弗兰西斯·克里克

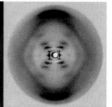

罗莎琳德·富兰克林

(b)

图 1-15　生物 DNA 结构及其发现者

1.2.6　生命的起源

关于地球上生命起源的问题目前仍存在许多疑惑和争论。这个问题包含三个方面,即生命是何时、何地和如何产生的? 关于原核生物的化石记录大约可以追溯到 42.7 亿年前。由于当时地球大气中缺氧且太阳紫外线极强,所以推测早期的原核生物出现在海洋深处火山爆发所形成的岩石附近。在早期的海洋里,首先出现的是单细胞的原核生物。这种微小简单的生物不仅能够通过存储和复制自身结构中的数据进行"自我繁殖",也能够吸取周围环境中的能量进行"新陈代谢"。大约 35 亿年前,功能更加强大的真核生物诞生了。这种生物虽然仍是单细胞,但体积更大,细胞内已经包含功能不同的细胞器,自我复制能力更强,并能够通过"有性繁殖"产生更大的多样性。大约 10 亿年前,多细胞的生物开始出现,这标志着地球生命进化进入了更高级的发展时期。与单细胞的原核生物不同,作为高级生物的动物和植物在生命进化过程中最显著的特征是通过不同专门化器官产生了高度的专业化分工与协作,同时生物组织复杂性大幅增加。多核生物出现后,5 亿年前引发了相关物种组织多样性的爆炸式增长(寒武纪大爆炸)。最终生物进化从同一源泉分化为三个主要分支,即古菌、细菌和真核生物。

关于生命是如何产生的问题,到目前为止仍有许多令人不解的谜团和疑问,这也是重大悬而未决的科学难题之一。生命起源的理论更多是根据科学模型和有限事实进行猜测和分析生命从非生命物质产生的不同可能性。从物质(化学)的角度,产生生命的基本逻辑如下:首先,将地球早期存在的无机小分子(二氧化碳、氢气和水)通过化学反应变为生命所需要的有机小分子,如氨基酸、核苷酸等;然后,将这些有机小分子组合生成有机大分子,如 RNA、蛋白质、DNA(图 1-16);最后,也是最关键的一步,这些"无生命"的有机大分子最终形成具有自我维持稳定和发展的多分子体系,并在此基础上演变为具有代谢和遗传体系的简单生命。这种逻辑看起来似乎很有道理,但深究起来其实仍有许多问题和矛盾。特别是如何从无生命的无机物质"涌现"为有生命的有机系统的现象,到目前为止还没有在实验室中实现,所以各种不同的理论都是"公说公有理,婆说婆有理"的猜测和争论。

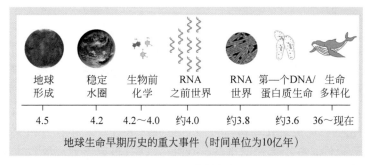

地球形成	稳定水圈	生物前化学	RNA之前世界	RNA世界	第一个DNA/蛋白质生命	生命多样化
4.5	4.2	4.2~4.0	约4.0	约3.8	约3.6	36~现在

地球生命早期历史的重大事件(时间单位为10亿年)

图 1-16 生命的起源

生命诞生仍然是一个谜,地球生物结构由简到繁、种类由少到多,所遵循的进化规律和产生机制是由英国科学家查尔斯·达尔文(Charles Robert Darwin,1809—1882)首先发现的(图 1-17)。达尔文早期学医,但对自然史发生兴趣。他在为期 5 年的航行中,对所

查尔斯·达尔文

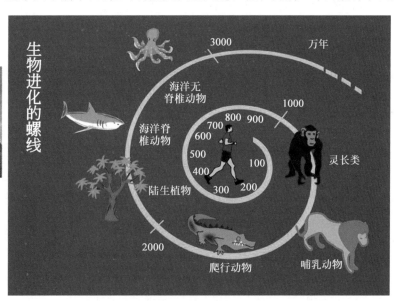

图 1-17 达尔文的生物进化论

见生物与化石的地理分布感到困惑,开始对物种转变进行研究,并且在 1838 年提出了自然选择理论。因为担心与当时主流思想不符,他没有公开发表自己的发现,而是继续坚持研究。直到 20 年后一位年轻的科学家华莱士(Alfred Russel Wallace,1823—1913)寄给他一篇描述相似理论的论文,才促使他决定与其共同发表进化论。1859 年,达尔文出版了划时代的著作《物种起源》,全面系统地介绍了进化理论。根据进化论模型,生物物种具有通过复制产生大量后代而繁衍的趋势;任何物种的变异,均是在繁衍复制过程中因出错造成的。物种因变异所带来的生物结构、功能和能力的差异通过对所处自然环境的适应程度(或在变化环境中获取生存资源的能力)而得到选择。能够适应环境的物种得以生存和发展,不能适应环境的物种遭到淘汰而灭绝。地球上物种演变的推动力和选择性决定了生命进化的进程和结果。

1.2.7　人类的进化

根据最新的考古发现和研究成果,人类进化始于灵长类动物物种中的森林古猿,与黑猩猩、大猩猩、长臂猿以及旧、新世界猴子等具有共同的祖先。现代基因分析表明,黑猩猩和大猩猩的基因与人类的基因有 98％ 和 96％ 是相同的[图 1-18(a)],与现代猴子也有 84％ 的共同基因。人类进化经历了南方古猿、能人、直立人和智人四个进化阶段。大约 6500 万年前,也许是一个偶然的事件,一颗巨大的行星撞击地球导致生态环境发生急剧变化,给占统治地位的大型动物(如恐龙等)带来了灭顶之灾,却使劫后余生的灵长类生物获得了更大的生存资源与空间。地球上最早的人类是生活在距今 420 万—150 万年前的南方古猿。这些原始人平均身高只有约 1.2m,脑容量为 440～530mL,仅为现代人的35％。他们能够使用天然的工具(如石头和树枝等)狩猎,但不会制造工具。距今 200 万—150 万年前的能人平均身高增加到 1.4m,脑容量增大到 680mL,能够制造简单的工具(如石器)。距今 200 万—20 万年前的直立人脑容积较大(800～1300mL),达到现代人的

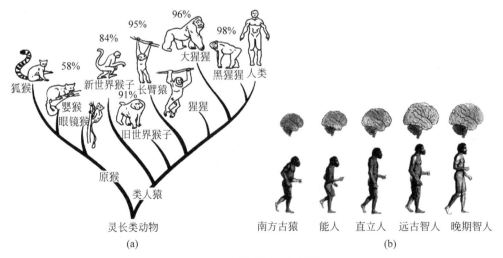

图 1-18　人类的诞生与进化

74％,平均高度接近 1.8m。直立人最伟大的成就是发现和学会了用火进行烹煮、取暖和照明,开始使用符号与基本的语言,并且开始制造和使用更精致的工具。需要特别指出的是,火处理过的食物不仅更加安全,也大大提高了人类摄入营养和能量的效率,这些新增的营养和能量促进了人类大脑的进一步发展,成为人类向更高级物种进化的一个转折点。与现代人同科的智人约在 25 万年前出现,经历了约 24 万年的时间最终成为我们所熟知的现代人[图 1-18(b)]。

1.2.8　生命体的复杂性和有序性

生命进化过程中最显著的特征是生物形态和功能复杂性的不断增加。首先,根据达尔文的进化论,地球上所有的生命形态均起源于约 40 亿年前生命早期的原生生物,即"最后共同祖先"(Last Universal Common Ancestor,LUCA),这种生物的生态结构和功能均比较简单。在之后近 35 亿年漫长的生命进化过程中,单细胞生命的生物形态和功能的复杂性并未发生很大的变化。但这种情形在多细胞生命形态出现后开始发生突变。约 5 亿年前发生的"寒武纪生物大爆发"产生了五花八门、丰富多彩的生物物种。生物器官专业分工的多元化需求大大增加了生物形态和功能的复杂性和多样性。这种"复杂而有序"的生命现象在宏大的宇宙中是不可思议的奇观。请注意,与热力学第二定理所描述的熵(即无序性)增加不同,伴随生命结构复杂性增加的生命系统是高度有序的,所对应的熵是减少的!

说到这里我们不禁要问,为什么生命能够克服热力学第二定律的"诅咒"在不断增加复杂性的同时变得更加有序而熵减呢?宇宙演变和生命进化均需要能量和物质的运动和变化,那么两者之间的区别是什么呢?答案其实很简单:数据!在生命进化的过程中,除了物质和能量之外,数据作为一种新的基本元素发挥了关键的作用。更确切地讲,一个关键的差异是生命本身是一个数据系统。在生命进化的过程中,除了物质和能量之外,生命以 DNA 为载体实现了数据的存储、传递(繁殖)和计算(变异)。关于数据的概念定义、表现形式、度量单位以及相关的科学规律等,我们将在第 2 篇"数据法则"中做系统的描述和讨论。在这里可以简单地将数据理解为一种反映、记录和展现事物某些特性的符号或"等价物"。

1.3　数字世界

1.3.1　数据的起源

数据作为一种反映、记录和展现世界上事物特性的元素,又是如何产生的呢?关于数据的起源问题至少有三种不同的逻辑构成的假说。

第一种是"唯物论"的观点,认为在宇宙产生和演化的同时,数据作为物质和能量的基本特性同时产生,所以数据的本质是物质/能量的,即物质与能量的基本特性,可独立于生命及人类的主观世界而存在。这种理论强调数据是客观世界反映的本质,但忽视了数据产生过程中某种数据系统存在的必要性。在生物特别是人类出现之前,似乎没有一个明显的数据系统能够对客观世界进行数据化。也许我们在一定程度上认可物质与能量本身便具有数据化的能力,如宇宙形成初期所产生的光子便是反映和记录当时宇宙特性的数据。但在生命和人类出现以前,这些"数据"即使存在,也没有被转化为符号。的确,我们很难想象在一个没有生命的宇宙中作为符号的数据存在的可能性;即使可能,也没有意义。

第二种是"唯心论"的观点,认为数据是在生命诞生和演化同时出现和发展的。有了数据,生命才能够产生和进化;通过生命进化,数据才能够存在和发展。所以,数据的本质是生物的,是生命的基本特征。离开生命,数据将失去存在的价值和意义。科学研究的结果表明,数据在生命诞生和进化中的作用无疑是十分关键的。首先,生命的密码(或算法)以数据的形式记录和存储在生物体的 DNA 分子之中,并利用 DNA 中的数据为载体,通过基因表达产生蛋白质而最终确定和产生生物系统的结构与特征。这些过程包括通过数据的"复制"产生具有生命特征的组织和器官;通过数据的"遗传"将生命传送延续到下一代生物体;通过数据的"变异"(即变换)对环境影响做出反应和发生进化等。

第三种是"唯神论"的观点,即将数据来源归结于某种先于生命甚至宇宙的"超自然"机制和力量。数据是"上帝"对宇宙和生命设计与控制的工具,本质是"超自然"的,可独立于物质和生命而存在。这种观点显然具有浓厚的宗教色调,对此本书不再做进一步探讨或争论。从纯科学的角度,这种带有宿命色彩的数据观,也许是人们对数据来源,特别是数据在生命诞生和进化过程中许多疑问没有答案情况下的一种解释和自慰。

虽然目前也许还不能完全确定以上哪一种关于数据起源的学说更具有普遍性和解释性。主观上我们更倾向于数据与生命的关系更加密切的观点,并以此作为本书理论框架的基本假设之一。

1.3.2　DNA 和基因中的数据

首先,让我们讨论生命基本单元细胞中 DNA 所存储的数据,也就是生物体包含的完整 DNA 序列。地球上所有生物体的 DNA 均是由四种氨基酸所构成的碱基对组成的,每一个碱基对代表一个数据(符号或字母)。虽然生物体从非生命到生命的发生过程和机理目前学术界还没有定论,但至少可以假设某种基于物质且由能量推动的数据系统的产生和运作是生命产生和进化的必要条件。在生命诞生的过程中,产生构成生命各种化学反应的程序性知识并以数据的方式写入 DNA 中。这些数据不仅可以根据需要进行复制,也可以作为算法通过生物化学系统产生生命所需的结构和功能。不同生物基因组中碱基对的数量,即对应的数据量有很大的差别,如图 1-19 所示。在生物界最微小和简单的生物体是病毒,它具有与细菌和其他高级生物相似的 DNA(有可能是双链或单链结构),但本身不具备产生蛋白质和新陈代谢的功能,必须借助其寄宿细胞的资源进行繁衍。所以,病毒也可以被看成一种具有生命潜力的非生命体。以细菌为宿主的噬菌体,如猪圆环病毒是已知最小的病毒之一，其粒子直径只有 14～17nm，基因组只包含 1759 个碱基对。艾滋病（HIV）病毒的基因组是有 9749 个碱基对，新型冠状病毒（COVID-19）则具有 26 000～32 000 个碱基对。与病毒相比，具有独立生命功能的细菌则具有更大的基因组，如大肠杆菌（*E.Coli*）具有约 460 万个碱基对，而酿酒酵母具有约 1210 万个碱基对。属于昆虫类的果蝇的基因组约有 1.3 亿个碱基对，而作为哺乳动物的现代人类基因组的碱基对高达 32 亿个！所以，长期以来人们认为生物体的复杂性与其基因组中所包含的数据量（碱基对数量）密切相关。DNA 中的数据量越大，生物体的复杂性则越高。在生物进化过程中，从原核单细胞生物到单核和多核真核生物，其复杂性的提高是伴随着数据量增大而发生的，但这种观点并不完全正确。

如图 1-19 所示（纵轴为基因组大小），在原核生物（病毒与细菌）和低等真核生物中，基因组大小或数据多少与生物形态的复杂性基本呈正相关关系。所以，在生命诞生和进化初期，生物复杂性和 DNA 数据量的正相关关系是成立的。但对于更高等的真核生物，如动物和植物等，这种相关性便不再成立。这说明对于现代高级生物来讲，单凭基因组中数据量的大小不能衡量和决定其生物形态和功能的复杂性。根据进化论的观点，生物进化过程中基因组中数据的数量和结构变化的驱动力来自所处环境对生物的生存压力。所以，可以认为生物体中 DNA 中的数据量和结构应该是在进化的过程中通过对环境变化的适应来不断优化的。但为什么形态、功能及复杂性相似的生物会有数量差别如此之大的基因组，仍然是一个谜，这就是著名的 C 值之谜（C-Value Paradox）。

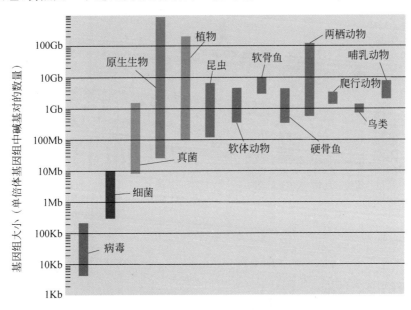

图 1-19　DNA 中的数据（原始图形：Pearson Education Inc.，2012）

为了揭开这个秘密，近些年来学术界做了不少有意义的尝试。首先，在 DNA 所包含的数据中，只有一部分（即基因）对应于可能通过编码产生的蛋白质。关于基因对蛋白质的编码和产生蛋白质的过程，我们将在"信息纽带"一篇中做进一步探讨。有趣的是，非基因部分的数据在整个 DNA 数据中所占比例在不同的生物类别中存在巨大的差别。对于相对低级的原核生物和单细胞的真核生物,非编码的 DNA 数据所占比例较少(原核生物为 5%～25%,单细胞的真核生物为 25%～50%)。对于多细胞的高级生物,非编码 DNA 所占的比例比较高。人类 DNA 中非编码数据所占比重高达 97%[图 1-20(a)]。其次,也不能很好地解释生物基因组中基因的数量与生物复杂性的关系。如图 1-20(b)所示,比人类复杂度低的秀丽隐杆线虫具有约 19 500 个基因,与人类 20 000～25 000 个基因比较接近,而植物水稻和玉米却有高达约 45 000 个和 50 000 个基因。最后,对生物进化过程的研究表明,不同生物在进化过程中其基因组中碱基对的数量的变化不是单调的,既有可能增加,也有可能减少。引起基因组中 DNA 数量变化的原因很多,主要源自某种可以移动的片段,俗称"跳跃 DNA"(jumping DNA)。这种 DNA 可以通过复制、裁剪和粘贴嵌入细胞染色体的 DNA 长链上,从而改变碱基对的数量。这些重复性 DNA 片段占据了人类 DNA 序列的 50%,其中一些作为基因组的一部分被保留下来。垃圾 DNA 有许多看起来是无用的,但最新的研究揭示了其中一些在基因表达控制等方面的重要作用。以上讨论仍存在不少漏洞,比如可移动的跳跃 DNA 并不能解释负责蛋白质编码的基因数量是如何增长和变化的。近期的科学研究表明,人类和其他高级生物的 DNA 在进化过程中在不同的时间尺度内经历过许多次组合、修改和交换。有趣的是,人类的 DNA 中约有 8% 来自某些病毒,这些病毒 DNA 数据在进化过程中变成了人类 DNA 的组成部分。

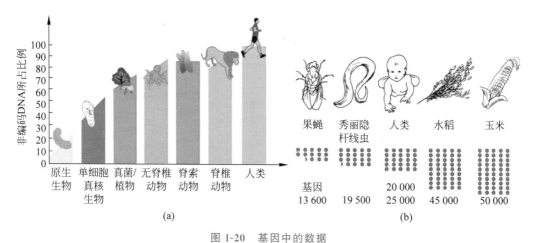

图 1-20 基因中的数据

1.3.3 大脑中的数据

生物体细胞中 DNA 中的数据仅是生命数据的一部分。对于人类和动物来讲,更多的数据存储在神经系统(特别是大脑)之中。人类 DNA 数据中(大约 2 万种基因中)至少 1/3 与产生和控制大脑的生理结构和功能密切相关,这在人体所有器官中所占比例是最高的。这些基因影响并在很大程度上决定大脑的发育和功能。人类 DNA 是如何通过基因表达创造神经系统与大脑,使其在出生时便具有先天的刺激反应、模式识别和学习能力的,目前我们能够了解和解释的还很少。在生命进化过程中,从原核单细胞到真核单细胞和多细胞生物,生物体在适应外部环境的过程中因竞争与生存的需要,开始产生能够获取外部数据并做出适应性反应的神经系统。特别是在多细胞生物的进化过程中,细胞、组织和器官专业化的产生对获取、传输和处理数据的要求更高。正是在这种情形下,收集环境数据的感官神经和存储处理数据的大脑应运而生。作为动物,也许我们可以认为大脑中存储数据量与所拥有的神经元细胞以及它们之间连接的数量有一定正相关关系。与其他哺乳动物相比,灵长类动物大脑的结构和效率更加合理和经济。而在灵长类动物中,人类大脑的神经元数量最高[①]。现代智人的大脑平均有 860 亿个神经元,每个神经元平均与 1000 个其他神经元相连接,从而共有约 86 万亿的连接。这些连接的强度(电压、化学信号以及突触物理参数等)也可以分为不同的等级。另外,与大脑神经元连接相关的还有 1000 多种处于不同状态的蛋白质。所有这些不同的连接数量、强度等级和蛋白质状态等均可能与大脑中记录、存储和表达数据的方式相关。大量的研究证实,反映和记录外部世界事物的输入或内部思维意识信号会激发大脑中不同部位的神经元按某种模式产生复杂的化学反应、电压变化等。这些变化分布模式与所对应的外部输入产生某种相对固定的映射关系,从而产生了对应的数据。这些数据模式会根据外部和内部信号激发而发生调整,形成一个复杂与动态的数据系统。

虽然我们对大脑神经元网络数据编码的方式和产生机制仍不清楚,但可以断定数据的产生和变化主要与连接神经元之间的突触密切相关。突触(synapse)是位于神经元之间的一个具有间隙的结构,是神经元之间在功能上发生联系的关键部位,如图 1-21(b)所示。一种简单的模型认为,长期数据记忆是通过某种外部或内部刺激后所形成的神经元

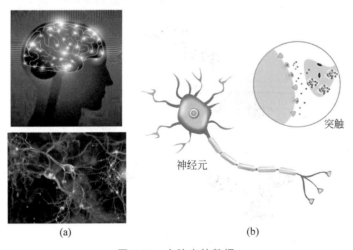

（a）　　　　　　　　　　　　（b）

图 1-21　大脑中的数据

① Suzana Herculano-Houzel. The human brain in numbers: a linearly scaled-up primate brain[J]. Frontiers in Neural Science,2009(11).

之间突触的尺寸来实现。由于神经元突触尺寸的量化级别很难测量,长期以来人们假定有大、中和小三个状态,每一种状态可以对应一个数据,并由此估算出人类大脑存储数据的极限容量为 100 万亿字节[①]。2016 年,美国生物学家 Sejnowski 及其团队的研究发现大脑的突触实际上可以有 26 种不同的尺寸,比以前估计的状态数高几乎一个量级。基于新的研究结果,大脑数据存储的上限可以达到 1000 万亿字节,即 1PB![②] 从这个意义上讲,也许我们可以认为人脑对数据存储的空间是"无限"的。请注意,存储数据的容量不等于数据本身,我们实际上并没有回答大脑中到底有多少数据这个问题,也不太清楚这些数据是如何获得的和以什么方式存在的。

1.3.4 感官数据

生命在进化的早期便拥有了获取外部环境数据的能力,因为这对生存具有极其关键的作用。对于哺乳类动物来讲,获取外界数据的器官是感官,即眼睛(视觉)、耳朵(听觉)、鼻子(嗅觉)、嘴(味觉)和皮肤(触觉),如图 1-22 所示。不同的动物的数据感知能力,可能受进化过程中不同环境的影响或基于各自生存的需要,具有较大的不同。在视觉方面,鹰的眼睛中有更加丰富和敏感的视觉细胞,它的角膜可以通过改变形状对近处或远处的物体聚焦。正因如此,鹰的视力可以达到 4.0 或更高,这使它能够在数英里的高空发现兔子在晃动耳朵;而人的视力一般只有 1.5 左右。在听觉方面,蝙蝠的听觉频率可以达到 15~90kHz,属于超声波频段;而人的听觉频率只有 20Hz~20kHz。在嗅觉方面,狗的鼻子中约有 3 亿个嗅觉感受器,而人类则只有约 600 万个。狗用来处理嗅觉信息的皮质占据了整个大脑 12.5% 的重量,而人类的则还不到 1%。

图 1-22 动物的数据感官

[①] 字节作为一种数据的度量单位,请参照第 2 篇"数据法则"的相关部分。

[②] Bartol Jr T M,et al. Nanoconnectomic upper bound on the variability of synaptic plasticity[J]. eLife,2015.

1.3.5　语言数据

人类与其他动物的数据输入（感知）能力各有千秋，人类对于数据的表达（输出）能力更胜一筹（图 1-23）。虽然许多动物也具有一定程度上用简单符号进行表达和交流的能力，但与人类在语言表达和交流方面的能力相比，具有天壤之别。正如美国语言学家诺姆·乔姆斯基（Noam Chomsky，1928—　）所讲：人类语言也许是在动物世界没有明显类比的独特现象。

图 1-23　人类与动物的区别：语言能力和水平

关于人类语言的起源问题，根据《圣经旧约》，人类原本只有一种语言"亚当语"。古巴比伦地区的人们决心建造一座能通往天堂的通天塔。为了阻止人类这一胆大妄为的举动，上帝一夜之间让语言变得五花八门。从此，人们再也无法进行交流，从而导致造塔的工程半途而废。根据印度教《梵书》和史诗《摩诃婆罗多》的说法，人类语言的创造者是印度教创世者梵天的妻子萨拉斯瓦蒂（Sarasvati），她是语言、知识女神，是梵语及天城体字母的创造者。除此之外，目前学术界仍有许多不同的学说，如单源论与多源论、先天说与后天说等，仍无令人满意的理论。曾经有人嘲笑说：有多少语言历史学家，就有多少关于语言起源的学说。由于可以用来证实理论的客观事实极其缺乏，1866 年巴黎语言学会甚至明令禁止讨论此问题，此禁令对西方学界的影响一直延续到 20 世纪末。

根据达尔文进化论的观点，通过数据进行表达和交流的语言是人类在进化过程中为了生存和更好适应所处环境的产物。这种通过语言进行交流的行为对人类的生存和发展带来明显的竞争优势。这种优势可能是直接适应环境的结果，也可能是人类在制作和使用工具过程中的一种副产品。还有一种理论，认为人类的语言能力起源于一次基因的变异，使得人类具备了特殊的发声能力。关于人类语言起源的时间，目前学术界仍存在不同的观点，估计极有可能在 200 万—50 万年前的能人开始制作工具时，语言便开始产生并逐渐发展。随着人类大脑不断发达，到了 25 万年前智人出现后，语言达到了比较完善的程度。无论语言的起源如何，可以猜测和断定的是，它一定始于人类进化过程中某种群体环境：起初用于小范围家庭成员之间的交流与互动，后来逐渐扩大到部落之内以及与邻近部落的传播与协作。

仅通过手势和口头输出数据进行交流的方法具有空间和时间方面的许多局限和不

足。正因如此,人类发展早期许多口口相传的历史事实最终还是未能经受时间和空间的磨难而烟消云散。为此,人类发明和发展了书面语言和更加持续有效的数据技术。人类目前所发现的最早记载的数据技术是原始人创作的洞穴壁画,如西班牙马特维索(Maltravieso)岩洞里的手印,可以追溯到 6.7 万年前。我们无法确定当时的原生居民创作和留下这些数据的动机和方法。古人类学者、加拿大维多利亚大学博士研究生吉纳维芙·冯·派辛格(Genevieve von Petzinger)自 2010 年起开始对古代洞穴壁画产生兴趣并做了大量的实地考察探索。她的研究发现,在冰河时期(11 万—1 万年前)约 3 万年的时间跨度里,早期人类在整个欧洲大陆重复使用 32 个符号,其中最早出现的是人的手掌形象。这些符号还不能构成严格意义上的人类书面语言,但这些表明人类"到此一游"的数字却是人类对世界和本身数字化从"0"到"1"的开端。关于人类的书面语言,即文字的最早记载是约公元前 3500 年的苏美尔人的楔形文字。古埃及的象形文字出现于公元前3000 年,而世界上最早的字母文字则是约公元前 1000 年的腓尼基字母。中国的甲骨文可追溯到公元前 1400—1200 年。在约公元前 30 世纪,埃及纸草书卷出现,这是最早的书籍雏形。中国最早的正式书籍,是在约公元前 8 世纪出现的用竹木作书写材料的"简策"。11 世纪 40 年代,中国活字印刷术诞生。15 世纪中叶,德国人古登堡发明了金属活字印刷。文字的诞生和书本的发明大大提高了人类数据跨越时间和空间传播的能力,使得人类文明得以传播和继承。

在人类的进化和文明发展的进程中,语言(特别是文字)驱动下带来的数据传播能力,不仅大大提高了人类在更大范围内交流和协作的效率和效果,也通过经验和文化的传承和分享使前人留下的宝贵知识和优秀传统能够造福后代。如果说在生命进化过程中,数据最初仅是生物体个体内部成长和运作的驱动力(图 1-24 中红色线),人类则是第一次真正将数据从生物体内部转移到外部,成为生物体之间相互交流的媒介与工具(图 1-24 中蓝色线)。正是依仗这种独特的数据优势,人类能够在地球生物圈的竞争和共存中脱颖而出,最终成为地球的主宰。相对于人类,其他物种虽然也具有通过数据交换进行横向交流与协作的能力,但数据的越代纵向传承却只能通过遗传,大大限制了优秀传统和宝贵知识的传承和发扬。

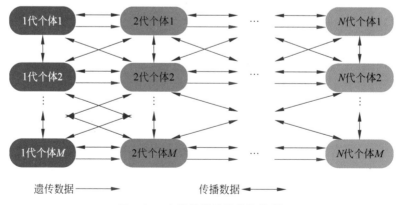

图 1-24　人类数据的遗传和传播

1.4　三个世界

在生命特别是人类进化过程中,由数据所构成的世界诞生了。从物理世界到生物世界,再到数字世界,经历了 130 亿年漫长的时间,最终在浩瀚的宇宙中微不足道的美丽地球上花了 40 亿年创造出人类这样一个奇特的生物物种。这个生物物种的奇特之处在于:在完成了达尔文式的生物自然进化后,又通过掌握和利用数据成为地球的主宰,并且开始利用科学技术在物理和生物世界之上又创造出一个崭新的数字世界。

这个数字世界的存在、运行和发展离不开物理世界的基础和生物世界的推动。在逻辑关系上,物理世界包含生物世界,生物世界包含数字世界(图 1-25)。生物世界起源于物理世界,是物理世界的系统性升级;数字世界则来源于生物和物理世界,是生物特别是人类的伟大创造。

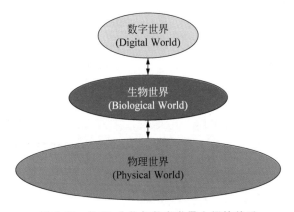

图 1-25　物理、生物与数字世界之间的关系

在 5 万—10 万年前,现代的智人出现之后,人类本身基于生物机理的数据能力似乎并没有明显的变化与提高。纵观人类文明的历史,我们并不能断定现代人比古代人更加聪明或智能。进入新石器时代之后,推动人类社会进步的主要驱动力,来自人类所创造的科学与技术。这些科学技术均以数据科学为基础,一方面通过数据不断加深人类对客观世界运行规律的认识,另一方面利用数据不断提高人类对客观世界的驾驭和改造能力。

人类社会所经历的第一次技术浪潮是发生在公元前约 1 万年前的农业革命,其主要特征是将物质和生物打造和转化为人类赖以生存的资源和工具,如驯服动物成为人类的工具等,帮助人类突破本身体力的局限。人类开始摆脱游牧时的狩猎生活方式,通过改变自然世界物质(即耕田种粮)的形式取得生活资源,并且通过不断优化和提高农耕技术提升获取所需物质资源的能力和效率。第二次技术浪潮是发生在 18 世纪 60 年代的工业革命,从蒸汽机的发明、应用到煤炭、石油和电力的普及,其主要特征是从物质(如煤炭和石油等)中获取能量,大大提高了人类制造和使用工具的水平和范围。工业革命的主要特征是通过对自然界能源的开发和利用进一步提高了人类驾驭和改造世界的能力。

第三次技术革命是 20 世纪 40 年代开始发生的信息革命,其重点是从物质和能量中获取和运用数据,即通过信息科学和技术将人类创造和利用工具的能力提高到更高的智能层次。于是,如今对人类社会生存与发展的基本要素为物质、能量和数据。正是这三种基本要素的相互作用,构成了人类赖以生存和发展所需的资源。

每一次技术革命的突出特点是科学发现和技术发明导致人类社会所需物质、能量和数据的极大丰富,所以这些基本因素在人类社会不同阶段的人均丰富程度,代表了人类社会的进步和文明的水准。在物质世界,钢铁是经济和社会发展的基本标志。图 1-26 给出了 1910—2015 年全球钢铁市场需求的变化。不同时期,全球钢铁产量和经济发展的驱动力(主要的生产和发展引擎)来自不同的国家和地区:在工业革命时期,是西方(欧洲和北美);在后工业时期(1950—1980 年),是日本和韩国;而过去的 40 年间(1980 年之后),则是中国,贡献了全球钢铁总产量的一半之多!

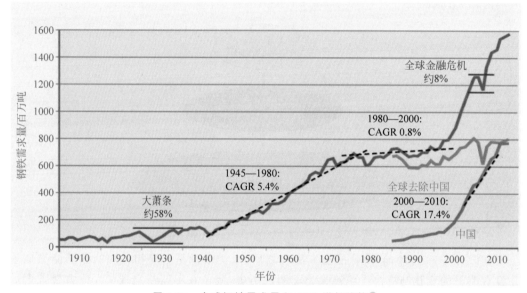

图 1-26　全球钢铁需求量和 GDP 增长趋势①

图 1-27 给出了不同国家经济发展与钢铁消耗之间的关系,其中横轴为人均 GDP,纵轴为人均钢铁消耗量。可以看出,物质(如钢铁)在不同国家发展时期的作用和地位随着时间的推移会趋于饱和。美国和日本在人均 GDP 达到 2 万美元之后便趋于饱和甚至下降,而中国仍处于人均 GDP 增长与人均钢铁消耗量同步增长的时期。实际上中国钢铁产量也于 2011 年后趋于饱和。所以,可以预见中国社会与经济发展的新引擎将不再是钢铁等材料的物质因素。下一个钢铁及其他物质材料消耗的国家和地区也许是印度,目前还不好确定。

同样的趋势和现象也发生在能量的领域。图 1-28 给出了全球能源 1800—2016 年消

---

① 数据来源:IISA/WSA and Metalytics analysis。CARG,Compound Annual Growth Rate,复合年均增长率。

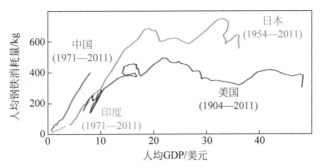

图 1-27 钢铁需求量与人均 GDP 的关系[1]

耗总量的历史趋势。人类最早利用的能量是基于生物的能源如木材等。工业革命最重要的成就是开发和利用煤炭（1850 年之后）、石油和天然气（1920 年之后）。这些不可再生能源今天仍然是人类所使用的主要能源，而可再生的新能源（如太阳能等）只占据很小的比例。未来全球消耗中新能源的比例将会不断增加。同时，在 21 世纪后期全球能源的总能量将会达到饱和并开始下降。

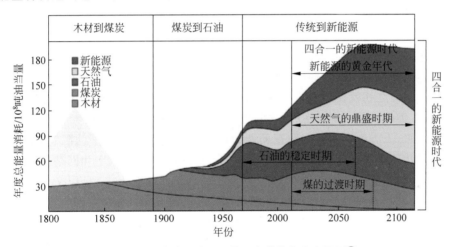

图 1-28 全球能源消耗总量历史趋势和未来预测[2]

能量消耗与经济发展水平之间的关联关系如图 1-29 所示，横轴表示以 2011 年美元衡量的人均 GDP（包含的购买力对称性的因素，即 purchase power parity，或 PPP），纵轴为以石油为等价物的人均能量消耗。不同国家和地区的相对人口数量通过图中圆圈的大小表示。可以看出，西方发达国家（如美国）在人均能源消耗和 GDP 方面均遥遥领先于世界其他国家和地区。相比之下，发展中国家（如中国）仍处于相对落后的地位，2016

---

① 数据来源：Bureau of Resource and Energy Economics；CEIC；Conference Board；IMF；Japan Iron and Steel Federation；Maddison（2009）；Thomson Reurers；US Geological Survey；World Steel Association（worldsteel）.

② 数据来源：Zou Caineng，et al，Energy Revolution：from a fossil energy era to a new energy era[J]. Natural Gas Industry B3，2016（1-11）.

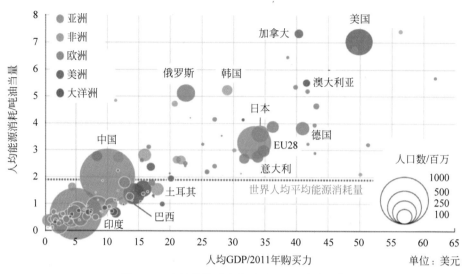

图 1-29　人均能源消耗与人均 GDP 的关系①

年的人均能量消耗居于世界平均水平。从历史发展的数据分析,一个国家人均能量消耗在发展初期会大幅增长,直到人均 GDP 达到 2 万～3 万美元时达到顶点,之后饱和并下降。目前中国人均能耗为马来西亚和韩国的一半,预计在 2040 年人均 GDP 达到 2 万美元左右时达到同样的水平。即使这样,与美国相比,仍有巨大的差距。

　　数据在生命之初就在生物的 DNA 中出现并驱动和伴随着生物物种的进化不断增加,但作为人类的创作却是在语言产生之后才真正来到世界上并在人类社会中不断增长。长期以来,人类产生和利用数据的能力由于受到科学技术水平的限制,相对于物质和能量来讲比较落后。这种状况直到信息革命的后期,特别是数字和网络技术高度发达的互联网时代,才真正发生了根本的变化。图 1-30 给出了自 2010 年以来全球产生数据量的增长,从 2010 年的 2ZB(1ZB=10^{21}B)增加 23.5 倍到 2020 年的 47ZB。预计未来 15 年全球数据量将继续呈爆炸性增长,到 2035 年再增长近 46 倍,达到 2142ZB。

　　当然,每一次新的技术革命,对于前一次技术革命所侧重的基本要素的开发和利用带来了极大的促进作用。如工业革命大大提高了人类社会对物质的开发和利用,而信息革命也将人类对物质和能量的开发和利用水平提高到了前所未有的水平。2012 年发表于社会科学期刊的一篇论文 *Eras of Material*, *Energy and Information Production* 分析研究了人类历史上生产物质(材料)、能量和信息(数据)的不同时代的特征。如图 1-31 所示,人类生产物质、能量和数据的确经历了三个不同的历史发展阶段,但各个阶段发展的速度却有巨大的差别。物质生产经历了数千年的时间,而能量生产却仅用了数百年。如今我们正处于信息崛起的时代,数据生产的时间大大缩短,仅在数十年的时间内便发生了爆炸性的增长。相对于人的生命周期来讲,这意味着一个人在一生中所经历的变化将比能量和物质时代几代甚至几十代人所经历的变化还要剧烈。同时,该论文还特别指

---

①　数据来源:European Environmental Agency,2016。图中所有数据均以 2011 年为准。

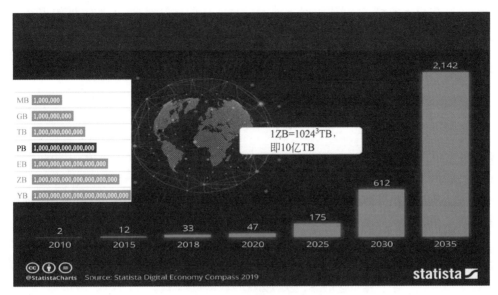

图 1-30　全球数据增长趋势

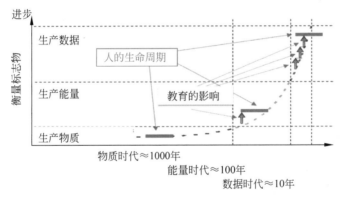

图 1-31　人类产生物质、能量和数据的趋势

出教育对人类进步所具有的重要作用。

也许我们可以将不同发展时期人类人均所占有和消耗的物质、能量和数据作为衡量人类文明的标志(图 1-32)。随着科学技术的进步和经济的发展,人类人均物质和能量的

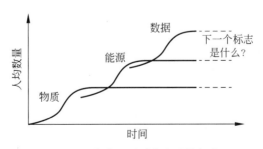

图 1-32　人类不同时代文明的标志

占有与消耗均趋于饱和。目前,我们正处于信息时代的巅峰时期,人均数据的占有和消耗迅速增长,成为这个时期社会发展的标志。可以想象,在不远的将来,人均数据的占有与消耗也一定会趋于饱和,那时驱动人类社会和文明进步的动力和标志又会是什么呢?将此问题先留给读者,并在讨论"人工智能"课题时再做进一步探讨。

本篇小结

(1)宇宙、生命和人类经过长期的演变、进化和发展,最终形成了物理、生物和数字三个相互关联的世界,物理世界是生物和数字世界存在和生存的物质基础,生物世界是宇宙中地球上经过数亿年演变所产生的一种复杂动态却又高度有序的"负熵"现象,而数字世界是伴随生物世界而诞生并且由人类发展而迅速增大的虚拟空间。

(2)物质、能量与数据三种基本要素和资源,构成了人类生存和发展的客观和主观世界。在不同的发展阶段,人类对物质、能量和数据资源的开发和利用能力与程度不同,可以作为不同时代人类科技进步和文明水平的标志与衡量。

(3)数据作为反映、记录和展现客观事物存在和变化的符号,在地球生命的演化和人类文明的进步过程中起到了关键的作用。

(4)人类通过生物进化和科技进步,不仅成为地球生态圈的主宰,也通过创造数字世界和生态改变物理和生物世界。人类所创造的数字世界将与物理和生物世界交叉融合,在空间和时间维度拓展人类的生存空间和生活自由。

讨论问题

1. 物理、生物和数字世界的区别和联系是什么?
2. 为什么说物质、能量与数据构成了人类所赖以生存和发展的客观和主观世界?
3. 数据在地球生命的演化和人类文明的进步中是如何起到独特作用的?
4. 以数据为驱动力的信息革命时代具有哪些与农业和工业革命时代不同的特征?

研究课题

1. 数据在生命诞生和演化中的作用。
(1)DNA 中的数据是如何产生、积累和增长的?
(2)人类大脑中的数据是如何产生、积累和增长的?
(3)数据是如何协助生命抵抗热力学第二定律实现熵减的?
2. 数据在人类生存和发展中的作用。
(1)数据与人类语言的关系是什么?
(2)数据与科学技术的关系是什么?

第

2 篇

数据法则

本书第1篇"三个世界"系统地阐述了宇宙、生命和人类由物理到生物和数字世界的演变、进化和发展历程。数据作为一种新的基本元素,在生命诞生和进化的过程中便开始出现并发挥越来越重要的作用。在生物进化的初期,数据作为载体为生命的运作、繁殖、遗传和发展提供了必要的信息,积累了必要的知识。人类出现之后,首次创造性地将数据大幅度输出外化,使其成为表达、交流信息和知识的有效工具。人类借助自身发达的自然智能和强大的数据技术,在生物进化和文明进步的过程中最终成为地球的主宰。

在引入并讨论了物理、生物和数字"三个世界"的理论框架之后,我们将在本篇集中讨论有关数据的问题。首先,我们将对第2篇中所给出的数据概念,包括定义、形式和度量等做进一步系统和深入的探讨。接下来我们将引入和讨论关于数据的几个基本科学法则并讨论这些法则在数据科学技术中的应用。

关于数据[①],百度百科认为"数据是人类通过观察、实验或计算得出的结果。数据可以是数字、文字、图像、声音等。数据可以用于科学研究、设计、查证等"。维基百科的定义有所不同,认为"数据是描述事物的符号记录,是可定义为有意义的实体,它涉及事物的存在形式。它是关于事件的一组离散且客观的事实描述,是构成信息和知识的原始材料"。很显然,这两个关于数据的定义和解释,既有相同的要点,也有不同的侧重,但好像均有些拖泥带水,不够精练。据我们所知,到目前为止还没有一个在科学意义上普遍使用且被接受的数据定义。

另外,社会上和学术界常常将"数据"和"信息"两个概念混淆和混用。严格来讲,这是两个既有联系、又有区别的概念。对此,我们将在后面"信息纽带"一篇中做更深入的讨论。在这之前,所有提到"信息"的地方,除非做特别说明,均应理解为本篇所定义的"数据"。这是一个近似,但不会影响本篇所阐述和讨论内容的内在逻辑。

2.1 数据的概念

我们对数据的定义为:**数据是反映、记录和展现事物存在及变化的符号**。从数学意义上讲,数据是将世界中的给定事物及变化通过某种"变换"映射到一个数字世界的代表物,即符号(图2-1)。数据作为抽象的符号与所反映的事物之间具有一种关联关系,但这种关系不一定是唯一的,也不是固定不变的,更没有任何"是非"与"对错"之分。数据一旦产生,便可以独立于所对应的事物而存在和运动。正是数据这种与所对应事物的关联性和自身存在与运动的独立性,使得它成为与物质和能量并驾齐驱的三种基本要素之一。

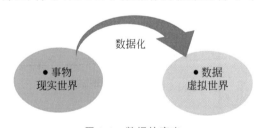

图 2-1 数据的定义

---

① 数据的英文翻译是 data,可以有两种读法,即[deiːtə]或[daːtə]。注意,这里 data 已经是复数,所以不需要再加后缀 s 成为 datas! data 对应的单数是 datum,很少使用。

数据作为符号可以有不同的表现形式,如平面的静态文字(包括数字等)、图片(包括图表等)以及动态的音频和视频等(图2-2);也可以包括其他的表现形式,如立体的雕塑等。总之,数据可以在空间和时间维度具有多种表现方式,理论上可以用任何适当的物理参数在空间和时间的变化来表述。数据的表达方式和展现形式取决于主体系统对数据的要求。如数据传感系统要求数据能够正确反映所对应的客观事物,数据处理系统(存储、传输和计算)则要求数据的形式易于操作,而数据显示系统则要求数据能够以最理

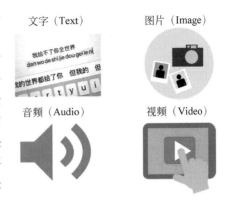

图 2-2　数据的形式

想的形式再现客观事物的原始状态等。对于人类来讲,通过感官所获取的数据类型与形式极其广泛,但也有一定的局限。请注意这里所讲的数据形式,均是指人类在数据化过程中所表达的数据,而对于人类主观世界里数据的形式,却只能通过其产生的客观表象数据去推断。近代科学技术对于人类遗传 DNA、大脑和神经系统的研究,开始揭示人类主观世界数据结构的特征。关于这方面更为深入和详细的讨论,我们将在"自然智能"一篇中做进一步讨论。

无论何种形式的数据,不管在表面上看起来有多么复杂或不同,均可通过数字化变换转换为二进制数据(即 0 或 1)的组合表述(图2-3)。我们称此为数据的数字化变换。最早的二进制的记录出现于中国的《周易》,关于二进制数学的概念由德国数学家、哲学家戈特弗里德·莱布尼茨(Gottfried Wilhelm Leibniz,1646—1716)首次提出。

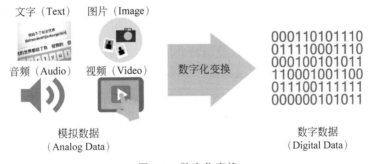

图 2-3　数字化变换

世界上不同形式的数据均可转化为看起来如此简单的数字数据,这初看起来似乎有些不可思议,但的确是可以实现的。我们一般将非数字形式的数据称为模拟数据,可以是空间和时间任意形态的函数。将此函数数字化的程序,即从模拟(analog)到数字(digital)数据的转换过程称为"数字化"。如图2-4所示,一组一维的连续模拟数据经过采样、量化和编码,最终被转化为一组由 0 和 1 构成的数字数据。好奇的读者可能要问,这种数据采样和量化过程中是否会产生"误差",从而使得最终产生的数字数据不能精确地代表原始的模拟数据呢?无疑这是一个很好的问题!首先回答有关采样的问题,数据

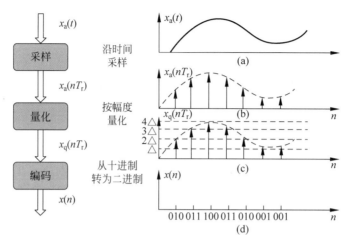

图 2-4　数字化变换过程

采样需要遵循"采样定理"，即对于一个"带宽有限"的连续信号，如果采用大于信号最高带宽频率 2 倍的频率采样，就不会带来该信号的任何失真，即可以通过采样数据完全恢复原来的信号。采样定理是美国贝尔实验室的科学家哈里·奈奎斯特（Harry Niquist，1889—1976）在 1928 年提出的。1933 年，苏联无线电物理学家弗拉基米尔·科捷利尼科夫（Vladimir Kotelnikov，1908—2005）首次用公式严格地表述了这一定理。1948 年，信息论的创始人克劳德·艾尔伍德·香农（Claude Elwood Shannon，1916—2001）对这一定理加以明确说明并正式作为定理引用。所以，对于我们所遇到的实际数据，只要遵循采样定理的要求，就不必担心会带来任何原始数据的失真。

同时，我们还需要对原始的模拟信号进行量化，即将函数在所定义的范围内划分为若干个离散值。量化误差是指由于对模拟信号进行离散化而产生的误差，定义为量化后的数字量和被量化模拟量之间的差值。对于给定的函数范围，量化级数越多，量化的相对误差则越小。所需要的最大量化误差与所针对的应用要求有关，可以根据具体情况来确定。量化等级数确定之后，则可以通过十进制到二进制的转换，将取样和量化后的信号转化为数字信号。

在数字化的前提下，我们可以得到一个数据的最小单位，即比特（bit）。一个比特的数据即是一个可以取值为 0 或 1 的二进制数字。因为数据是反映事物变化的符号，而世界上最简单的变化便是二进制的两个状态，所以比特是数据度量的最小单位。在数据科学和技术中，我们还定义了一个更大的数据单位，即字节（Byte），是包含 8 个比特的数据。随着信息技术的发展，人们描述数据量的数字迅速增大，从 20 世纪 80 年代的兆字节（MB）即百万字节，到今天的千兆（GB）和百万兆（TB）甚至 10 亿万兆（PB）字节等。

2.2　数据科学第一法则

数据的定义只说明了关于数据"是什么"，但并没有回答数据"为什么"和"做什么"的问题。关于数据的产生机制、存在条件、运动规律等问题，应该是属于数据科学的范畴。

本篇将为此提出并建立数据科学的几个基本法则或定律。这些法则本质上是基于有限观察总结出的一般性猜测和推理,虽然看起来似乎是常识,但本质上是一种假设。科学上的这种方法称为归纳法。需要指出的是,基于这种归纳法所产生的理论严格来讲,不能够被"证实":即使迄今为止所有的实际观察和实验测试均支持某个理论的正确性,也不能保证它是普遍成立和永远正确的。这是因为我们不可能在空间和时间维度穷尽所有可能地观察与测试,所以无法证明这些假设是否正确。然而,这些理论却可以被"证伪",即很有可能在未来会找到与这些理论不相符的反例,从而推翻这些理论并建立更普遍的理论。如"天鹅是白色的"这一结论在很长时间内对于很多观察者是一个普遍接受和相信的假设。但黑天鹅被发现后,这个理论被推翻,被修正为"天鹅可以有不同颜色"的新结论。科学理论和知识就是在这种不断"建立-推翻-再建立-再推翻"的循环中得到发展和不断完善的。归纳法这种"形而上学"做法的关键是为建立一个能够成功解释所观察现象最简单的模型而做的"去粗取精,去伪存真"的科学方法。

我们首先引入数据科学的第一个法则,即:

世界上的任何事物均可以被数据化,即可被映射到一个虚拟空间表达为某种符号。

这首先意味着世界本身是可以被"数据化"的。数据科学第一法则为数据作为人类社会基本元素的产生提供了理论依据。此法则所讲的是数据产生的可能性。物理、生物与数字世界之间存在一种必然的联系,使得在物理和生物世界中的事物及变化能够按某种方式在数字世界中反映、记录和展现。正如我们在第1篇"三个世界"中所述,数据作为一种与物理世界密切关联的元素,是生命能够克服热力学第二定律的诅咒而有效地组织物质与能量,最终产生高度复杂和有序的生物系统的关键所在!

当然,不同事物的可数据化程度因本身的性质特点和局限可能会有很大的差别。宇宙如此浩大,还有许多领域我们目前仍一无所知,尚未被数据化;也许有些事物我们很难实现数据化。数据的最小单元是1比特,数据化最小也是1比特。以此来衡量,不能数据化的事物即等于在人类认知中"不存在"的事物;对事物的认知从"无"到"有"便对应1比特的数据。但这样的数据化程度实在没有多少实际用途和意义。请注意,这里讲的"有"和"无"并不一定是客观世界的真实存在与否,而是在人类的数据系统中是否产生了对应的映射。有许多客观世界上也许不存在的东西,仍然可以被高度数据化。如古代人类的许多神话故事中的一些事物的数据化程度极高,却不一定是真实存在的。比如中国古代神话中关于龙的传说和故事,对一个现实世界中并不存在的"动物"却做了程度极高的数据化。同时,世界上还有许多客观存在的事物没有被数据化。

从自然科学的角度,数据化最基本的层次是对世界中事物进行观测并得出结果。在宏观层次,目前我们所能观测宇宙的范围受到绝对光速的限制。宇宙空间正在加速膨胀,而光速却是有限的。所以我们所能观测的范围被限定在以地球为中心、半径为465亿光年的区域,这就是可观测宇宙。请注意,由于宇宙的加速膨胀,我们在光速限制下所能观测的宇宙范围大大超出了138亿光年!在微观层次,我们无法对量子极限(即普朗克空间和时间)之内的世界进行精确的数据化。这是因为,为了精确测量一个物体的位置,我们需要用光的照射和反射来确定。位置精度越高,所需光的波长越短,而光子的波长与单光子能量成反比。当波长缩小到一定程度时,单光子的能量变得足够大,使它撞到物体时可以产生黑洞,从而"吞噬"掉这个光子。光子掉入黑洞而消失意味着无法再进一步测量物体的位置,使得进一步的数据化不再可能。所以,严格意义上讲,数字科学第一法则中所提到的"世界"主要是指这个可观测的宇宙。

即使在可观察宇宙中,对宇宙微波背景辐射观测实验的结果表明我们所熟悉的物质仅占全部物质/能量的 4.9%,其余的 26.8% 和 68.3% 是目前还无法直接观测的暗物质和暗能量。暗物质是宇宙学为解释宇宙膨胀现象而提出的,它在宇宙某些地方存在并产生引力,可以用来解释实验观测到的"星系自转问题"和"引力透镜效应"。但由于暗物质无法与电磁场及普通物质相互作用,所以目前还不能直接测量。暗能量是解释宇宙加速膨胀观测结果的一种假说,似乎在宇宙中均匀存在,但密度极低,目前还无法直接检测。由于缺乏科学测试和验证的方法,所以虽然学术界对暗物质和暗能量也有一些理论模型,但这些"数据化"工作还属于科学家主观的猜想,与客观世界的关系还无法确定。测量的限制条件将来是否有可能以及何时能突破,还很难说。好在这些问题对我们所涉及的大多数实际问题来讲并无大碍,我们大概不必为此而杞人忧天。

不过客观世界的"可数据化"仅是数据科学第一法则所包含的内容之一,或者说是必要条件。在此前提下,本法则还需要一个充分条件。为此,我们假设存在一个能够将事物数据化的主体系统,即数据化系统(图 2-5)。正是由于数据化系统与目标事物之间相互作用所发生的物理、化学或生物现象才产生了反映、记录和展现事物的数据。如果没有这样的系统,即使世界能够被数据化,这些数据也不会自发产生、存在、运动和发挥作用。正如第 1 篇"三个世界"中所述,这种数据化系统在生命诞生之时便应运而生,并伴随着生命的进化而共同发展。随着人类文明特别是科学技术的进步,由人所创造的人工数据系统开始出现并迅速崛起,形成了与自然的生物数据系统共存并协同融合发展的趋势。与隐性的生物处理系统不同,人工的数据系统是显性的。客观事物最终被数据化的程度,不仅与其本身的特性有关,也与数据化系统的功能与性能有关。生物在进化过程中根据演化需求发展出了不同的数据功能和能力,这种功能和能力在近代似乎趋于稳定,本身变化并不大。人类早期所产生的数据不仅数量较少,其实现和运作方式也极其初级和低效。直到工业革命以来、信息革命开启之后,人类所创造的数据技术不断进步,产生了日益强大的数据化工具,从而使得数据化能力和程度得到巨大改进和提高,一个前所未有的数字世界从此诞生并得以爆炸性增长。所以,物理世界的可数据化以及生物

图 2-5 数据化系统

世界自然和人工的数据化系统构成了数据科学第一法则的内涵以及数字世界产生的基础和前提。

2.3 数据科学第二法则

数据产生后,又是如何在世界上存在和运动的呢?既然数据作为反映、记录和表示客观事物的符号具有相对的独立性,我们对于它的存在和运动的规律也需要做明确的说明。所以,数据科学的第二个基本法则被表述为:

数据的存在和运动必须依赖于某种物质和消耗一定的能量,并遵循相应的物理规律。

虽然数据是生物特别是人类主观过程产生的抽象符号,但它的存在和运动却离不开客观物质和能量。数据的载体本质上是物理与能量,其存在和运动也必须遵循其载体所遵循的物理规律。关于数据的物理本质问题,物理学家罗夫·兰道尔(Rolf Landauer,1927—1999)曾经说过,数据"并不是一种无形抽象的东西,它总是与某种物理代表物相关。它可以被嵌入一块石板、一种自旋、一个电荷、一个卡片上的穿孔、纸上的符号或某种其他的东西。这将信息的处理与我们现实物理世界的所有可能与限制、物理规律和可以使用的元件联系在一起"。

数据科学第二法则虽然看起来十分自然,但仍存在一些误解甚至争议。社会上出现并在一定范围内传播和信奉的一些所谓"特异功能",如蒙住眼睛也能辨别文字和绘画内容、通过电话也能感觉对方的气味等。即使真有此类现象发生,也需要发现和说明传输数据的物理媒介才能符合数据科学的基本原则。在一些宗教和文化中,关于数据(如精神、灵魂等)也常常有一些"非物质"或者"超物质"的学说和故事。公平而论,目前的科学技术还不能解释和测试这些假说的正确与否。虽然日常生活的常识和传统科学的知识均支持数据科学第二法则的结论,但不能简单否定有些我们目前还不清楚的数据载体的形式和物理机制可能性。同时,随着技术和应用的进步,也亟须不断降低数据比特所依赖的物质和消耗的能量,从而提高整个数据系统的效率和降低成本。从这个意义上讲,我们也希望能够了解数据存在和运动所需物质与能量的最小极限的物理机制。

关于数据的物理本质问题,历史曾有过一段长达一百多年的思考与争论。事情的起源是 1865 年英国科学家麦克斯韦想出的一个思想实验,即著名的"麦克斯韦妖"(Maxwell's demon)。麦克斯韦不仅对建立电磁场与波的理论产生了划时代的影响,对分子运动和热理论也有独到的见解和贡献。他设想一个充满气体的独立封闭的容器,中间由一个绝热板分成两个区域。挡板中有一个装有开关装置的小孔。在小孔开放的情况下,容器两边区域 A 和 B 做无序运动的微观粒子(如分子)可以穿过小孔相互交换(图 2-6)。根据热力学第二定律,无论两个区域初始状态的温度分布如何,热总会由高到低流动,使得整个容器内温度分布达到均匀,所对应的粒子运动状态的无序性也会达到最大。但麦克斯韦设想假定存在这样一个具有智能的"精灵"(即麦克斯韦妖),它能够在粒子通过小孔时识别其速度(方向和速率)并控制开关。它只允许高速粒子从 A 到 B 通过,低速

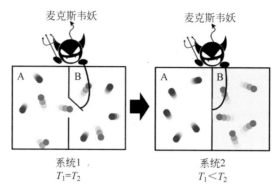

图 2-6 麦克斯韦妖的实验装置

粒子从 B 到 A 通过。若时间足够长,区域 B 的粒子平均速度和温度将高于区域 A。于是,仅仅利用粒子通过小孔时的速度数据,精灵竟然创造了一个逆热力学第二定律的趋势,即系统从温度分布均匀的高无序状态转化为温度分布不均的低无序状态。

无独有偶,在麦克斯韦妖问世半个世纪后,匈牙利裔德国物理学家奥·希拉德(Leó Szilárd,1898—1964)于 1929 年在他的博士论文中构造了一个单分子的简化模型,即著名的希拉德引擎(Szilard engine)或热机。如图 2-7 所示,在希拉德的"思想实验"中,精灵的工作是操控一个单分子热机,热机封闭容器中有一个做无规则运动的微观粒子。精灵首先测量确定分子所处的位置(左半区还是右半区)并在容器的中间放置一个可以自由滑动的挡板。若粒子在左边,则在系统隔板的左边通过一根理想细绳连接一个适当质量的物体。然后可以通过一个外部热源为容器加热。左边的单粒子在无序热运动中不断撞击挡板,推动挡板拉动物体向右移动做功,直到达到容器右端。若粒子在右边,则按同样对称的程序操作并产生同样的效果。利用粒子在容器中位置的数据,精灵成功利用单个粒子将系统中的热能做功并转为机械能。如果假设这个系统是一个理想气体构成的热力学系统,且粒子推动挡板运动做功的过程是一个"等温"(isotheral)、"准静态"(quasi-static)过程,则可以证明所做的功等于 $k_B T \ln 2$,其中 k_B 是玻耳兹曼常数($k_B =$

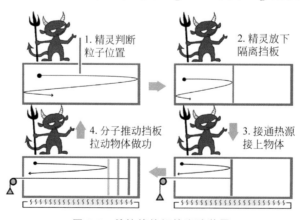

图 2-7 希拉德热机的实验装置

$1.380\,648\,52\times10^{-23}$J/K),$T$ 是系统环境温度。这里等温是指整个过程中系统的温度不变,系统的热能由一个恒定的热源提供;准静态是指挡板做功移动的速度无穷(或足够)缓慢。每次实验完成后,便恢复原始状态,可以重新开始并持续循环做下去。每一次循环均可从系统热能中产生同样的机械能。与麦克斯韦的统计实验不同,希拉德单分子热机避免了多粒子的统计,更加简单明晰;并且只需要获取粒子所在位置是在左边还是右边的区域,不需要测量速度。但结果同样也违背了热力学第二定律,将热能以 100% 效率转换为可用的机械能。

麦克斯韦和希拉德的实验表明,如果假定精灵操作开关阀门和操作热机所做的机械功和产生的热极小可以忽略不计,那么仅靠它的智能(即获取运动粒子的数据,并对此作出判断和决定)就能打败热力学第二定律。因为这是一个高度理想的"思想实验",所以很容易被认为是不可实现的妄想,并以此认为它毫无意义。著名的物理学家埃尔温·薛定谔就曾经武断地批评这类操纵和利用单个微观粒子的思想实验在实际上不可能,只会产生荒唐的结果。但并不是所有人都同意这种当时很权威且表面看起来有道理但事实上却肤浅的评论。关于如何解释和解决麦克斯韦妖和希拉德热机带来的佯谬,学术界经历了一百多年的思考与辩论,产生了许多不同的观点和理论,对信息科学、物理学和生物学的发展均起到了重要的推动作用。麦克斯韦本人曾经认为这个思想实验也许说明热力学第二定律只是在宏观统计的意义上是正确的,但在微观情景下却不一定严格成立。但后来大多数学者则认为热力学第二定律是普遍成立的,而是应该从智能精灵本身,或者精灵获取微观粒子位置和速度数据、操作阀门开关或挡板搁放的方法和过程去寻找解决问题的思路。

首先,精灵的智能(本质上是一个数据系统)是否必要? 若不必要,应如何替代? 如必要,所具备的基本条件是什么? 波兰物理学家斯莫卢霍夫斯基(M. Smoluchowski,1872—1917)认为不应该引入一个具有智能的精灵,而是用一个不需要智能的自动装置取而代之。在他看来,微观世界粒子不规则运动中所呈现的热起落可以用来驱动某种反热力学第二定律的趋势。1912 年他提出了"单向弹簧门"模型(图 2-8),其中阀门由弹簧与挡板连接,只能单向移动。假设阀门本身的重量足够小,当右边腔中的粒子以很高的速度撞击阀门时,阀门被打开,从而使这些粒子进入左边腔中;但是当粒子速度不够高时,它无法撞击开阀门,将仍然留在右边腔中。这个完全自动化的模型似乎也可以把速度快与慢的粒子分开。但因阀门质量极小,经历粒子撞击之后温度升高并开始做布朗运动,致使阀门可以双向开关,结果粒子可以双向

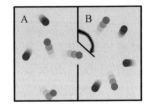

图 2-8 斯莫卢霍夫斯基自动装置

通过,系统趋向熵减的过程便停止了。这说明不可能构建一个不需要数据和智能的自动的机械模型来实现麦克斯韦的设想。

斯莫卢霍夫斯基的研究告诉我们为实现一个逆热力学第二定律的热机,某种"超自然"的智能精灵也许是不可或缺的。正如麦克斯韦和希拉德所设想的,这个精灵的作用主要有:①测量和确定微观粒子的位置和速度;②基于所获取的数据操作阀门或挡板。

希拉德本人认为问题出在通过测量确定粒子位置和速度上。为了测量和获取这些数据，精灵需要引入适当的测试装置和方法，如使用一个灯丝灯发光，通过粒子反射光获取数据等(图 2-9)。这个方法和过程需要付出能量，同时产生热，抵消了热机所做的功，导致整个系统熵增加。1951 年，法国科学家布里渊(Léon Brillouin,1889—1969)等进一步深入研究利用光子测量的详细物理过程，发现为了克服微观粒子所处环境背景的黑体辐射，所需要的光子的能量需要远高于热机所做的功(大大高于 $k_B T$)，超过了热机所产生的热量。所以，测量获取数据付出的能量和产生的热，所增加的熵超过了原系统所减少的熵。于是，关于麦克斯韦妖的争论似乎已经尘埃落定，可以休矣。

图 2-9 布里渊的粒子测量方法

1961 年，美国 IBM 公司的物理学家罗夫·兰道尔研究逻辑运算的物理过程与机制过程时发现可逆与不可逆逻辑运算的物理过程与机制有所不同。这两种运算的区别是，可逆运算可以通过运算输出的结果反推回到所对应"唯一"的输入，而不可逆的运算则不能。对于不可逆运算来讲，一个输入状态一定只对应一个输出状态，反之则不然，一个输出可能对应多个输入状态。以对一个比特数据逻辑运算为例，可逆的运算为"与非"(NOR)，即将 1 转化为 0，或 0 转换为 1 的运算；不可逆的运算则为"重置"(RESET)，即无论输入是"1"还是"0"，均转换为一个预先确定的状态"1"或"0"[图 2-10(b)]。

若我们用一个气体容器作为完成此逻辑运算的理想系统。当微观粒子处于容器左边时定义为状态"1"，处于右边时为状态"0"。对于"与非"运算，只要我们将容器以左右两边的中间做一次反转，便可以实现数据状态的反转。因为这是一个完全可逆的纯"机械"过程，在理想情况下，假体容器的质量足够小，翻转的过程足够慢，可以认为此过程所做的功和产生的热为"零"。所以，在理想情况下，一个可逆的逻辑运算是可以不消耗能量和产生热量的[图 2-10(b)上图]。对于不可逆的"重置"运算，因为事先并不知道系统处于"1"还是"0"状态，所以只好假定代表数据状态的微观粒子可能处在容器的任何位置。若希望逻辑运算输出状态"1"，则系统需要推动容器左边的活塞来推动可以滑动的挡板，直到挡板到达中间位置。因为微观粒子总是处于挡板的左侧，所以，挡板运动过程中需要抵消粒子撞击挡板做功。如果假定粒子组成的体系为"理想气体"且活塞推动挡板做功的过程为等温(温度保持不变)和准静态(运动速度极低)，则可以很容易证明完成对一个比特数据的重置运算外力所做的功为 $W = k_B T \ln 2$。请注意，比较此逻辑运算前

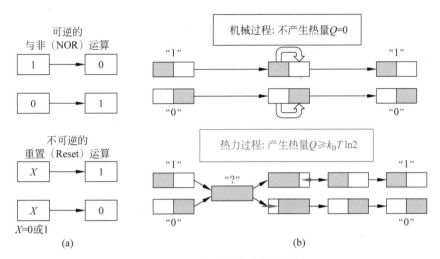

图 2-10　逻辑运算的过程与机制

后系统有序性（即熵），可以看出熵减少为原来的一半。根据热力学第二定律，包括热源和容器的系统整体熵不能减少，所以此过程所产生的热量为 $Q \geqslant k_B T \ln 2$。若希望逻辑运算输出状态为"0"，则从容器左边的活塞向右推动挡板，会达到同样的结果［图 2-10（b）下图］。不可逆逻辑过程处理每比特数据所产生的热量不低于 $Q = k_B T \ln 2$，该值称为兰道尔法则或极限，在室温下约为每比特 3×10^{-21} J，是一个很小的能量值。兰道尔所得到的这个结果有些出乎意料，因为只有不可逆的逻辑运算必然消耗能量并产生热，而其他可逆的运算无此限制的确比较难以理解。

以上所述的不可逆重置逻辑运算，本质上是将数据系统从一个不确定的状态（可能取"1"或"0"）转换为一个确定的状态（确定取"1"或"0"）。根据"信息"的概念（将在"信息纽带"一篇中详细讨论），不确定性高则信息量大，所以对数据重置的意味着信息量的减少，即从 1 比特信息到 0 比特信息。于是，我们称重置是对原始信息的"擦除"。请注意，对"信息"的"擦除"所对应的却是对"数据"的"写入"（图 2-11）。一个原始不确定的数据系统（可能取值"1"或"0"）转换为确定取值"1"或"0"的过程，则称为"写入"。有趣的是，数据的"擦除"却是一个确定到不确定的过程：一旦擦去了一个确定的数据（如"1"），在同一个数据单元的数值则不再确定，可以再写入"1"或"0"，这对应于 1 比特的写入。根据信息的概念，信息量描述了一个随机变量不确定性的大小，即描述这个随机变量所需要比特的最小可能数。例如，投掷一枚硬币，有一半的概率是正面，一半的概率是反面，那么它的信息量是 1 比特，即我们平均最少需要 1 比特来描述投掷的结果。如果我们将上述的数据系统设置为硬币投掷的结果，那么我们那就写入了 1 比特的信息。如果我们将数据系统确定性设置为"0"，那么就实现了对信息的"擦除"。这里，我们注意到数学上的信息量描述了一个随机变量的不确定性，例如硬币投掷结果，而我们获得信息的过程是得到这个随机变量的一个结果，我们所获得的信息量是随机变量不确定性的减少。

细心的读者可能已经注意到希拉德热机所做的功与兰道尔极限的能量值相同。难

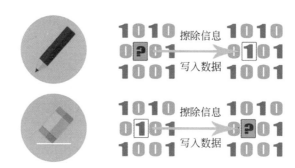

图 2-11　数据和信息的写入与擦除

道这是巧合吗？1981 年兰道尔在 IBM 公司的同事贝内特(C. Bennett,1943—)重新审视了希拉德热机的过程,指出精灵在获得分子所处的位置数据之后,需要记录和保存此数据,直到整个过程结束。为此,精灵需要将数据写入存储系统,如内存。如图 2-12 所示,当精灵在第 2 步得知分子处于右侧时,就需要在第 3 步将此位置数据写入存储,并将这个状态在第 4～7 步过程中保持,直到热机对外做功完成。系统在第 8 步又回到原始的不确定状态,同时将存储中记忆的数据擦除。精灵可以同样的方式循环操作热机。同时,不断写入和擦除所存储的数据。因为写入数据的逻辑运算是一个不可逆运算,所以根据兰道尔法则,系统产生的热量将大于分子所做的功,即 $Q \geqslant k_B T \ln 2$。所以,希拉德热机并没有违背热力学第二定律。

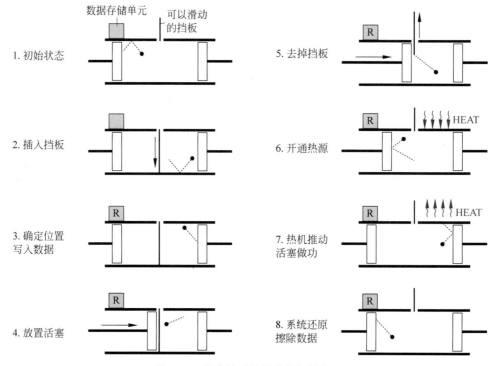

图 2-12　贝内特对希拉德热机的解释

　　贝内特和兰道尔对麦克斯韦妖的解释与希拉德和布里渊所声称的做功和产生热能源自精灵获取数据的测试过程不同,而认为是对数据的记录过程消耗了能量并产生了高于热机所得做功的热量。到底哪一种是正确的呢? 后来,贝内特[1]又用一个新的理想实验表明,用机械的方法可以在不消耗能量的情况下确定分子的位置。因为精灵本质上是一个数据处理系统,所以这个实验说明,即使在最理想的极限情况下,数据处理也还是需要消耗能量的。

　　兰道尔法则的理论是 1961 年提出的,但相关的实验验证直到 2012 年才由法国与德国的科学家采用激光与微观粒子相互作用的实验实现[2]。如图 2-13(a)所示,他们用激光将一个微小胶质小球限制在两个完全对称、相邻的势阱中。在初始状态,小球出现在两个阱中的概率相同。通过控制势阱的形状,小球可以被最终限制在其中一个给定的势阱之中,如右边的势阱中,从而模拟一个数据比特重置的过程。这个过程所产生的热量与重置所花的时间相关。如图 2-13(b)所示,时间足够长(即满足准静态条件)时,这个不可逆的重置逻辑运算所产生的热量趋向于兰道尔极限[图 2-13(b)上图]。此实验同时也表明,兰道尔极限是在逻辑运算“无穷慢”情况下的极限。逻辑状态转换越快,所产生的热量越高。后来,这些科学家也用类似的方法测量了可逆逻辑运算所产生的热量。实验结果表明[图 2-13(b)下图],若逻辑过程足够缓慢而满足准静态条件,所产生的热量可以忽略不计,不受兰道尔法则的限制[3]。由麦克斯韦一次大胆荒唐的突发奇想到兰道尔和贝

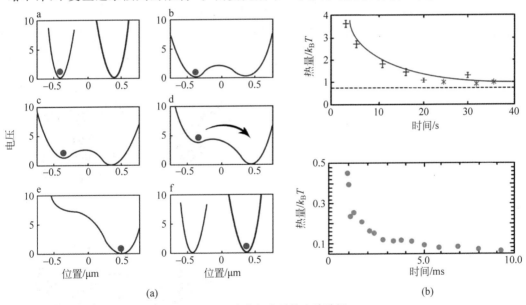

(a)　　　　　　　　　　　　　　　　(b)

图 2-13　兰道尔法则的实验验证

①　Bennett C. Demons,Engines and the Second Law[J]. Scientific American,1987.

②　Berut A,et al. Experimental verification of Landauer's principle linking information and thermodynamics[J]. Nature,2012(483):187.

③　López-Suárez M,Neri I,Gammaitoni L. Sub-kBT micro-electromechanical irreversible logic gate[J]. Nat. Commun,2016(7):12068.

内特等深思熟虑的科学洞见,让我们对于数据运动的能量特性有了深刻的认识。即使在最理想的情况下,任何不可逆的数据逻辑运算也不得不消耗一定能量并将之转为无序的热量。

　　消耗能量并产生热量仅是数据处理物理机制和过程的一个方面。数据处理除了需要消耗一定能量之外,还需要借助某种物质载体的某些"可区分"的状态才能实现。如用固体材料中电子的电荷或空间中传播的电磁波光子的数量来表述:当在某个区域的电荷或光子数超过一定阈值时,定义为"1",低于该阈值则为"0"。人类发明了各种不同的物理器件对数据进行处理,最典型和普遍的是可控制的开关单元,并由此组成不同的逻辑运算电路,如"或"门、"与"门[图 2-14(a)]。最初的逻辑电路的开关元件是由电磁感应控制的开关继电器,它由一个电流控制的铁磁芯和所产生的磁场控制的开关构成[图 2-14(b)]。电流通过线圈时,磁场将开关闭合,被控电路的电流可以通过;控制电流关断时,开关打开,被控电路电流关断。开关的控制机制是机械的"接触"式的,开关的速度较慢,且体积大、功耗高。后来,人们发明了真空电子管[图 2-14(b)]。与电磁机械式的开关不同,电子真空管利用控制真空中发热金属电极产生的电子流实现开关功能。这种新技术没有机械移动部分,速度更高,但仍具有耗能高、体积大和寿命低等缺点。而真正为数据处理带来革命性变革的是 20 世纪 40 年代末出现的半导体晶体管[图 2-14(b)]。1947 年,美国贝尔实验室的三位科学家威廉·肖克利(William Shockley,1910—1989)、约翰·巴丁(John Bardeen,1908—1991)和沃特·布拉顿(Walter Brattain,1902—1987)成功地研制成世界上第一个晶体管[图 2-14(b)]。作为固体器件的晶体管可以实现电子管同样的功能,但体积和重量大大减少,且功耗也更低,寿命也更长。晶体管是目前为止信息科学与

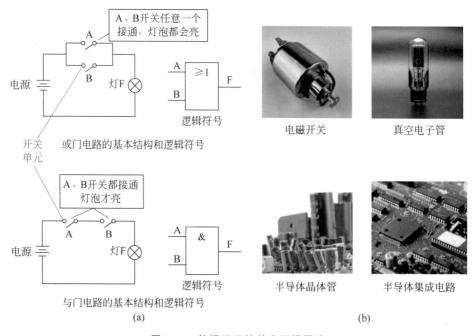

图 2-14　数据处理的基本逻辑器件

技术历史上最重要的发明,没有之一。1956 年,巴丁、布拉顿和肖克利因为晶体管的发明获得了诺贝尔物理学奖。

初期的晶体管是单独封装的分立器件,所构成的数据处理系统功能、性能和成本均受到一定局限。这种情况一直持续到 20 世纪 50 年代末。1958 年美国 TI 公司工程师杰克·基尔比(Jack S. Kilby,1923—2005)研制出世界上第一块集成电路,成功地实现了把电子器件集成在一块锗半导体材料上的构想[图 2-14(b)]。1959 年,美国仙童半导体公司的罗伯特·诺伊斯(Robert Noyce,1927—1990)在基尔比工作的基础上发明了可商业生产的集成电路。诺伊斯不仅是极具创新的工程师,还是极其成功的创业者和企业家。当今世界上最大的设计和生产半导体电路企业英特尔(Intel)公司就是由他发起创办的。只可惜他英年早逝,未能与基尔比在集成电路发明 20 年后共享 2000 年的诺贝尔物理学奖。

鉴于其本身的重要性,在这里我们简单介绍一下在集成电路中最常用的一种晶体管,即金属氧化物场效应晶体管(Metal-Oxide-Semiconductor Field-Effect Transistor,MOSFET)。如图 2-15(a)上图所示,它主要由源极(Source)、漏极(Drain)和栅极(Gate)三个功能区构成,其中栅区与源区和漏区掺杂的类型相反,形成了栅区与这两个区的 PN 结。在栅极下面有一层由氧化物(SiO_2)构成的绝缘层,将栅极与其他区域隔开。在栅极不加电压的情况下源极和漏极之间由两个反向 PN 结隔离,没有电流通过。当栅极加电压时,将排斥栅极下面区域的电荷形成耗散区,建立了源区与漏区之间的电流通道。我们称此电流通道为"沟道",其长度和宽度由栅极长度和宽度决定[图 2-15(b)上图],是晶体管最重要的特征尺寸之一。开通栅区电流沟道所需的最小栅极电压称为阈值电压,是影响 MOSFET 性能最核心的参数之一。所以,MOSFET 最核心的功能是通过控制栅极的电压来控制源极与漏极之间的电流,从而实现逻辑开关功能。

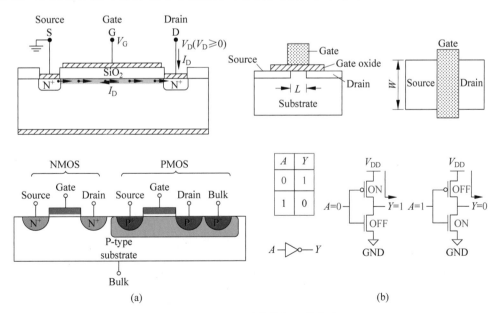

图 2-15　CMOS 晶体管与开关电路

根据源极和漏极区掺杂的类型,MSOFET 又可分为 N 型掺杂的 NMOS 和 P 型掺杂的 PMOS 两类。对 NMOS 来说,若栅极电压为零,源极与漏极之间没有电流通过;若栅极电压为正,则有电流通过。对于 PMOS,栅极电压很高时,源极与漏极之间没有电流;若栅极电压为负,则有电流通过。将 NMOS 和 PMOS 集成到一起则形成了互补型金属氧化物场效应晶体管(Complementary Metal-Oxide-Semiconductor Field-Effect Transistor,CMOS 晶体管)[图 2-15(a)下图]。利用 CMOS 中两个晶体管的互补特性可以实现"与非"(NOR)的逻辑电路[图 2-15(b)下图]。

与传统晶体管分立电路不同,集成电路将晶体管和其他电子元件(如电容、导线等)集成到一块由硅材料半导体作为衬底的芯片上,不仅体积更小,也可以实现更加复杂的数据处理功能和性能。晶体管的集成密度(芯片单位面积上所集成的晶体管数)与单个晶体管的特征尺寸(如栅极沟道长度与宽度、栅极绝缘层厚度等)及单个芯片上可以集成的晶体管数目有关。1965 年,在仙童公司工作的戈登·摩尔(Gordon Moore,1929—)也许是出于好奇,拿一把尺子和一张纸画了一个草图。以纵轴代表单个芯片所集成的晶体管数量,横轴代表时间,结果他发现所集成的半导体数目呈现很有规律的几何增长[图 2-16(b)]。他将自己的发现发表在一个面向工程师和大众的科普期刊《电子学杂志》上[1]。当时,集成电路问世才短短的 6 年时间,摩尔本人所工作的实验室也只能将 50 只晶体管和电阻集成在一块芯片上。但摩尔却大胆预言半导体集成电路中每块芯片上集成的晶体管数目将每年成倍增长。后来,他又对自己的原始预测做了进一步改进,将 12 个月改为 18~24 个月,最终形成了著名的摩尔定律(Moore's law),参见图 2-16(c)[2]。摩尔后来与半导体发明者诺伊斯等一起创办了英特尔公司,并继诺伊斯之后在 1975 年成为公司总裁兼首席执行官。

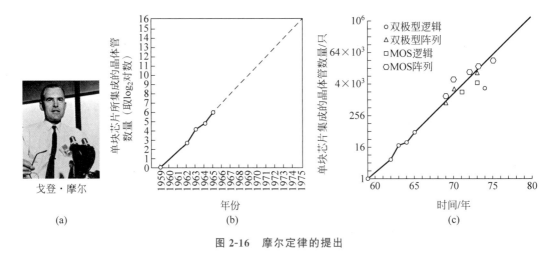

图 2-16 摩尔定律的提出

减小晶体管的特征尺寸和增加集成密度严格讲属于纯技术活儿,其本身并不等于集

① Moore G. Cramming More Components onto Integrated Circuits[J]. Electronics Magazine,1965,38(8).

② Moore G. Progress in Digital Integrated Electronics[J]. IEEE,IEDM Tech Digest,1975.

成电路功能和性能的改进和提高。虽然人们早期便意识到晶体管体积减小会带来逻辑运算的速度提高,但没有一个基于物理规律的模型可以定量说明这种定性的关系。1974年,当时在美国 IBM 公司工作的工程师罗伯特·登纳德(Robert Dennard,1932—)在研究 MOSFET 晶体管小型化设计时发现,若晶体管的特征尺寸,如栅极宽度、沟道长度,随每一代工艺进步减小约 30%,则晶体管面积将减少 50%,集成密度将翻番。按照等比缩小的规律,这意味着电路的时延将减少 30%,运算速度将提高 40%。同时,如果保持电场的强度不变,则电压将减少 30%,导致能耗降低 65%,功率下降 50%(参见图 2-17(b)表中不同参数的缩放规律)。登纳德关于晶体管缩放定律(Dennard's law)的研究结果为摩尔定律所能带来的好处提供了理论基础。将登纳德缩放定律与摩尔定律相结合,则构成了半导体集成电路技术发展的强大预测力与推动力。难怪有人评论说:"摩尔定律给了我们更多晶体管,而登纳德定律使它们变得有用处"。

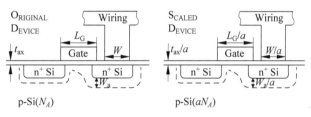

晶体管参数	缩放参数
尺寸(厚度t、长度L、宽度W)	$1/a$
电压(V)	$1/a$
集成度	a^2
时延(t_d)	$1/a$
时延(P)	$1/a^2$
电场强度(E)	1

罗伯特·登纳德

(a) (b)

图 2-17 登纳德定律的提出

在后来半个世纪的时间里,摩尔定律所预测的技术趋势竟然惊人地准确。实际的表现如图 2-18 所示。晶体管的尺寸不断减少,由 20 世纪 70 年代的几十微米到 2000 年的十几纳米,降低了约 3 个数量级(以图中左边的纵轴表示)。同时,集成电路芯片的集成度,如单个 CPU 所集成晶体管的数量则提高近 7 个数量级,达到 100 亿只(以图中右边的纵轴表示)!请注意,以上两组曲线的纵轴均是对数,所对应的减少和增长不是简单的"数量"而是"数量级"的差别。指数函数与其他函数相比,具有一些显著不同的特点:指数衰减开始很快,后来变慢,最终趋于常数,即由快到慢,最后趋于不变(参见图 2-18 左边的插图);指数增长则正好相反,开始很慢,后来加快,最终趋向无穷,即由慢到快,最后产生爆炸性增长(参见图 2-18 右边的插图)。这种开始变化缓慢、后期快速增长的"指数规律"与人们通常所习惯的"线性思维"有很大的差别,在日常工作和生活中常常被忽略。难怪美国物理学教授艾伯特·巴特利特(Albert Bartlett,1923—2013)曾经感叹道:"人类最大的弱点是我们不能理解指数函数。"当然,摩尔定律并不是自然现象,驱动摩尔定律背后的因素主要是人为的技术进步,更确切地讲,是技术进步与经济发展相互促进的结果。首先是晶体管体积小型化,再就是半导体硅片晶元尺寸增加带来芯片单元面积增加,最后是集成电路设计优化。每一代晶体管特征尺寸减小和集成度增加均带来了所构成的信息系统(如计算、存储、传输、传感和显示)功能、性能和性价比的提高,产生了更多的实际应用和巨大的经济效应。

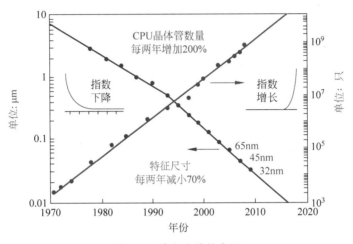

图 2-18　摩尔定律的命运

相比之下,登纳德定律的命运则没有那么幸运。随着晶体管尺寸持续减少和集成度不断提高,集成电路的性能表现(如逻辑运算的速度、单核微处理器芯片的时钟频率等)在以每年 1.5 倍的增幅提高。但这个趋势在约 2000 年后便开始下降,到 2006 年左右,提高的速度便下降到约 10%,开始失效(如图 2-19 中下面的曲线所示)。与摩尔定律 50 年持续有效的强劲表现相比,与之相伴的登纳德定律却在 40 年后掉队了。所幸人们找到了基于并行编程的多核处理器架构,使得由集成电路构成的数据处理系统的性能随时间推移持续提高。所以,摩尔定律更换了驱动的增长引擎之后继续高歌猛进(如图 2-19 中上面的曲线所示)。

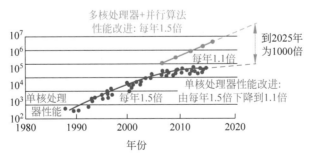

图 2-19　登纳德定律的命运——40 年微处理器技术进步趋势

　　登纳德缩放定律失效是不争的事实,但失效背后的原因却十分耐人寻味。为什么逻辑上看起来十分严谨的登纳德定律竟然会在晶体管尺寸不断减少的趋势下失效呢?仔细探究一下,我们发现当时登纳德缩放定律所基于的简化模型忽略了"泄漏"电流的影响。泄漏电流是在晶体管开关开启和关断时存在的静态电流,对逻辑运算没有贡献,却依然消耗能量。泄漏电流可以根据其流动途径分为由栅极到源极、漏极及沟道区的栅极泄漏、由源区与漏区到渠道区的反偏泄漏和源区与漏区之间的亚阈值泄漏[图 2-20(a)上图]。关于导致这些泄漏的物理机制的描述和讨论超出了本课程的范围,有兴趣的读者可以从专业教科书和文献中进一步学习了解。需要指出的是,这些泄漏电流随着晶体管特征尺寸(主要是沟道长度和栅极绝缘层厚度)减少急剧增加[图 2-20(a)下图]。另外,登纳德定律的基本假设之一是在电场保证不变的情况下,晶体管的驱动电压必须随特征尺寸按同一比例缩小。只有在电场不变的前提下,开关的功率密度才能保持不变。这种策略开始因驱动电压大大高于阈值电压,具有很大的下降空间。当两者开始接近时,进一步下降变得愈加困难[图 2-20(b)上图]。电场强度增加导致功率密度增加,从而提高开关功耗[图 2-20(b)下图红色曲线]。结果到了 2005 年,泄漏电流增加了约 1 万倍,导致所产生的功率损耗急剧增加,开始接近逻辑开关所消耗的功率[图 2-20(b)下右图绿色曲线]。

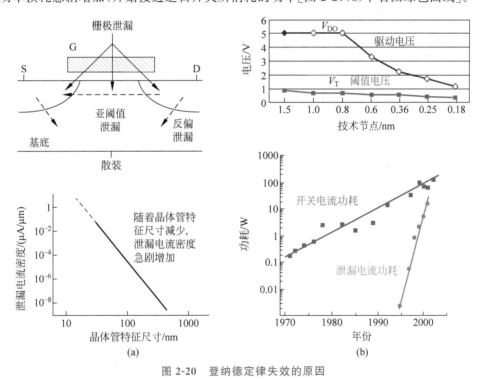

图 2-20　登纳德定律失效的原因

　　细心的读者可能发现,以上解释只说明晶体管功率和耗能增加,并没有解释晶体管开关速度和单核微处理器的速率为什么不能继续提高。请注意,减少特征尺寸也包括晶体管源到漏极沟道的长度,长度越短,电子输运的时间就越短,开关速度则越高。但同时也会增加泄漏电流而引起静态功耗。另外,栅极与沟道之间的接触面积减少也会影响栅极对电流的控制。所以,当降低栅极电压到约为 1V,降低沟道长度到约 20nm 时,造成的功耗增加超出了芯片和系统热管理的极限,晶体管开关速度不能再继续增加。

登纳德定律失效之后,延续摩尔定律所采取缩小晶体管尺寸的努力和创新主要有三个方面:一是不断通过减少光波波长或改用波长极短的电子束改进光刻技术,二是改进 CMOS 晶体管的材料与结构,三是减少由于特征尺寸缩小带来的性能下降(功耗增加、速度饱和等)。后两个方面的核心思想是进一步减小和优化 CMOS 晶体管栅极和沟道的尺寸和性能[图 2-21(a)]。在晶体管材料与结构创新方面目前有两种主流技术,即 UTB SOI(或称为 FD SOI)和 FIN FET。UTB FD SOI 的基本设计思想是用一层极薄(ultra-thin body,UTB)的绝缘层 SOI(silicon on insulator,绝缘体上的硅)将栅极下面的沟道区与衬底隔离。当 SOI 的厚度足够薄时,栅区中没有电荷,所以也称为完全耗散(fully depleted,FD)。即使栅区沟道长度缩短也不会像传统 CMOS 晶体管那样发生栅极电流泄漏。所以,UTB FD SOI 晶体管可以通过减少沟道长度提高速度,但不会增加泄漏引起的功耗增加[图 2-21(b)]。与 UTB SOI 的平面结构不同,FIN FET 结构是将沟道区从原先的"扁平形"改为"窄高形",并用栅极将沟道三面包裹起来[图 2-21(b)]。这种结构的优点是沟道的宽度减少但高度增加,所以总面积增加,同时可以减小沟道长度,从而提高晶体管开关速度。另外,栅极包裹的结构可以提高驱动电压,增强了对沟道电流的控制能力。

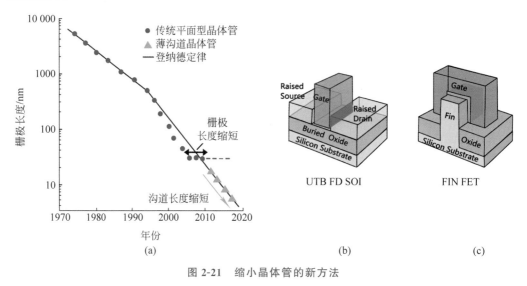

图 2-21 缩小晶体管的新方法

根据目前行业的预测,UTB FD SOI 和 FIN FET 技术均可以达到 7nm 的特征尺寸。继续缩小到更小的尺寸(如 5nm 和 3nm),则需要进一步沿着与硅片平面垂直的方向建造三维结构,如"垂直"的晶体管,或者将多个晶体管垂直堆叠起来等。这种三维结构所对应的集成密度在平面上来讲可以认为是增加了,所以所对应的特征尺寸减小只是"等效"的而不是实际的。在平面上当晶体管特征尺寸小于 5nm 时,电子的波动特性更加明显,产生一种在量子力学中称为"隧道效应"的现象,使得对电子运动的控制变得更加困难,传统晶体管的工作物理机制将开始失效。但这并不意味着不能利用电子的量子特性设计和实现体积更小、能耗更低和速度更高的晶体管。2016 年,美国劳伦斯·伯克利国家实验室(Berkeley Lab)的一个研究团队利用二硫化钼和碳纳米管开发了一种新型晶体管,其栅极线宽只有 1nm[①]。2018 年德国卡尔斯鲁厄理工学院(Karlsruhe Institute of Technology,KIT)的研究团队研发出一个单原子晶体管,可以通过控制单个原子实现开关功能[②]。虽然这些研究仍处于初级概念验证阶段,却向我们展示了一种技术的可能性(图 2-22)。回顾当年晶体管和集成电路最初发明时的情景,我们没有理由简单否定一种新发现与发明的潜力。早在 1959 年,美国物理学家费曼(Richard Feynman,1918—1988)就提出"在一个小尺度下操运和控制东西的问题",并认为"没有任何的科学阻止我们这么做"。他还开玩笑说,"在下面有足够的空间"。

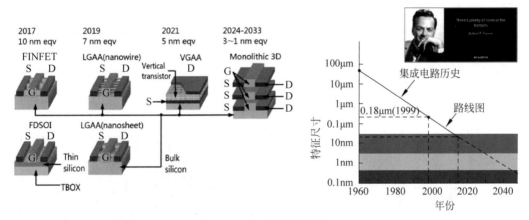

图 2-22　摩尔定律的极限

虽然我们也许可以用更少的物质实现更小的数据处理元件,但数据处理必须消耗能量、产生热量,并导致器件和系统的温度升高。晶体管开关运算所需要的功率或能量可以分为动态和静态两个部分,其中动态部分是操作开关所需要的能量,静态部分则是我们前面提到的泄漏。晶体管开关本质上是一个驱动电压对电容充放电的过程,每一次开关所消耗的能量与电荷及电压呈正比[图 2-23(a)]。对于场效应晶体管,可以证明最小电压为兰道尔极限所对应的电压,即 $V_{\min} = k_B T \ln 2 / Q$[③],而最小的电量则是一个电子的电量($Q_{\min} = q$)。由此,我们得到晶体管开关所需的最小极限能量为兰道尔极限 $E_{\min} = 0.693 k_B T$。但在现实中,电子的随机热运动会产生噪声,为了留出足够余量以抗击噪声干扰,则需要将电压提高到 $10 k_B T / Q$。其次,开关速度不可能为"0"。开关速度越高,电子的动能越高,驱动电子实现开关所需的能量则越高。对于电子晶体管来讲,开关所需的功率与电压平方及开关频率呈正比、与开关时间呈反比。若假设开关时间为 $1\mathrm{ps}(10^{-9}\mathrm{s})$,

①　Desai S,et al. MoS₂ transistors with 1-nanometer gate lengths[J]. Science,2016,354(6308):99-102.

②　Xie F,et al. Quasi-Solid-State Single-Atom Transistors[J]. Advanced Materials,2018(30):1801225.

③　Meindl J D,Davis J A. The Fundamental Limit on Binary Switching Energy for Terascale Integration (TSI) [J]. IEEE JOURNAL OF SOLID-STATE CIRCUITS,2000,35(10).

则需将电压提高到 $28k_BT$。如果再考虑实际晶体管的工艺导致参数的误差（10%），最低电压需要提高到 $42k_BT/Q$。另外，驱动电压不仅需要驱动所开关的晶体管，还要驱动下一级的晶体管，所以单电子电荷是远远不够的，至少需要约 800 个电子。所以，现实中晶体管所需要的开关能量不能小于 $E=33\,000k_BT$（图 2-23），为兰道尔能量极限的数万倍。实际晶体管开关能量的下降趋势如图 2-23 所示。早在 1988 年所做的预测显然过于乐观，后来修正的预测达到以上所述水平的时间大大推迟了。目前普遍的观点认为能量（或能耗）而不是物质（或体积）将成为晶体管数据处理技术的最终瓶颈。未来发展的事实是否如此，让我们拭目以待吧。

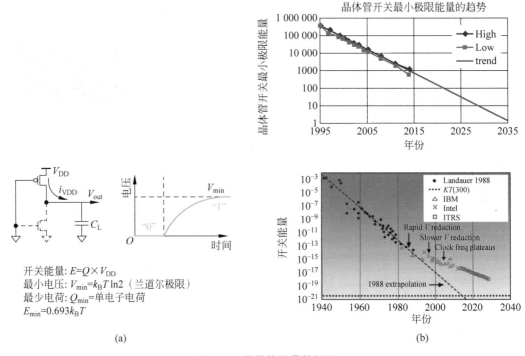

图 2-23　晶体管能量的极限

　　数据比特运动方式，除了"处理"（processing）之外，还有数据的存储（storage）、传输（transmission）、传感（sensing）和显示（display）。数据处理本质上是在给定时间和空间内对比特状态的逻辑变换，可以进一步分为可逆与不可逆逻辑运算［图 2-24（a）］。数据存储和传输则可以认为是对数据沿时间和空间的"平移"。存储是在任意空间中在给定时间内保持比特状态不变的方式，如图 2-24（b）左图所示，其中存储的时间为 $T=t_2-t_1$；传输是在任意时间内沿给定距离保持比特状态不变的方式［图 2-24（b）右图］，其中传输的距离为 $L=L(p_2-p_1)$。显然，数据存储和传输可以认为是数据处理的两种特殊情形。但在技术分类时，我们通常将数据的处理、存储和传输分别讨论。另外，还有两类数据运动，即获取数据传感和展示数据的显示，如图 2-24（c）所示。另外，有时我们将数据处理（processing）与计算（computing）混为一谈。我们认为计算是一种广义和一般的概念，包括核心部分的存储、传输、处理功能和外围部分的传感与显示。这些数据运动均是

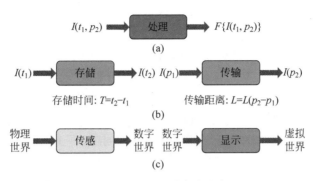

图 2-24　数据运动方式分类

在某种物理或能量载体中实现的,并且因为涉及的能量转化也一定会消耗能量,也就是会产生热量和引起熵增。

从数据科学第二法则出发,我们进一步提出数据技术发展的"指数型定律":处理每个比特所消耗物质和能量随着技术进步按指数规律减少,最终趋向于所对应的物理极限。这些物理极限包括有限光速的极限、测不准原理的量子极限和热力学第二定律的效率极限等。当然,人类对系统的设计和实现水平、对材料的认识和处理能力等也会成为限制某种技术发展的瓶颈(图 2-25)。同时,随着每个比特所消耗物质和能量的降低,整个系统的复杂性和自由度也大幅增加,从而导致系统功能和性能也呈指数型增长。系统性能的极限除了与组成系统单元的特征尺寸和耗能有关之外,还往往与系统的集成度和复杂性相关。系统复杂性所带来的系统整体性价比提高是数据技术指数型进步趋势所带来的最大经济效用。

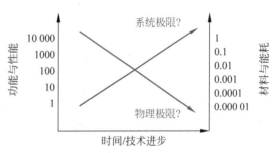

图 2-25　数据技术的指数型规律

2.4　数据科学第三法则

人类从客观和主观世界挖掘和产生的数据,建立了与自然的联系,也成为人与人之间、人与机器之间以及机器与机器之间相互作用的媒介。正是利用数据这种媒介和"工具",人类能够认识和改造世界。我们将数据的这种特性和功能归纳为数据科学第三法则,即:

数据是协助人与人、人与机以及机与机之间相互作用的媒介,也是人类和智能系统认识和改造世界的工具。

宇宙中物体之间的相互作用是通过分布在空间的力和能量场来实现的。许多自然现象(如暴风雨时的电闪雷鸣和倾盆大雨等)所发生的相互作用是不涉及数据交换的。而与人类之间以及与机器(如通信和计算设备等)的相互作用,最重要的(也许是唯一有意义的)是数据交换。当然,正如数据科学第二法则所述,数据运动本身是以物质和能量为基础并遵循相对应的物理规律的。但这种交换却是由具有智能的人类及人造系统来推动和控制的。所以,基于数据交换的相互作用是宇宙间更"高级"的一种作用方式。一般我们称能够进行数据交换和相互作用的物体具有"灵性",并认为这种灵性只存在于具有生命物体和人类创造的数据系统之中。但在一些宗教信仰和神话故事中,这种具有数据交换能力的灵性也会在一些超自然以及非生物的物体上发生。这些现象是否真正存在,或即使存在,如何去解释和理解仍是需要回答的问题。

人类通过对物质的挖掘和利用提供了生活和工作的结构基础,通过对能量的挖掘和利用提供了生活和工作的运动基础,而我们通过对数据的挖掘和利用则可以进一步提高对物质和能量的驾驭能力和使用效率,同时改善我们生活和工作的质量。从这个意义上讲,数据不仅是反映客观世界的符号,更是联系我们之间以及与客观世界的媒介与工具。

IBM 研究称:在整个人类文明所获得的全部数据中,有 90% 是 2010—2012 年产生的。而到 2020 年,全世界所产生的数据规模达到 2010 年的 50 倍。数字化技术的发展带来的应用渗透到人类生活和环境的各个领域。过去 30 多年间迅速发展起来的互联网、云计算以及正在崛起的物联网等,使得数字化的传感、存储、通信、处理和显示技术变得无处不在,无时不在(图 2-26)。这些技术和应用的普及所带来的直接后果便是人类和数据设备所产生的数据的爆炸性增长。

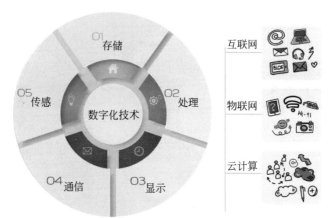

数据传感、存储、传输、处理和显示无处不在、无时不在

图 2-26　数字化技术带来数字化世界与生存

从数据科学第三法则出发,我们进一步提出了人类发展的虚拟化趋势(图 2-27),即随着产生、接收和处理的数据量增加,人类个体和社会的生命和生活将被数据化,最终产生一个高度数据化的自己(digital self)和数据化世界(digital universe)。人类创造的数据化世界将更加丰富多彩,具有更大的生活空间和维度。而数字化自己将更加"强大"和"完美"。人类不断渗入到由数据构成的虚拟世界,从而在空间和时间上扩展了个体和社会的生存空间,也大大增加了人类生活的自由度和人类智能的创造性。

早在 1945 年,美国工程师和发明家万尼瓦尔·布什(Vannevar Bush,1890—1974)

图 2-27　虚拟化趋势

[图 2-28(a)]在其著名的文章 *As We May Think* 中提出了一种"扩展存储器"(Memory-Extender,MEMEX)[图 2-28(b)]。这是一个以微缩胶卷作为存储介质的"个人图书馆",可以根据"交叉引用"来播放图书和影片。这也许是第一个可以用来记录和存储个人数据的设备。万尼瓦尔·布什在美国科技界是一位传奇性人物,他兴趣爱好广泛、性格洒脱不羁。在美国 Tufts(塔弗茨)大学读博士生时,因对导师指定的研究课题不感兴趣便退学。后被 MIT 录取后因经济压力急于毕业,一年后便提交论文要求答辩。导师不同意,他便告到系主任那里并获得支持,答辩后竟然同时获得了 MIT 和哈佛大学的博士学位。之后他在 MIT 任教,做出了模拟计算机等开创性成果,并且发现和提携了当时的硕士研究生香农,他的职业生涯跨越学术、工业和政府,对推动美国科技和产业发展做出了巨大的贡献。

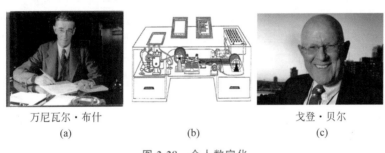

万尼瓦尔·布什　　　　　　　　　　　　戈登·贝尔
(a)　　　　　　　　　(b)　　　　　　　(c)

图 2-28　个人数字化

为了实现布什最初能够自动记录的设想,美国工程师和管理者戈登·贝尔(Gordon Bell,1934—)[图 2-28(c)]于 20 世纪 90 年代在微软公司启动了"My Life Bits"项目,将个人生活工作等全部活动的数据进行记录、存储和展示。他本人成为此项目的试验者,并出版了 *Total Recall* 一书,描述和预测了个人数字记录和存储对人类生活和社会发展的影响。

1995 年美国科技界还有一件重要的事件,MIT 媒体实验室创始人尼古拉斯·尼葛洛庞蒂(Nicholas Negroponte,1934—)出版了《数字化生存》(*Being Digital*)一书(图 2-29),预言人类"从原子蜕变到数字的浪潮已无法抵挡,不可逆转……电脑和数字通信的发展以指数增长的形态,进入我们日常生活之中"。这本被誉为 20 世纪信息技术发展理念圣经的书,生动地讲述了数字化技术的发展趋势、广泛应用和巨大价值,清晰地描述了数字时代的宏伟蓝图,大胆预言人类将进入"数字化生存"的全新社会生存状态。在数字化生存空间中,人们可以寻找和体验到超越现实空间的生存状态,包括虚拟现实、网络社交、新型情感交流与体验等。二十几年过去了,尼葛洛庞蒂的许多预言已经变成现实。数据化的工具、平台和服务已经渗透到我们生活的各个领域,成为我们生存不可分割(不可或缺)的组成部分。

图 2-29 尼葛洛庞蒂的数字化生存

目前个人生物、行为和社交数据采集、监测和分析等已经成为互联网时代不可逆转的趋势。智能手机不仅成为社交数据的产生和记录终端,也成为搜集和监测用户位置、行动轨迹、声音、图像和生理数据的工具。正在兴起的穿戴式设备(如智能手表和手环等)和弥漫式设备(如监控摄像头和物联网传感器等)将更广泛和自动地将我们的日常生活工作数据化。数据化不仅改变了人类的生存方式,也改变了人类本身。个人数据的产生、记录和积累产生了与自然人相对应的"数字人",即"数字孪生子"。随着数字技术(如社交媒体、虚拟现实等技术)的发展进步,人类数据化的程度会指数型地增长。这种"数据化身"在很大程度上反映和代表了人类本身的需求、愿望、感情、幻想、不安和恐惧等,同时又可以扩大人类在某些方面的长处和优势,弥补短处和劣势。如果说人类几万年的生物进化也许已经进入饱和,那么通过数字自我升级,人类又将获得新的进化动力和空间。

毫无疑问,现代人的数字化程度正在迅速提高。在不远的将来,人类可以将自身数字化的人生记录和存储下来,作为数据遗产留给后人。当一个人去世后,他或她所留下的不再仅仅是一块冰冷而枯燥的墓碑,而是一张记录其丰富多彩人生的数据遗产[图 2-30(a)]。非营利组织 TED(Technology,Entertainment,Design)领导人克利斯·安德森(Chris Anderson,1957—)说"生命转瞬即逝,唯有思想、灵魂和爱永存",这是 2010 年他痛失爱女佐伊后所得到的人生感叹和启迪。在不远的将来,也许后人能够在数据虚拟的世界中与这些逝去的先辈隔世交流,了解他们过去的生活与世界[图 2-30(b)]。人类与历史的世界与空间数据鸿沟将不再存在。数据化不仅大大扩展了人类生存的空间和自由,也带来了人类生命的延续,甚至某种意义上的永生。

(a)　　　　　　　　　　　　　(b)

图 2-30　个人数字化遗产和虚拟化生命

　　数据为人类提供了前所未有的资源。所以,有人称数据成为信息时代的石油,从中我们可以提取丰富的"信息"和"知识",并在此基础上创造人工智能,最终将这种数据驱动的智能赋予机器。从这个意义上讲,数据中间蕴藏着巨大的潜在价值。同时,大数据也带来了相关的成本与风险(图 2-31)。数据化也会增加个人隐私受到侵犯的危险,如将个人数据(如消费爱好和倾向)不加限制地交付给商家,一方面将享受更个人化的产品与服务,另一方面也有可能带来个人隐私的泄露和滥用。另外,从自然进化的角度,人类的数据感官和处理系统(如大脑)很难直接简单地应付和处理日益增加的数据。从根本上讲,人类个人接收和处理数据的能力是十分有限的。人的"注意力"在数据技术高度发达的时代仍然是非常有限的,甚至是十分稀缺的。虽然数据技术(如数字化传感、存储、通信、计算和显示技术)的"指数型"进步极大地提高了人类对于数据的挖掘和产生的能力,我们仍需要以科学的态度对待爆炸性增长的数据,使之更好地为人类服务,推动人类社会文明的进步以及持续的生存和发展,而不是相反。

图 2-31　大数据带来的价值、成本与风险

本篇小结

　　关于数据科学的基本概念:

　　(1) 定义:数据是反映、记录和展现客观世界事物存在及变化的符号。数据是将现实世界中的事物存在及变化"变换"到一个虚拟数字世界的代表物,与所反映的客观事物

之间具有一种映射关系,但这种关系不一定是唯一的。数据一旦产生,便可以独立于所对应的客观事物而存在和运动。

(2)形式:可以是文字、图像、视频等任何空间与时间的形式;均可以最终表达为二进制的数字形式。

(3)度量:比特或字节。

关于数据科学的基本法则:

(1)第一法则:世界上任何事物均可以被数据化,即客观世界的存在与变化均可被抽象表达为某种符号。任何数据均可以数字比特的方式表述、记录和处理。

(2)第二法则:数据的存在和运动必须依赖某种物质、消耗一定能量,并遵循相应的物理规律。处理每个比特所需物质和消耗能量随着技术进步指数减少,最终趋于物理极限;数字系统的功能和性能随着单个比特的物质和能量的减少而指数上升。

(3)第三法则:数据是协助人与人、人与机以及机与机之间相互作用的媒介,也是人类认识和改造客观与主观世界的工具。随着数据量的增加,人类将进入数据构成的虚拟世界,从而扩展了生存空间与自由。

讨论课题

1. 数据科学第一法则认为客观世界可以由某种数据系统映射为某种符号,这种符号与所反映的事物是何种关系?请分类举例说明。

2. 数据科学第二法则认为数据的存在和运动需要依赖某种物质、消耗一定能量,遵循物理规律。但社会中总有一些现象似乎不需要物质与能量。如何理解和解释这些现象?

3. 数据科学第三法则认为数据是人类认识和改造世界的媒介和工具,预测数字世界会给人类带来更大的空间和更多的自由。你对此有何看法?数字世界对人类到底意味着什么?

研究课题

1. 晶体管开关的速度的最终极限是什么?请说明技术和科学两个方面的限制条件。

2. 人造数据处理系统的基本单元是由晶体管组成的逻辑电路,生物数据处理系统的基本单元是什么?它又是如何工作的?请举例说明。

3. 物理和数字空间均为人类活动的空间,两者的主要区别是什么?设想并描述一种生活,对物理空间以及物质与能量的占有和消耗极小,却具有无限的数字虚拟空间。你将在那样的世界内如何生活?

第3篇 信息纽带

在第 1 篇和第 2 篇中我们引入并讨论了数据的概念,并将它与物质和能量并列为构成人类世界的三个基本要素。同时,我们给出了关于数据的严格定义、普遍形式和度量方法,并且提出和讨论了数据所遵循的三个基本法则,分别对应和描述数据所具有的客观性、物理性和生物性。所谓"客观性",是指可观测的世界是可以被数据化的,而数据化过程是由生物特别是人类所特有的自然数据功能以及所创造的人工数据系统来实现的。在生物世界出现之后,生物特别是人类作为自然的数据机器便开启了对世界进行数据化的过程。所谓"物理性",是指数据的存在和运动离不开物理世界的物质与能量,并受到所遵循的物理规律的制约。同时,人类遵循这些物理规律,通过科技发明创造不断降低每个比特数据所需要的物质和能量,在全球范围内建立了强大的数据系统和技术生态。所谓"生物性",是指数据是人类相互交流的媒介和认识世界的工具。通过对世界的高度数据化,人类开始建立一个数据无处不在、无时不在的数字虚拟世界。这个世界既是客观物理和生物世界的反映,更是人类主观精神世界的扩展和升华。数字世界给人类带来了更大的生存空间和更多的生命自由,也给物理和生物世界带来了新的问题与挑战。正如农业革命和工业革命引发了人类对地球和宇宙物质和能量资源的开发和利用,当前正在爆发的信息革命开启了对数据的开发与利用的新纪元,推动和代表人类发展的一个崭新的阶段。

3.1　信息的定义

数据是人类和其他智能物体与客观世界相互作用过程中产生的一种原始符号,它是事物特性与变化的反映、记录和展现。数据自诞生之日便开始脱离所反映的客体独立在世界上存在和运动,并经历一系列的变换和改变,导致它与其反映物之间的关系变得错综复杂、扑朔迷离,从而产生了多样性、动态性和不确定性。数据作为一种人类和智能物体相互交流合作的媒介以及认识改造世界的工具,在被生物和人工数据处理系统存储、传输和处理之后,不仅形式结构会发生变化,特定含义和预期效用也会产生变异。即使数据的形式结构没有发生变化,信息接收者对其特定含义和预期效用也可能产生歧义。所谓数据的"形式结构",是指符号的表现方式与规则,如中文和英文具有不同的语言的单词、语句的结构规则等,在语言学中统称为语法(grammar)。所谓"特定含义",是指数据符号与所代表事物的关系,如"老鼠"和"MOUSE"均代表一种哺乳纲啮齿目的动物,但这种关系不一定是唯一确定的,如英文的 MOUSE 还可以指计算机等设备上使用的鼠标。同一单词在不同的上下文和情境下也可能有不同的含义。在语言学中符号的含义叫语意(semantics)。关于"效用"的概念比较模糊和抽象,一般是指数据的形式和含义之外的东西,或者是数据所产生的效果、影响或价值等,在语言学中称为语用(pragmatics)。总之,数据对于其接收和使用者(自然或人工数据系统)来说,最基本的特性就是它的"不确定性"或"随机性"。而另一方面,作为媒介和工具的数据必须具有更高级的功能(如结构、含义和效用等)才能够长期存在和不断发展。正是这些具有结构、含义和效用的数据才构成了我们所说的信息。从这个意义上,数据中的信息才是真正连接世界与人类以及人类之间的纽带。

信息(information)也许是目前社会上最流行的“热词”,但关于信息定义却众说纷纭。维基百科关于信息的条目是:“信息,又称情报,是一个严谨的科学术语,其定义不统一,是由它的极端复杂性决定的”。百度百科的解释是:“信息,指音讯、消息、通信系统传输和处理的对象,泛指人类社会传播的一切内容。人通过获得、识别自然界和社会的不同信息来区别不同事物,得以认识和改造世界。在一切通信和控制系统中,信息是一种普遍联系的形式”。显然,这些似是而非、含糊其辞的说法对我们信息领域的专业人士来讲,没有多少实际的指导意义。在阅读和研究了目前学术界关于信息的各种不同定义之后,我们采用以下对信息的定义:

信息是具有一定结构形式、特定含义和预期效用的数据。

根据这个定义,信息一定是数据,但数据却不一定是信息,两者不能混为一谈。数据升华到信息需要具有一定的结构形式、特定含义和预期效用,如图 3-1 所示。客观世界的事物通过与数据系统的相互作用产生了相对应的符号即数据。当这些数据与自然或人工系统发生作用时,需要确定它所具有的结构形式、特定含义和预期效用。因为信息的结构形式、特定含义和预期效用均是相对于信息观察者的主观世界来判断与衡量的,所以存在一定的不确定性。换句话讲,这些代表信息的数据是随机的。只有那些对观察者而言在形式、含义和效用方面确定的数据才成为信息。从这个意义上讲,数据中信息才是联系客观世界和主观世界之间的纽带。

客观
世界
数据
信息
形式、含义
和效用
主观
世界

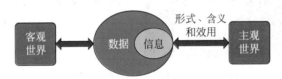

图 3-1 信息的定义

为了更好地说明数据与信息的区别与联系,观察和讨论以下几个例子。

图 3-2 给出一组“无规则随机”二进制数字序列。因为没有给出关于这些数据结构形式、特定含义和预期效用的编码规则,即使我们耗尽精力研究和猜测这些数字所呈现的结构规律,也可能还是毫无头绪。如果想再进一步搞清这些数字所代表的含义和所预期的效用,即它们到底反映、记录和展现了客观世界中什么事物和期望达到什么效用等,则更是难上加难。总之,这些数据对一般的观察者来说太不确定,很难转化为真正意义上的信息。

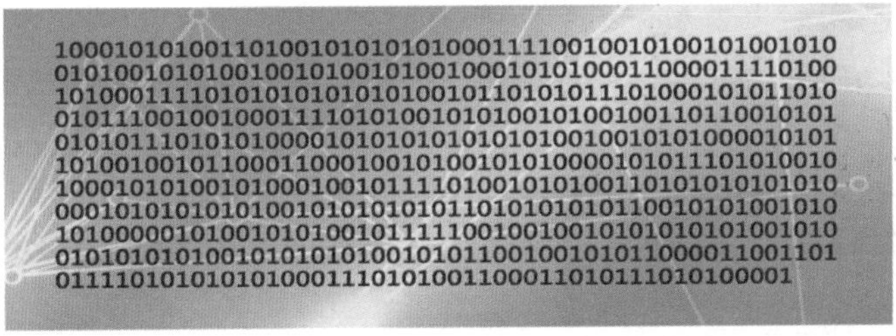

1000101010011010010101010101000111100100101001010010
0101001010100100101001010010001010100011000011110100
1010001111010101010101010100101101010111010001010110
0101110010010001111010100101010010100100110110010101
0101011101010100001010101010101010010010101000010101
1010010010110001100010010100101010000101011101010010
1000101010010100010010111101001010100110101010101010
0001010101010100101010101011010101010110010101001010
1010000010100101010010111110010010010101010101001010
0101010101001010101010010101100100101011000011001101
0111101010101010001110101001100011010111010100001

图 3-2 无规则的随机数字

第二个例子是一句话(图 3-3):"天亮已走,母病危,速转院!"。这组数据是一段中文叙述,语法结构清晰严谨,具有汉语文字知识的观察者均能够明白字面的意思。这句话所表达的意思是一个人天亮的时候已经离开,但母亲病危,需要马上转院。如果我们对此句话的历史背景和故事不了解,以上这种判断也许是合理的。实际上,这句话是当年担任国民党中统机要秘书的地下党员钱壮飞发给上海党组织的经过加密编码的暗语。根据这套编码规则,"天亮"即黎明,是中共叛徒顾顺章的化名;"已走"指的是叛变;"母病危"意思是中共地下党将面临巨大危险;"速转院"即立即转移。在熟悉中文但不清楚编码规则的情况下,不同的观察者对同样的数据含义的理解可能不同。只有了解对此数据的"编码"规则才能够得到其原始的含义。毫无疑问,当时收到此密文的上海地下党领导,不仅明白电文内容的含义,而且马上对此作出反应和行动。这些信息的作用和意义对发送者和接收者来讲生命攸关。正如周恩来后来所说:"要不是钱壮飞等同志,我们这些人是要死在国民党反动派手上的。"

"天亮已走,母病危,速转院!"

要不是钱壮飞等同志,
我们这些人是要死在国民党
反动派手上的。

——周恩来

图 3-3　钱壮飞发给上海地下党的密文

第三个例子请见图 3-4(a)的石碑。这是位于陕西省乾县唐乾陵的一块石质巨碑,是为武周皇帝武则天所立。与历代皇帝的纪念碑不同,武则天的碑却是一块"无字碑",因最初碑上未刻一个字而得名。你若注视这样一位中国历史上绝无仅有的女皇帝所留下的没有任何碑文的丰碑,又会有何感想呢?虽然没有任何文字,但武则天和她所处时代的同人使用了什么形式的数据、试图传递什么含义和达到什么预期效用呢?目前至少有三种不同的学说试图"解码"武则天"无字碑"的含义和用意,但结果却是相互矛盾,难以判断真伪。武则天的"无字碑"的"无",却给我们留下了无穷的想象和猜测,真可谓此处无字胜有字啊!

(a) 武则天的"无字碑"　　(b) 武则天(624—705)

图 3-4　武则天的无字碑

最后一个例子如图 3-5(a)所示。这是人类基因中 DNA 序列的一个片段。对这组数据稍作观察,你就会发现它是由 4 个字母 T、C、A 和 G 组成的。如果你对 DNA 的化学结构有一定了解,则知道它们分别代表组成 DNA 碱基对的 4 种核糖核酸。这些字母的某种组合需要按某种方式代表 20 种不同的氨基酸,但具体组合(即编码)的方式是怎样的呢? 显然,用 1 或 2 个字母代表 1 种氨基酸只能有 4 和 $4^2 = 16$ 种组合,无法表示 20 种氨基酸。若用 3 个字母代表一种氨基酸则可以有 $4^3 = 64$ 种组合,完全可以涵盖 20 种氨基酸。我们称由这 4 个字母组成的三字母元素为密码子(Condon)。实验证明,这 64 种组合中,有 3 种组合并不对应任何氨基酸;余下 61 个密码子对应 20 种不同的氨基酸。这种对应关系用图 3-5(b)的密码子编码表表述,其中一种氨基酸可能由多个密码子来代表,这种现象称为密码子简并。可以看到密码子最高简并度为 6(对应 3 种氨基酸),其次为 4(对应 5 种氨基酸)、3(对应 1 种氨基酸和停止功能)和 2(对应 9 种氨基酸)。没有简并的密码子只有 3 个(对应 2 种氨基酸和开启功能)。这种安排虽然看起来有些浪费,但实际上可以带来一些好处,如避免编码出错等。美国生化学家马歇尔·尼伦伯格(Marshall Nirenberg,1927—2010)在 1961—1964 年破解了 DNA 中核糖核酸碱基对组合对应氨基酸的编码规则,并因此在 1968 年获得诺贝尔生理学或医学奖。与图 3-2 中完全无序和没有含义的数据不同,图 3-5 的数据不仅具有符合一定规则的结构,即由 4 个字母构成的 2 连体密码子,并且具有特定的含义,即每个密码子对应一种氨基酸或其他 DNA 功能(如"开启"或"停止")。最后,根据生物学著名的"中心法则",DNA 通过 RNA 将这些原先存储在 DNA 双螺旋长链上的基因密码经过"转录"和"翻译"最终生成对应由氨基酸构成的另外一个长链,即蛋白质。所以,信息的"效用"也是明确的。当然,并不是所有的人面对这组基因数据都能对它的结构、含义和效用有同样的观察、分析和结论。这是因为这必须借助信息观察者所具有的"先验知识"(prior knowledge)才可能得到。所以,即使我们同时注视这段数据,因我们所具有的背景知识不同,所得到的数据结构、含义和效用的结果(即信息)却可能有天壤之别。

DNA中的基因数据

This sequence represents the first exon of the Human Ras DNA sequence, an important gene in cell signalling and human disease:

ATGACGGAATATAAGCTGGTGGTGGTGGGCGCCGGCGGTGTGGGCAAGAGTGCGCTGACC
ATCCAGCTGATCCAGAACCATTTTGTGGACGAATACGACCCCACTATAGAGGATCCTACA-
CAGCTGGTGGTCGGTGTGGGACCCCAGGCAAGATGGACGAATACGACCCCACTATA
AGCTGATCCAGAACCATTTTGTGGAGATAAGCTGGTGGTGGTGGGCGCCGGGGGCAAGAT-
GGACGAATACGACCCTGGTGGGCGCCGGCGGTGTGGGACCCCACTATAGAGGATCCTACA
TGATCCAGAACCATTTGTGGTGGTGGTGGGCGCCGGCGGTGTCGGCGGTGTGGGAC-
CCCACTATCGGTGTGGGACCCCACGGTGTGGGACCCCACGGTGTGGGACCCCACGCCGGC
AGCTGATCCAGAACCATTTGTGGAGATAAGTTGGACGAATACGAACCATTTTGTGGACG
AATACCACGGTGTGGGACCCCACGGTGTGGGACCCCACGAGCTGATCCAGAACCATTTGT
GGAGATAAGCTAGCTGATCCAGAACCATCCTGA

(a)

基因→氨基酸编码表

Amino acid	DNA codons					
Alanine	GCT	GCC	GCA	GCG		
Arginine	CGT	CGC	CGA	CGG	AGA	AGG
Asparagine	AAT	AAC				
Aspartic acid	GAT	GAC				
Cysteine	TGT	TGC				
Glutamic acid	GAA	GAG				
Glutamine	CAA	CAG				
Glycine	GGT	GGC	GGA	GGG		
Histidine	CAT	CAC				
Isoleucine	ATT	ATC	ATA			
Leucine	CTT	CTC	CTA	CTG	TTA	TTG
Lysine	AAA	AAG				
Methionine	ATG					
Phenylalanine	TTT	TTC				
Proline	CCT	CCC	CCA	CCG		
Serine	TCT	TCC	TCA	TCG	AGC	AGT
Threonine	ACT	ACC	ACA	ACG		
Tryptophan	TGG					
Tyrosine	TAT	TAC				
Valine	GTT	GTC	GTA	GTG		
Start(CI)	ATG					
Stop(CT)	TAA	TAG	TGA			

(b)

图 3-5　生物基因 DNA 序列的片段和密码子编码表

3.2 概率基础知识

为了更好地描述和解释数据中存在的不确定或随机现象,我们首先介绍描述事件发生机会或可能性的数学理论,即"概率论"的基础知识。法国数学家拉普拉斯(Pierre-Simon Laplace,1749—1827)曾经说过:"概率论只不过是把常识用数学公式表达了出来"。关于概率统计的系统理论,读者可以通过更加专业的教科书获得。需要指出的是,概率知识对于学习与掌握数据与智能科学的重要性怎样强调都不过分。

对于概率的完整定义,即严格意义上满足"必要且充分"条件的定义,目前学术界还没有一个普遍接受和满意的答案。作为一个数学函数,概率必须首先满足一些基本的必要条件。我们知道,概率函数 $P(A)$ 是对随机事件 A 发生可能性的度量,所以至少应该限制在 $0\sim1$,即 $0 \leqslant P \leqslant 1$。$P$ 越接近 1,说明该事件 A 越可能发生;P 越接近 0,则越不可能发生。另外,概率还必须满足可加性的条件。这些性质是关于概率的基本数学公理,也是我们对于概率理论的基本假设和必要条件。但这些基本数学公理却不是充分条件,并没有给出如何计算或确定概率的方法。

概率方法:

现实中,至少有两种定义和方法可以用来确定一个事件发生的概率。方法 A 是古典法,即对事件的样本进行分析,找出对事件发生有利的样本。假定所有有利样本发生的概率相同,则事件的概率等于有利样本数与总样本数之比。

$$P(A) = \frac{\text{对事件 } A \text{ 发生有利的样本数}}{\text{所有样本的总数}}$$

方法 B 是频率法,即对事件进行前后相互独立的 N 次随机试验,针对每次试验记录下相对频率值 A。

$$P(A) = \frac{\text{事件 } A \text{ 发生的次数}}{\text{所观察事件发生的总数}}$$

随着试验次数 N 的增加,相对频率值趋向某个极限值,这个极限值称为统计概率。很显然,用此方法所得到的概率值与所做的试验(或观察事件发生)的总数有关,一般需要有足够的试验观察才能得到一个可靠和精确的答案。

为了比较以上两类方法,下面我们讨论一个例子。

问题:掷两次相同的骰子,出现数字之和为 7 的概率是多少?

解法 A:古典概率方法

每个骰子有 6 个平面,每个平面有一个数字,分别为 $1\sim6$,所以有 6 种可能性。2 个骰子共有 $6\times6=36$ 种可能性。如图 3-6 所示,两次试验得到数字之和为 7 的次数为 6。所以古典概率方法得到的结果是 $6/36=16.7\%$。

解法 B:频率概率方法

若使用频率概率的方法,我们需要在尽量理想的条件下做掷骰子的试验并统计结果。试验的统计结果如图 3-7 所示,50 次试验中有 13 次出现了两个骰子数字之和为 7

的结果,所以统计概率为 13/50＝26％。

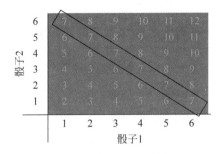

图 3-6 古典概率方法的例子

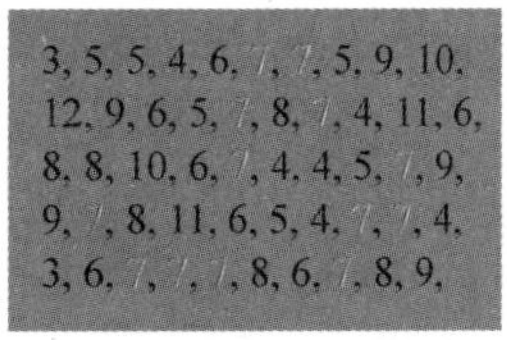

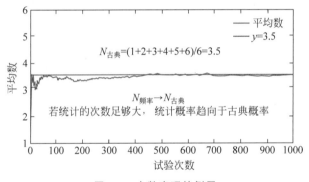

图 3-7 频率概率方法的例子

显然两种方法得到的结果是不同的。也许我们在频率方法中所做的试验次数不够多? 若试验次数足够多,是否可以得到与古典概率相同的结果? 对此我们无法证明,也不能做这样的假设。虽然我们不能确定频率法所得的概率结果是否能够收敛到古典概率,但却知道一个随机试验结果的平均值随着试验次数增加最终会收敛到古典概率所预测的平均值,这就是著名的"大数定理"或"大数法则"。

如每掷 6 次相同的骰子,最可能出现的平均数是多少? 用古典概率方法计算,平均值为 $N_{古典}＝(1+2+3+4+5+6)/6＝3.5$,用统计的方法,大量实现的最终结果趋向于古典概率的结果(图 3-8)。

图 3-8 大数定理的例子

"大数法则"所揭示的规律是指当试验次数增加,古典概率和频率概率所得到的关于事件某些特性的平均值将趋于同一数值。有些人由此提出了所谓"平均定律",声称某些事件一个极端情景的发生将伴随另一个极端情景的发生以保持事件发生的平均值与大数定律所预测的平均值相符。如一个人在赌场经历了一系列"坏运气"之后,一定会时来运转而获得"好运气"等。其实这个结论是不正确的。这是因为任何一次试验均是一次独立的偶然事件,对历史上所发生的事情并没有记忆或关联,对未来将要发生的事情也无法预测或影响。为了说明这一点,我们引用了一个掷硬币的模拟试验。游戏规则是玩家在头面(Head)出现时将获得 1 美元,而尾面(Tail)出现将失去 1 美元。1000 次试验的结果[图 3-9(a)]表明玩家的净收益(定义为赢得金额—输掉金额)波动较大,并不循序所谓"平均定律"。但头面出现比例的平均数却趋于 50%[图 3-9(b)],完全符合"大数定律"。这说明我们不应将每次事件发生的偶然性与多次事件的统计平均的必然性混为一谈。概率所描述的事件发生的不确定性对于某一次或几次独立的事件是没有意义的,只有在同样的事件不断重复发生的情况下才真正有实际意义。即使小概率的事情,若做得太多,任何偶然也都会变为必然。这就是所谓"常在河边走,哪能不湿鞋"所揭示的道理。当然,这里的假设是所有事件均是相互独立的。在现实中,与赌场的"老虎机"不同,许多事件并不一定是独立的,所以前期事件中的"坏运气"可能为后期事件积累经验教训,从而改进"玩家"取胜的概率,带来"好运气"。

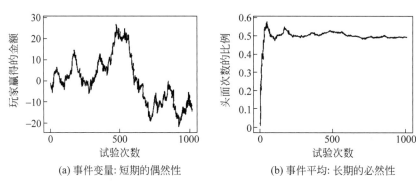

(a) 事件变量: 短期的偶然性　　　　　　(b) 事件平均: 长期的必然性

图 3-9　平均谬误和大数定律

　　古典概率是"先验"概率(a priori),即在没有做任何试验之前便已经知晓的概率。同时,它又是一个理想的情况,本身存在一些限制性的假设:①各个事件发生的概率相同;②各个事件的发生相互独立;③所有可能发生的事件总数已知且有限。这些限制条件在很大程度上制约了古典概率在实际中的应用。尽管如此,古典概率为我们分析和预测现实中的随机事件提供了一个简单有效的工具,可以对实际情况产生有用的洞见。我们可以将古典概率推广到更普遍的"先验概率"而不局限于等概率的假设。在这种情况下,先验概率就成为观察者的一种主观的"确信度"。这些确信度的基础可能是基于科学知识、实际经验、某种信仰甚至迷信等。而频率概率是"后验"概率(a posterior),需要通过一系列试验结果统计才能得到。这种方法不需要受等概率假设的限制,但仍需要假设各个试验相互独立且样本有限。现实中如何确定试验的条件(如试验次数等),以及对试验结果的合理(科学)解释和对未来事件的预测等是必须谨慎回答和解决的问题。

　　一个更为基本的问题是概率本身的客观性和主观性问题。关于概率客观性的观点认为,随机性是客观世界事物运动与变化规律的反映,与观察者无关,概率是对客观世界这种随机性的描述和预测。支持这种观点的论据是世界的许多事情发生的方式完全是随机的,特别是一些概率很小的"黑天鹅"事件,我们从根本上无法精确地预测这些事件的发生。关于概率主观性的观点则认为,随机性不是客观世界实际运动和变化规律的反映,而是观察者对客观世界缺乏信息和知识的表现,概率是观察者根据所具有的信息和知识等对事件发生的可能性(或随机性)的确信度。

　　严格意义上讲,以上两种观点均有一定道理。关于客观世界的运动和变化规律,我们将在"知识升华"一篇中做更为详细和深入的讨论。假定现实中所有的事件本质上具有确定性,那么我们所讨论的随机性则是我们自身认识局限性或信息不对称所致。我们之所以对某些事件发生的可能性用概率的方法做预测,是因为我们对这些事情发生的条件和规律缺乏信息和知识。从这个意义上讲,概率本质上是主观的。概率的方法中,不同的观察者可能根据自身的知识、经验等主观因素对同一事件发生的可能性(或随机性)赋予不同的概率。即使对于同一观察者,随着对该事件发生的相关因素了解得更多,或者其他主观的因素驱使,也可能对这一事件发生的概率有不同的赋值。由此可以理解为什么数据和信息对于我们认识、理解和预测世界中事物的运动和变化具有极其关键的作用。

为了说明概率的"主观性"问题,我们以赌场中一种比较流行的游戏轮盘赌为例加以说明[图 3-10(a)]。美国的轮盘赌转盘上均匀分布着 0～36 以及 00,共 38 个数字。当转盘转起来后,会有一个小球在转盘内滚动,同时轮盘本身朝小球相反的方向转动。最终小球会落到某个数字对应的小槽里,从而产生"中奖数字"。游戏的赔率是 1：35,即若赢了,1 元可以变成 36 元。因轮盘上一共有 38 个数字,赢钱概率只有 1/38,所以庄家相对于玩家有平均 5.26％的优势(注:赌场商业模式的核心机制之一)。所以,在游戏的结果完全随机的前提下,进行足够多次的赌博,最终的结果一定是庄家赢。

图 3-10　美国轮盘赌的故事

但小球和转盘的运动并不是随机的,而是严格遵循牛顿力学定律。只要小球的初始位置和速度已知并且小球运动过程中与其他物体相互作用的方式已知,理论上讲可以精确预测小球最终所达到的位置。这里的关键是如何在真实赌场情境下确定小球的初始条件和计算小球的轨迹。1961 年 MIT 的教授爱德华·索普(Edward Thorp,1932—)和香农不仅开发了预测小球运动轨迹的数学模型和算法,还制造了世界上第一台"穿戴式"计算机[图 3-10(c)]。利用这台由 12 个晶体管和当时先进的电子元件构成的装置,他们在赌场实践中创造了大大超出庄家的成绩。当时由于计算和通信技术水平所限,他们设备的可靠性和实用性(特别是隐蔽性)均较差,所以索普后来只专注于另外一种不需要借助任何设备而只利用数学算法的游戏——21 点扑克牌(Black Jack),并进军华尔街证券金融市场,建立了全球第一个量化对冲基金,取得了巨大的成功。此后,他还出版了一本关于 21 点扑克牌的畅销书《击败庄家:21 点的有利策略》。预测轮盘赌结果的数学方法和穿戴技术在 20 世纪 70 年代初被当时正在加州大学攻读博士学位的多伊恩·法默

（J. Doyne Farmer，1952— ）和同学诺尔曼・派克（Norman Packard，1954— ）等改进，获得比赌场庄家多20％的取胜概率优势[图3-10(b)下图]。但由于硬件可靠性问题和对赌场暴力的恐惧，他们所具有的技术优势并没有在现实中兑现。对这些科学家来讲，轮盘赌上的小球不再是完全随机地运动；他们虽然还不能完全精确地预测小球的最终位置，却提高了预测的概率，减小了事件的不确定性。一旦优势超过庄家，他们便可稳操胜券。当然，做到这一点的前提是他们的技术必须安全可靠。同时，他们还必须成为"赌徒"，因为概率的统计意义必须在大量试验中才能够体现。这些年轻时的恶作剧最终并没有持续多久。法默和派克后来在复杂性数学理论、经济学理论与应用的方面做出了独特的学术贡献，并且成功创办了一家高科技公司。法诺现在是英国牛津大学数学教授，而派克则在科技界连续创办了几家公司，成为一名职业企业家。

条件概率：

前面讨论的概率理论假定样本空间事件发生是相互完全独立的。在现实中，一个随机事件的发生，对另一个相关的事件发生的概率是会发生影响的。为此，我们引入"条件概率"的定义，即假设 A 和 B 是两个事件，在事件 B 已经发生的条件下，事件 A 发生的概率。基于古典概率的模型，若所有事件发生的概率相同，事件 A 的概率便是事件 A 的样本与总样本数之比，即 $P(A)=n(A)/n(\Omega)$，$n(A)$ 和 $n(\Omega)$ 分别为事件 A 的样本数和总样本数，也可用相对应的面积形象地表示（图3-11）。同样的推导也适合于事件 B 的概率。若事件 A 和 B 相关联，即两者的事件空间有交集，则事件 A 发生后，事件 B 发生的概率 $P(A|B)$ 则变为 A 和 B 同时发生的样本数 $P(AB)$ 除以事件 B 的样本数 $P(B)$，即

$$P(A \mid B) = \frac{P(AB)}{P(B)}$$

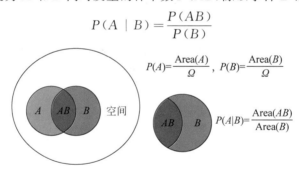

图 3-11 条件概率公式的推导

关于条件概率有两个特例：①若事件 B 是必然事件，$P(B)=1$，则对事件 A 的概率没有贡献，条件概率 $P(A|B)=P(A)$；②若事件 B 不会发生，则 $P(B)=0$，则关于事件 B 的信息量无穷大，将无法确定事件 A 发生的概率。另外，观察 A 和 B 两个事件各自的条件概率，可以证明 $P(A|B)$ 与 $P(B|A)$ 一般是不相等的，即条件概率对于事件 A 和 B 是不对称的。

将条件概率的公式重新写成对称的形式，便得到了贝叶斯定理（Bayes Theorem），即事件 B 发生的概率乘以事件 B 发生条件下事件 A 发生的概率等于事件 A 发生的概率乘以事件 A 发生条件下事件 B 发生的概率。

$$P(A \mid B) = P(A) \frac{P(B \mid A)}{P(B)}$$

这个定理是由英国数学家托马斯·贝叶斯(Thomas Bayes,1702—1761)提出来。贝叶斯生前只发表了一篇关于牛顿微积分的数学研究论文,他的主要数学贡献 *An essay towards solving a problem in the doctrine of chances* 在他去世两年后由其朋友在 1763 年发表,但并没有得到学术界的关注。直到近 50 年后法国数学家拉普拉斯(P. Laplace,1749—1827)重新独立发现此定理,才真正得到了学术界的重视。与前面的条件概率公式相比较,贝叶斯公式的区别在于将事件 A 与 B 同时发生的概率改为事件 A 发生的概率乘以事件 A 发生条件下事件 B 发生的概率。在实际中,事件 B 发生的概率不一定容易确定,但可以表述为事件 A 发生的概率乘以事件 A 发生后事件 B 的条件概率,加上事件 A 没有发生的概率乘以事件 A 没有发生事件 B 的条件概率。于是,我们可以将贝叶斯定理表述为另一种不包含事件 B 发生概率的形式。

$$P(A \mid B) = \frac{P(A)P(B \mid A)}{P(B \mid A)P(A) + P(B \mid \overline{A})P(\overline{A})}$$

贝叶斯定理的数学表达看起来很简单,但其中的含义却十分深奥并有不同的解释。围绕这些不同解释历史上产生了很长时间的争论,其根源可以最终归结到对概率的客观性和主观性的不同理解和偏好。我们将前者称为频率学派(frequentist),后者称为贝叶斯学派(Bayesian)。频率学派将概率定义为对某种事件多次测量和长期观察的出现频率。此学说的基本假设是客观世界存在绝对和唯一的真实,而我们的测量和观察是从嘈杂的世界中取样来接近这个真实。我们所做的测试和观察越多,便越接近这个真实。贝叶斯学派将概率理解为在不完整知识前提下对某种假设或模型可信度的衡量。贝叶斯学派不承认客观世界的绝对和唯一真实性,或者即使存在也遥不可及。我们能够做的只是用所观察和测量的有限数据作为证据来修正和改进这些假设或模型。

长期以来,频率学派在统计学理论和应用中被广泛接受和采用,而贝叶斯学说则被认为是异端邪说遭到批判和排斥。现在看来,除了哲学意义上的争论之外,实际应用中这两种学派的主要分歧是对于先验知识的认可程度和使用方法。对于频率学派,先验知识是具有偏见和不可靠的,最公正和可靠的假设是没有先验知识,即"万事皆可能"。而贝叶斯学派则首先承认和使用先验知识,即对所测试和观察的结果首先有一个主观的判断。从这个意义上讲,我们也许可以认为贝叶斯模型已经包含了频率学说,即频率学说是贝叶斯学说先验知识为零的特例,所以不必再对两者加以区分和区别。当然,我们也必须对先验知识采取谨慎的态度,因为在许多实际情况下,我们无法判断这些先验知识的正确性,而只能通过新的观察和试验数据进行验证和改进。

下面我们举两个贝叶斯定理的应用例子,来进一步说明它的意义。假定你早上醒来发现自己全身长满红色斑丘疹。你很担心,于是去医院寻求帮助。医师诊断,鉴于这种病症有两种可能性:水痘或天花。统计的结果是:80%的水痘患者会有红色斑丘疹病状,而 90%的天花患者则有同样的症状。基于这样的实际观察统计结果,你患有天花(一种极可能致命的传染性疾病)的可能性有多大呢?

如图 3-12 所示,如果这两种疾病在可比较人群中发病率相同,那么基于前述的统计结果,你患有天花的可能性好像是大于水痘,两者或然率之比为 1.125 是大于 1 的。但医师基于专业知识却不会做出这种无知的诊断,因为他或她的专业(先验)知识表明这两种病在人群中的发病率大不相同。天花的发病率极低,为 0.1%,而水痘的发病率则较高,为 10%。通过贝叶斯定理预测具有红色斑丘疹病状而患有天花和水痘的可能性(概率)之比为 0.001 25,远小于 1。实际上,根据世界卫生组织的调查,天花于 1980 年在地球上已经灭绝(发生概率为零)。所以,你大可不必为此而有任何担心。

$$\text{条件概率}\quad \begin{aligned}P(\text{红色斑丘疹}|\text{天花})&=90\%\\ P(\text{红色斑丘疹}|\text{水痘})&=80\%\end{aligned}\qquad \text{或然率之比}\quad \frac{P(\text{红色斑丘疹}|\text{天花})}{P(\text{红色斑丘疹}|\text{水痘})}=\frac{90\%}{80\%}=1.125>1$$

$$\begin{aligned}\text{先验知识概率}\quad \begin{aligned}P(\text{天花})&=0.1\%\\ P(\text{水痘})&=10\%\end{aligned}\quad \xrightarrow[\text{推理}]{\text{贝叶斯}}\quad \frac{P(\text{天花}|\text{红色斑丘疹})}{P(\text{水痘}|\text{红色斑丘疹})}&=\frac{P(\text{天花})\,P(\text{红色斑丘疹}|\text{天花})}{P(\text{水痘})\,P(\text{红色斑丘疹}|\text{水痘})}=\frac{0.001\times0.9}{0.1\times0.8}=0.001\,25\ll1\end{aligned}$$

图 3-12 红色斑丘疹病状条件下,对发生天花和水痘概率的估计

在日常生活中,有一种经常发生的认知错误,称为"基础概率偏见"(Base Probability Fallacy)。举一个最近发生的事情为例:我在加拿大麦克马斯特大学(McMaster University)的同事武筱林教授和他在上海交通大学的研究生于 2016 年年底发表了一篇题为《使用脸部图像自动推理罪犯》的学术论文(图 3-13)。他们选取了 1856 张中国成年男子的面部照片,其中 730 张是已经定罪的罪犯身份证照片(330 张来自网上的通缉令,400 张由一家签署过保密协议的派出所提供),其余 1126 张是在网络上抓取的普通人照片。经过机器学习,算法鉴别出犯罪嫌疑人的准确率达到 89%。此事引起了学术界和社会巨大的反响,许多人甚至有一些学者,对论文的结果,特别是由此可能带来的负面效果和影响提出了质疑和反对。主要的争议和指责是武教授及合作人是在搞"科学种族主义",此种"以面取人"的方法用来识别罪犯"会形成一个歧视性的反馈循环,让歧视在社

武筱林教授

研究结果:检测结果为罪犯,人脸识别罪犯的准确率为89%,错误率为11%。
统计数字:整个人群中,罪犯的比例为0.363%,99.637%的人是清白的。
实际问题:在人群中随机抓取一人,用武教授的人脸识别技术,测试结果为"阳性",那么此人真正为罪犯的可能性有多大呢?

$$P(\text{罪犯}|\text{阳性})=\frac{P(\text{罪犯})\,P(\text{罪犯}|\text{阳性})}{P(\text{罪犯})\,P(\text{罪犯}|\text{阳性})+P(\text{清白})\,P(\text{阳性}|\text{清白})}$$

$$P(\text{罪犯}|\text{阳性})=\frac{0.003\,63\times0.89}{0.003\,63\times0.89+0.996\,37\times0.11}=0.29\%$$

图 3-13 使用人脸识别发现罪犯概率的估计

会中更为巩固"，甚至有人嘲讽说"请教授自己去试一下看结果如何"。

真是这样吗？暂且对武教授研究的方法和采用数据的可靠性不做任何评价而假设他们研究的结果是可靠的，如图 3-13 所示，假定武教授的方法在被检测人群中的准确率为 89%，错误率只有 11%。那么，用他们的方法，在中国社会中任意抽查一个人是罪犯的可能性有多大呢？我们可以用贝叶斯定理来分析一下这个问题。我们将事件定义为：事件"A＋"为对象是罪犯，"A－"为对象清白；"B＋"为对象的测试结果为罪犯（阳性），"B－"为对象测试结果是清白（阴性）。根据 2017 年中国犯罪统计报告，中国人群中的罪犯比例为 0.363%，即 P（罪犯）＝0.003 63；清白的比例为 99.637%，即 P（清白）＝0.996 37。是罪犯而测试阳性的概率为 P（阳性|罪犯）＝0.89，清白但测试阳性的概率为 P（阳性|清白）＝0.11。在此条件下，对一个对象测试为阳性而是罪犯的概率有多大呢？根据贝叶斯定理得到的结果为 0.29%。很显然，即使武教授的人脸识别技术如此准确，也不能单独用来对大众中的普通人做是否犯罪的判断与认证。所以，即使武教授采纳有些批评者的敦促，将此方法用于本人而不幸得出阳性的可能结果，也大可一笑泯之，不去计较了。

3.3 信息的法则

通过这些例子，我们也许可以认为信息和数据的区别本质上是结构、含义和效用方面的确定性。信息是连接人与人以及人与自然世界的纽带，只有消除了数据在被连接的主体之间主观的不确定性之后数据才转化为信息。信息作为人类相互交流和认识世界媒介和工具的数据，必须具备一定的结构、含义和效用，否则将失去作用和意义。正是这些特性使得信息从数据中脱颖而出，成为人类和其他数据系统生存和发展不可或缺的元素。但另一方面，数据与信息的最大区别是它的结构、含义和效用却又具有不确定性，并由此引发出结构、含义和效用的多样性和复杂性。无论信息本身所包含的不确定性本质和性质如何，生物和人工信息系统接收和处理信息的最终目的是通过消除或减少包含信息的数据中所存在的不确定性而最终获得知识。正如信息论创始人香农所讲"信息就是用来消除不确定性的东西"。

由此我们引入信息科学的第一法则（图 3-14）：

信息的作用是减少和消除数据中关于结构、含义和效用的不确定性。

我们将消除数据中不确定性的过程称为信息过程。数据中的不确定性消除之后所产生的数据便成为信息。从信息角度，数据中的不确定可以分为三个方面，即形式、含义和效用的不确定性。对于不同的数据，在不同

图 3-14 信息科学第一法则

的条件下，针对不同的信息发送者和接收者，形式、含义和效用的不确定性是不同的，很难用一个统一的数学模型来描述和分析。

最小的不确定性是在一个可能发生的事件(符号)的两种不同可能中做出选择,所以最简单的信息也是最简单的数据,即只有一个比特的二进制数据。对"是"与"否"这类看起来简单问题的回答,不仅构成了信息、知识和智能的理论基础,在现实中也具有十分重要的作用和意义。正如莎士比亚剧中哈姆雷特王子所说的:"生存还是毁灭,这是个问题"(To be or not to be,that is a question)。

图 3-15 信息科学的基本问题

设想一下人类在原始社会的一个真实情景(图 3-15):你和你的同伴隐藏在丛林里狩猎,突然听到了一阵动物朝你走近的声音。这时你必须马上对这个接收到的音频信号做出一个判断:声音代表的是猎物(如一群羚羊),还是猛兽(如一头狮子)?前者意味着一顿美满的美味享受,后者则可能是一场可怕的痛苦伤害。可以消除这个不确定性的信息极其重要,因为你必须马上做出是攻击还是逃跑的决定并采取相应的行动。这种生死攸关的信息和选择无疑在现代社会仍然具有十分重要的现实作用和意义。

当然,世界是复杂的,更多的情境需要多个"是"与"否"的问题与答案才能消除事件中所包含的不确定性。那么如何消除更复杂数据中的不确定性呢?在美国曾经流行一个游戏,叫"二十个问题"(图 3-16)。在游戏中,一位选手被指定为"回答者",并由他或她选择一个事物(如大家均熟悉的物品、人物和事件等),但不公布结果(可以说明问题的类别,如是一件家庭用品等)。所有其他的选手均是"询问者"。游戏的规则是所有的问题均只能用"是"与"否"来回答,回答者只能如实回答询问者所提出的问题,不能撒谎或欺骗。问题不超过 20 个。若在 20 个问题之内猜到答案,则询问者赢得游戏。很显然,此游戏胜算的关键在于如何设计和选择所提出的问题,使询问者能够在最少问题次数中消除不确定性而得到最终答案。所以,实质上这个游戏是一个用信息消除不确定性的过程,所包含的创意和方法很有启发性。

图 3-16 "二十个问题"游戏

由此,我们提出和建立信息科学的第二个法则(图 3-17),即:**任何信息问题均可以转化为一组可以通过一系列"是"与"否"问答方式得到解答的问题。**

图 3-17　信息科学第二法则

换句话讲,给定一组数据,均可以构造一系列问题,并通过对这些问题 YES 或 NO 的回答,最终回答关于这些数据的形式、含义和效用等方面的问题,从而消除所包含的不确定性。我们也称这个模型为信息的"数字化"定律,因为它与数据的数字化定律大有异曲同工之美。将原始问题转化为数字问题的过程严格来讲是一个"编码"(coding)过程。编码是信息科学中最重要的概念,在本篇后面还会做更详细系统的讨论。信息科学第二法则并没有告诉我们针对不同的实际问题应该如何编码才能达到数字化的问题。当然,我们目前无法严格证明世界上所有的问题均可以用一系列关于"是"与"否"的问题来等效表达,也不清楚这样的问题是否能够通过某种算法和(或)实验在有限的步骤内消除所有的不确定性。关于这个问题,我们将在第 4 篇"知识升华"中再做进一步讨论。但这并不妨碍我们为了简化问题先做这样的假设。

让我们举一个例子。你对 2014 年冬奥会的冰球比赛谁是冠军很关注,但并不知道结果。因为你正在与一位朋友打赌。若你猜对了,则可以获得奖励。一共有 16 支竞争的球队,共给你 4 次猜测的机会。请注意在这个问题中你对于所要解决的问题的背景、条件和动机等均已经达成共识,是确定的。唯一不确定的是你不知道比赛的结果,需要通过信息过程来消除这个不确定性。

为此,我们首先将这 16 支球队编号(图 3-18)。然后按以下方式构建和提出问题:

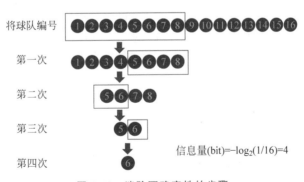

信息量(bit)=$-\log_2(1/16)=4$

图 3-18　消除不确定性的步骤

问题 1:请问冠军是前 8 个(1~8)还是后 8 个(9~16)球队?

回答 1:前 8 个;

问题 2:将前 8 个球队再分为前后各 4 个,冠军是前 4 个还是后 4 个?

回答 2:后 4 个;

问题 3：将 4 个球队再分为前后各 2 个，是前 2 个还是后 2 个？

回答 3：前 2 个；

问题 4：在最后 2 个球队中，是前 1 个还是后 1 个？

回答 4：后 1 个。

于是，以一种最有效方式，即每一个问题的答案得到一个比特信息的方式，最终用 4bit 的信息消除了这 16 个数据中的不确定性，获得了问题的答案。按照香农的定义，消除数据中不确定性而获取答案所要的问与答的次数便是数据中信息的含量的上界，而这个数字 4 恰好是以 2 为底，数据 16 的对数 $\log_2 16 = 4$。如果换一个思路来考虑，以上猜测策略的前提是我对各个球队夺冠的能力、水平和竞技状态一无所知，所以最合理的假设是每个队夺冠的概率相等，均为 1/16。我们发现消除不确定性所需问答的次数，即数据中包含的信息量为：信息量（bit）$= -\log_2 (1/16) = 4$。

一般情况下，各个球队的能力、水平和竞技状态不同，所以获得冠军的可能性也不同。所以，我们将 16 支球队夺冠的可能性分别定义为 $P_1, P_2, \cdots, P_{16}$。在这种一般情况下，其中一个球队夺冠的不确定性为信息量（bit）$= \log_2 (1/P_i)$，$i = 1, 2, 3, \cdots, 16$。所以一个事件所包含的信息量等于此事件发生概率倒数的对数。若以 2 为底的对数表示，则单位为 bit。一个事件发生的概率越小，它所包含的信息量则越大；发生概率越大，信息量则越小。在各个事件等概率的情况下，一个事件所包含的信息量为 $\log_2 m$ bit，m 为独立事件的总数。

每个球队夺冠的概率相同的假设带来的不确定最大，所以消除不确定性所需要的信息量也最大。主观上讲，这也是猜测者对参赛各队的能力和状况最无知的情况。在实际中，各个球队夺冠的可能性应该是不同的，这主要取决于个人的主观知识和判断。根据我对加拿大球队（假定编号为 1）的了解（先验知识），我相信加拿大队一定会卫冕成功。这等于加拿大队夺冠的概率为"$P_1 = 1$"，$\log_2 (1/1) = 0$，所以本事件对我来讲信息量为"0"，只需要做一次回答就得到了正确的答案。可以从数学上证明，若对各球队的胜出赋予不同概率时，问题的平均次数为 0～4，也就是说数据所包含的信息量为 0～4bit。当然，我的这种先验知识和成见并不一定可靠。2018 年平昌冬奥会，加拿大意外丢掉了冠军。

这种将原始问题化简为对一组可能发生的事件，并通过一系列"是"与"否"的问题和答案（即实验）来最终消除所有的不确定性而得到最终答案的方法，虽然看起来有些烦琐，却是一个极其有效的方法。从数学的观点，一个比特的信息（一个问题与答案）对应两种可能，Nbit（问题与答案）则可以对应 2^N 个可能性。假定 $N = 20$，则可以从 1 048 576 个开始不确定的选择中得到 1 个最终答案。

在实际中，这种假设所有代表事件的符号出现的概率相同的假设是最无知的表现和最昂贵的选择，却也是最天真和公平的方法。利用对于问题的先验知识或模型，可以赋予某些事件更高或更低的概率，从而减少了数据中所包含的不确定性。所以，先验知识在信息过程具有巨大的作用，先验知识越有效，对不确定事件发生做出的判断就越准确，所需要的信息量便越小。反过来，对于一个基于先验知识的理论模型，其预测的准确性，或消除不确定性的能力，也可以通过新的试验结果即信息过程来改进。所以，信息在知识过程中也具有重要的作用。这个过程称为贝叶斯过程，我们将在下一篇"知识升华"中再做深入讨论。

3.4　信息的形式

关于信息的基本理论是由当时年仅 32 岁的美国数学家、电子工程师和密码学家香农于 1948 年在贝尔实验室工作时创立的［图 3-19(a)］。香农早期对电气工程感兴趣，在美国密西根大学获得本科学位后，来到 MIT 读硕士学位，与著名的布什教授研究计算机。1938 年，他的硕士论文第一次将数字逻辑的概念引入了开关电路，为现代数字科学和计算技术奠定了基础，被誉为历史上最牛的硕士论文［图 3-19(b)］。在布什教授的建议推荐下，他进入数学系，1940 年获得数学博士学位。1941 年他加入贝尔实验室数学部，1948 年 6 月和 10 月在《贝尔系统技术杂志》(*The Bell System Technical Journal*)上连载发表《通信的数学原理》(*A Mathematical Theory of Communications*)，奠定了现代信息理论的基础［图 3-19(c)］。加之他关于数字逻辑的硕士论文，香农被誉为"数字时代之父"。

(a) 香农　　　(b)《继电器与开关电路的　　　(c)《通信的数学原理》(C E.
　　　　　　　　符号分析》(C.E.Shannon,　　　Shannon, *A Mathematical*
　　　　　　　　A SymbolicAnalysis of Relay　　　*Theory of Communication*, Bell
　　　　　　　　AndSwitching Circuits, Master　　　System Technical Journal, 1948,
　　　　　　　　Thesis, MIT, 1938)　　　　　　(27): 379-423, 623-656)

图 3-19　香农及其对计算机和信息论的贡献

在香农看来，信息的数据形式可以是任意形式的符号。虽然这些符号在所讨论的范畴内是有限和确定的，但这些符号出现的事件是随机即不确定的，却遵循一定的概率分布。如我们假设代表信息的数据共有 N 个符号，分别为 $E_1, E_2, \cdots, E_N$，各个符号出现的概率为 $P_i(E_i)$。基于概率理论，香农引入了"自信息"的概念。对于一个随机事件 E，假定它发生的概率为 $P(E)$，那么它所包含的自信息 $I(P_E)$ 定义为在得知事件 E 发生之前所具有的关于此事件发生的不确定性，也可以认为是为了确定事件 E 发生所需要获得的信息量。香农基于自信息的单调性、连续性和可加性，证明自信息的函数只能有以下一种对数形式：

$$I(P_E) = \log_2(1/P_E) = -\log_2(P_E)$$

正如前面所述，我们也将自信息称为信息量。如图 3-20(a)所示，事件出现的概率为

1 时,不确定性为 0,所对应的自信息为 0。

同时,香农引入了"信息熵"的概念。对于由 N 个符号代表的独立事件 $X=\{X_i\}$ $(i=1,2,\cdots,N)$,每个符号出现的概率为 $P_i(X_i)$,对应信息熵的定义为

$$H(X)=-\sum_{i=1}^{N}P_i(X_i)\log_2 P_i(X_i)$$

可以看出,信息熵实际上是数据中所包含的平均不确定性(或更准确地讲,各个符号出现的不确定性)的衡量。基于信息熵的公式,我们可以得出以下结论:①事件的样本数越多(即数据量 N 越大),所包含的自由度就越高,不确定性也越大;②当每个事件出现的概率相同即 $P_i=1/N$ 时,不确定性最大。

前面谈及一个随机事件所包含的信息量是对应概率倒数的对数函数,所以事件发生概率越高,信息量越小;必然事件的信息量为零而不可能事件的信息量为无穷大[图 3-20(a)]。信息熵所描述的不确定性是信息中的加权"平均"值,所以当各个事件发生可能性相同时熵最大,一定发生或一定不发生时熵为零[图 3-20(b)]。

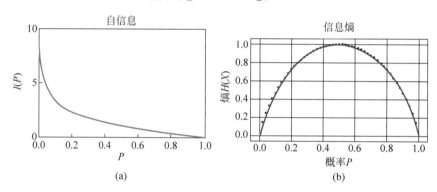

图 3-20　自信息与信息熵的比较

香农当时所处的年代,基于铜缆的有线和短波无线通信技术才刚刚兴起,信号传输的带宽还比较窄,质量也比较差。虽然在工程应用方面取得了很大的进步,但仍缺乏一个系统完备的理论模型。为此,香农首次清晰地提出了通信系统的基本理论框架,即任何一个通信系统均由信源、信道和信宿构成,并且在信号进入信道之前需要对信号进行编码,通过信道后再做相应的解码(图 3-21)。在香农看来,通信最基本和最重要的目标和任务是在空间一点重新准确地或近似地再现另一点所选择的消息。我们也可以将同样的概念用于存储系统,即认为存储系统最基本和最重要的目标和任务是在时间一点重新准确地或近似地再现另一点所选择的消息。从这个意义上讲,通信和存储系统的核心功能是在空间和时间尺度上保持数据中的信息不变,也就是说数据中"不确定"的部分保持不变。这是因为通信和存储系统的功能是传输和保存"未知"的东西。但关于数据不确定的方面,包括形式、含义和效用,很难用一个简单的模型来统一描述。香农将数据的不确定性限制在代表信息的数据中不同符号分布或出现的不确定性,通过描述符号的概率分布来分析和操作数据,从而实现和改善通信和存储系统传输和存储信息的功能和性能。这种信息模型不涉及信息的含义和效用问题,对研究和优化信息系统的某些功能和

性能不会产生影响。正因如此,我们将香农的信息论称为只关心信息的结构形式信息理论和方法,归入"狭义"信息论的范畴。

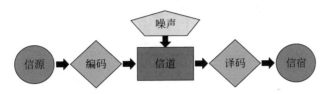

图 3-21 香农关于通信系统的理论框架

为了实现高效、可靠和保密的通信和存储,香农认为最关键的事情就是基于信源信号中数据中不同符号出现的随机性规律进行编码(coding),通过对数据压缩、纠错和加密等功能提高传输效率、减少传输错误以及增加信息鲁棒性和安全性。传输信号中的不同数据(符号)出现的概率不同,以这个概率分布为基础,香农建立了一个严谨和完善的信息论体系,其中最核心的思想是编码。编码实质上是对原始数据根据某种给定的规则所做的变换。假定原始数据(符号)系列为 $S_1, S_2, \cdots, S_M$,编码的规则为 F(也称为编码本,code book),则编码后的输出则是码字符号(code word)$X_1, X_2, \cdots, X_N$(图 3-22)。通过编码这种数学变换,可以将原始的数据转换为更加简化、更加鲁棒、更加隐秘或更加明晰等。这种数学编码是信息科学中最普遍、最有效的方法和工具。

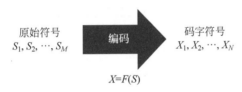

原始符号
$S_1, S_2, \cdots, S_M$

编码

码字符号
$X_1, X_2, \cdots, X_N$

$X=F(S)$

图 3-22 对信号中的数据编码的过程

3.4.1 压缩编码

现实中数据冗余的现象极为普遍,比较常见的如母亲会经常向你反复唠叨同样的事情(图 3-23);热恋中情侣之间不厌其烦地重复使用一些词汇表达爱意;还有在不同宗教的念经或祷告中,信徒也会不断重复同样的经文或祷语。对这些数据冗余产生和存在的原因和作用,我们在后面还会涉及并进一步讨论。从客观世界获得的数据(如图像和视频数据等),对于数据的接收者和观察者来讲,会存在大量的冗余。根据香农对信息的定义,冗余是指数据中相关(或确定)的部分;这些数据对于信息过程(即消除不确定性)的贡献为零,即属于"废话"的范畴。现实中,我们可以将数据的冗余分为同一数据集在不同设备上复制所带来"重复性"冗余、同一数据集本身由于时间或空间的相关性而带来的"相关性"冗余以及相对于观察者对接收能力限制和先验知识影响的"主观性"冗余等。在最后这种情况下,我们可以去除数据中的某些部分,而不影响数据接收者的主观感受和体验。

图 3-23　现实中的数据冗余

对于一个典型的通信或存储系统,若能够去除信源原始数据中的冗余,产生一组更为简洁的表述,从而可以提高信息传输效率或降低存储空间(图 3-24)。

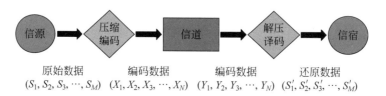

图 3-24　信息系统的压缩编码

香农对信息科学的贡献之一是数据的压缩编码,也称为信源编码。压缩编码的基本思路是对代表和承载原始信息的数据进行某种变换,去掉数据中相关联的冗余,从而产生一组更为简洁的表述,以达到降低通信和存储成本、提高效率的目的。对于一个给定的信道,传输和存储每个比特数据均需要付出能量和物质的代价。所以,从纯粹耗能和耗材的考虑,系统希望以尽量少的比特代表和承载尽量多的信息。另外,一个实际的信道(通信和存储)容量是有限的,所需传输和存储的数据比特越少,传输和存储的效率就越高。最后,压缩编码过程是可逆的,编码压缩的数据可以通过对应的解码还原。若还原的数据与原始数据完全相同,则压缩算法称为"无损"算法,否则便是"有损"算法。

以视频数据为例。视频是人类获取可观世界数据的主要方式,人的视觉分辨率极高,且对图像的亮度和颜色也具有极高的敏感度。所以,获取和显示图像技术的主要趋势是不断提高图像的分辨率(像素的密度)、对比度(最亮与最暗的比率)和色彩饱和度(色素的数量)。一个典型的标清视频数据文件,图像的像素为 720×576,扫描的刷新频率为 25 帧/秒,色彩深度为 8bit。传输这个视频(包括亮度和色度信息),通信的传输速率为 $720\times576\times25\times8+2\times(360\times576\times25\times8)=1.66$Mb/s(亮度+色度)。存储两小时的标清视频文件,所需要的存储空间为 1.66Mb$\times3600\times2/8=1.49$GB。对于高清视频数据文件,共有 1920×1080 像素、每秒 60 帧刷新频率和 8bit 色彩深度,所需要的数据传输速率提高到 $1920\times1080\times60\times8+2\times(960\times1080\times60\times8)=1.99$Gb/s(亮度+色度),存储两小时视频的空间增大到 1.99Gb$\times3600\times2/8=1.79$TB。目前视频的清晰度已经发展到超高清,图像的像素又提高了 4 倍(即 4K 视频)。所以,简单传输和存储原始数据将消耗大量的通信和存储资源。

也许是生存的需要,特别是通过长期进化所产生的人类视觉系统所感知的视频数据中存在大量的冗余。正因如此,在过去的 30 年中,随着视频清晰度以及其他图像质量指标的提高,视频压缩的编解码技术也发生了巨大的进步。从 20 世纪 90 年代初的 MPEG 到千禧年的 H.264,再到 2013 年发布的 H.264,对视频数据的压缩比也由最初的 50 发展到如今的 250(图 3-25)。

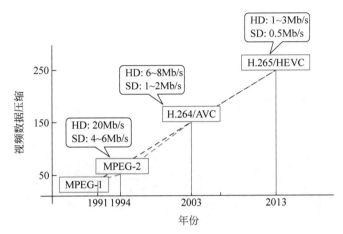

图 3-25 国际视频数据压缩标准的演变

数据压缩编码的理论基础归功于香农提出的信源编码定理。香农利用信息熵的理论,证明在信源不同符号(数据)出现概率已知的条件下,压缩编码所能产生的平均字节长度最短不可能小于信息熵,从而给出了数据压缩编码的最小极限长度。同时,若各个符号出现的概率相同,则数据中包含的信息量最大,所对应的信息数据编码字节也最长。所以,在一般情况下,压缩编码所能得到的编码平均长度将处于以上所得出的最小和最大长度之间。我们称香农关于信源编码的这个理论结果为信息科学的压缩编码定理。用精确的数学语言描述如下:

如果信源信号由 N 个不相关的符号 $X=(x_1,x_2,\cdots,x_N)$ 构成,每个符号出现的概率为 P_n,则对信号进行编码的码字平均字节长度 L 满足以下公式:

$$L \geqslant L_{\min}=H(X)=-\sum_{n=1}^{N}P_n(X_n)\log_2 P_n(X_n)$$

若各个符号出现的概率相同,则信号熵最大,故

$$L_{\max}=H_{\max}(X)=-\log_2(N)$$

综合以上两个公式,我们最终得到

$$L_{\max} \geqslant L \geqslant L_{\min}$$

这是一个极其简单明了的数学公式,却优美地揭示了评估数据中冗余的理论基础。这个定理的意义在于它给出了平均意义上所能表述信息比特的上下极限。请注意香农给出了基于数据不确定性编码压缩的平均极限,并证明了存在一种压缩方法,它的编码平均长度小于极限加 1 比特,即 $L<L_{\min}+1$(香农编码),但它没有给出具体的最佳的编码和压缩算法。

最简单的编码是固定长度的编码,即直接将数据(符号)转为不同的二进制比特。如

图 3-26 所示,假定信源的样本空间有 A,B,C,D 四种符号,我们可以用二进制字节来表示这些符号。编码的平均长度为 2bit,这与各个符号等概率的最大熵所对应的最大长度相等。在各个符号出现的概率不相等的情况下,这种编码方式对数据没有任何压缩,因此效率是最低的。比如我们有四个字母 ABAC,经过编码后的码字为 00010011。对码字进行还原解码可以唯一还原到原始的数据。

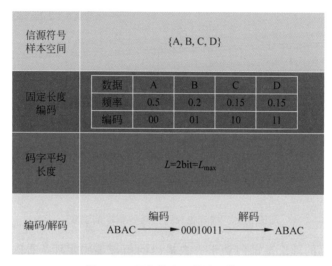

图 3-26　固定长度压缩编码算法

因为各个符号出现的概率不同,我们也许可以对概率大的数据赋予长度小的码字,从而减少编码的平均长度,以减少成本和提高效率。这种思想最早是由电报的发明者塞缪尔·莫尔斯(Samuel Morse,1791—1872)提出的。在早期职业生涯中,莫尔斯是一位著名的画家。由于一个偶然的机会,他对电磁学发生了兴趣,在 41 岁时开始致力于研发用电磁波传输信息的技术,4 年后终于发明并演示了世界上第一个有线电报系统。电报传输首先需要将英文的 26 个字母映射到一组电报能够识别和传输的符号上,以这些符号的组合表示。莫尔斯巧妙地将那些最常出现的字母用较短的符号组合表示,最少出现的字母用较长的符号组合表示,从而形成了著名的莫尔斯电码。对于本书中所讨论的例子,一种看起来符合逻辑的编码如图 3-27 所示。此编码的平均长度为 1.25bit,小于前面提到的固定长度编码的长度 2bit。但此编码的致命问题是解码的过程不能唯一地还原原始的数据,至少存在三种可能性。出现问题的根源是编码中一个编码字可能是另一个编码字的前缀,如 A 对应的编码字"1"可以是 C 和 D 编码字"10"和"11"的前缀。

解决解码唯一性的规则是任何码字均不能是任何另外码字的前缀。根据这个原则,我们可以产生另外一种变动长度的编码,如图 3-28 所示。此编码的码字平均长度为 1.8bit,仍然小于固定长度编码的长度(2bit),且可以唯一解码。

香农和他在 MIT 的同事罗伯特·法诺(Robert Fano,1917—2016)发明了一种更有效的压缩编码。其基本思想是首先将符号按出现概率高低排序,然后将序列中的符号按"总和差异最小化"原则拆为两组,并将"0"赋予第一组符号的编码,"1"赋予余下的一组符

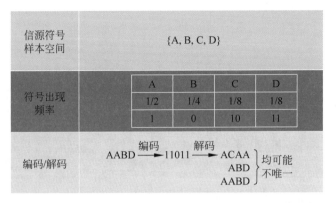

图 3-27　变动长度压缩编码算法,但存在解码不唯一的问题

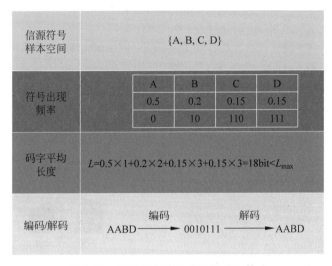

图 3-28　正确的变动长度压缩编码算法

号。对产生的两组符号按同样方式分拆和对编码赋值,直到不能再分拆为止。如图 3-29 所示,按概率从大到小排序之后,第一次分割将 A 和其余三个符号分为两组,使得左边一组的概率 0.5 与后边一组的总概率 0.5 差异最小。将 A 赋值为"1",其余为"0"。第二次分割将 B 和 C、D 分为两组(为什么?),赋值 B 组"1",C、D 组"0"。第三次分割 C 和 D 组,赋值 C 为"1",D 为"0"。最终产生了左图所示的编码字。与前面所产生的编码比较,可见香农-法诺编码产生的代码不同,却具有相同的平均长度,即成本和效率。

1951 年,戴维·霍夫曼(David Huffman,1925—1999)在 MIT 攻读博士学位,他在上信息论课程时选择以学期报告的方式代替期末考试。他的老师法诺给出的学期报告题目是查找最有效的二进制编码。与香农-法诺"自上而下"的编码方法不同,霍夫曼的编码采用"自下而上"的方法。首先将最小概率的两个符号的概率相加,产生新的概率;再将最小的两个概率相加,直到最终产生的概率与最大概率相当(图 3-30)。若将最大概率的字符组赋值"0",则另一组为"1",以此类推,直到最后分组。最终霍夫曼产生的码字见

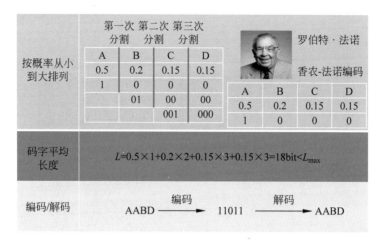

图 3-29　香农-法诺数据压缩编码

图 3-30。可见霍夫曼的编码所产生的码字与香农-法诺的编码平均长度相同。1952 年，霍夫曼在论文《一种构建极小多余编码的方法》(*A Method for the Construction of Minimum-Redundancy Codes*)中发表了这个编码方法，并从数学上严格证明霍夫曼压缩是最优的，其平均压缩长度 L 满足 $H(X) \leqslant L \leqslant H(X)+1$。相比之下，香农-法诺编码方法并不是最优的。

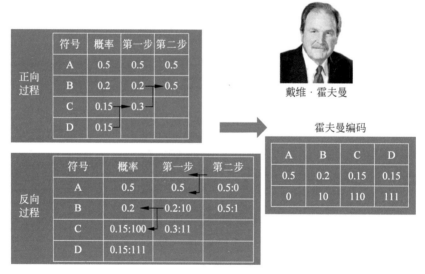

图 3-30　霍夫曼数据压缩编码

3.4.2　纠错编码

对于任何一个实际的信息系统，均存在一定对信号的干扰，这种干扰往往是以随机的"噪声"(不确定性)形式出现。当这些噪声附加到信号上时，便产生了更大的不确定性,可能引起信号发生错误。对数字信号来讲,传输的信息是由"1"和"0"的组合构成的。若信道噪声的影响使得原来的比特反转("0"变为"1",或"0"变为"1"),则产生了错误的码字(误码)。与压缩编码的思路相反,通过对信源原始信号增加一定的"相关性"数据,可以产生一组更长的编码,使得在信号接收端可以通过译码发现和纠正可能发生的错误(图 3-31)。纠错与压缩编码的思路正好相反,一个是增加数据的冗余,另一个是减少冗余,但两者服务于完全不同的目的,在实际中并不矛盾。难怪母亲总是喜欢唠唠叨叨,也许是为了通过增加冗余提高抗干扰的效能,以确保可靠的信息传递。但具体效果如何,也许需要另当别论。

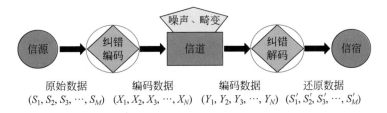

图 3-31 信息系统的纠错编码

最简单的纠错码也是日常生活中人们最常用的编码,那就是简单重复同一组数据。假定需要传输的信息为 $b_1b_2b_3$,其中 $b_n(n=1,2,3)$ 可以取 0 或 1。我们的编码方法是将这个 3bit 的数据连续发三次,即编码后的码字为 $b_1b_2b_3b_1b_2b_3b_1b_2b_3$。任何一个比特发生错误,均对应编码数据的一个特定的代码,可以在接收端通过解码纠正。但此种编码的局限是传输数据的误码只能有一个字节出错;若有两个或两个以上的字节出错,这个纠错码则无法发现和纠正。另外,此种编码虽然简单,需要的数据冗余也比较高,理论上 $n$bit 则需要重复 n 次,效率较低。其实,通过重复同样相关的数据来减少和消除干扰,提高和保证信息传输的可靠性也是我们日常生活中常用的方法。但这种简单的方法所付出的效率和成本代价较大。

一种更为有效的纠错编码首先将原始数据分为长度相同的区块(每个区块 $n$bit)。如原始数据为 $S=[1101001101011000]$,分为由 4bit 构成的区块($n=4$),如图 3-32 所示。根据区块矩阵中各个行和列数据中"1"的奇偶个数,我们在每行和每列增加一个奇偶校验比特:"1"代表行或列"1"的个数为奇数,"0"代表偶数。编码后的数据成为 $X=[110110011001010100010011]$,其中标为蓝色的比特为校验比特。若区块中某一个比特出错,如第一个区块中第一个比特从"1"变为"0",则相对应的奇偶校验码将发生变化。通过对数据中奇偶校验码的检测,可以唯一地发现出现错误的数据并加以纠正(如何纠正?)。可以看出,此类编码的纠错功能只限于每个数据区块只能有一个比特发生错误。请注意对于 $4\times4=16$bit 的数据,共需要 $4\times2=8$ 个奇偶校验比特(parity bit)。编码后的数据与原始数据之比为 $24/16=1.5$。若有 $n\times n$ 个原始数据,则编码后的数据为 n^2+2n,编码的效率为 $1+2/n$。若 n 增大,则编码的效率提高,但每 n 个比特最多只能有一个比特出错,所以纠错能力下降。所以,通过增加冗余提高纠错能力与数据传输的效率是相互矛盾的,在现实中必须有所取舍和平衡考虑。

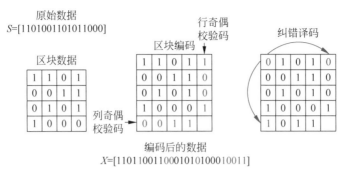

图 3-32 区块纠错编码

前面我们通过具体例子说明通过在发送端引入一些与信源信息相关的数据(信道编码),可以在接收端发现以及纠正可能发生的错误(误码)。这些方法看起来简单有效,但更像是经验艺术而不是理论科学的方法。对于一个实际的通信信道和数据系统来讲,噪声是客观存在的。在信道存在噪声的情况下,是否总是存在某种编码,能够实现可靠(无误码)的通信? 如果是这样,实现可靠通信的条件又是什么?

为了回答这些通信系统和信道编码的科学和理论问题,香农首先将通信问题抽象为"在输出信号确定和已知的条件下,如何最大限度地消除输入信号中不确定性问题"。这里有三个"不确定性":一是输入信号 X 本身的随机性,可以用信息熵 $H(X)$ 表示;二是输出信号 Y 本身的不确定性,可以用信息熵 $H(Y)$ 表示;三是通过信道接收检测之后(即输出已知情况下),输入信源信号的不确定性,可以定义为在输出 Y 已知的条件下,信号 X 的不确定性。我们在这里遵循前述条件概率的概念和形式,将这种不确定性表示为 $H(X|Y)$,即已知 Y 情况下,X 的"条件熵"。如图 3-33(a)所示,若不存在信道的噪声干扰,则 $H(X|Y)=0$,即在已知输出信号 Y 的条件下,输入信号 X 的不确定性为零。由于信道噪声的干扰,输入信号在传输的过程中发生了错误,所以即使在系统的输出端接收并检测到了输入信号,也不能完全确定原始的输入信号的正确性。所以,$H(X|Y)>0$ [图 3-33(b)]。请注意,输入信号本身的不确定性,在输出已知的情况下已经完全消除。所以,这里所观察到的不确定性完全是由信道噪声带来的。

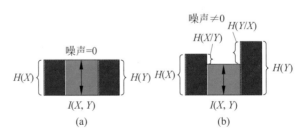

图 3-33 香农信道纠错编码的理论模型

香农引入的"互信息"的概念,在图 3-34 中以 $I(X,Y)$ 表示,可以理解为两个随机变量 X 和 Y 之间所包含的共同信息量,或者说是这两个随机事件中所包含不确定性中共同的部分。如图 3-34 的圆圈所示,左边的圆表示 $H(X)$(X 的不确定性),右边的圆表示

$H(Y)$（Y 的不确定性），则两个圆之间的部分是 X 和 Y 的互信息（X 和 Y 之间共同的不确定性）。已知 Y 条件下，X 的不确定性 $H(X|Y)$ 则由代表 $H(X)$ 的圆减去两者共同的部分表示；$H(Y|X)$ 则由代表 $H(Y)$ 的圆减去两者共同的部分表示。由此，我们便得到了香农互信息的表达式：

$$I(X,Y) \equiv H(X) - H(X\mid Y)$$
$$\equiv H(Y) - H(Y\mid X)$$

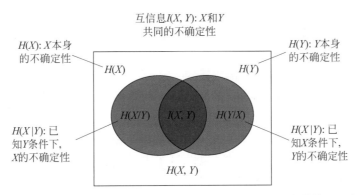

图 3-34　X 和 Y 的互信息与熵 $H(X)$、条件熵 $H(X|Y)$ 和熵 $H(Y)$、条件熵 $H(Y|X)$ 的关系

香农指出，一个通信信道所能传输的容量不仅与信道噪声相关，也是输入信号的函数，均可以联系输入和输出的互信息表述。互信息越大，则说明通过输出信号确定输入信号所获得的信息量就越大。信道所能传输的最大容量则是相对于输入信号的编码，使得输入与输出之间的互信息最大化，或输出已知条件下输入熵最小化（图 3-35），即：

$$C = \max_{p(X)=p[(x_1,x_2,\cdots,x_N)]}\{I(X,Y)\} = \max_{p(X)=p[(x_1,x_2,\cdots,x_N)]}\{H(X)-H(X,Y)\}$$

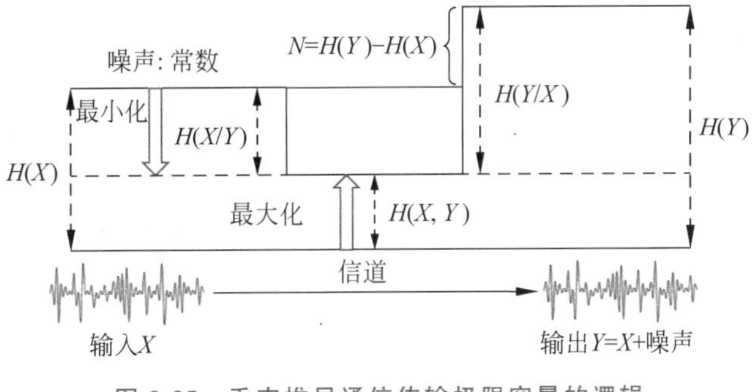

图 3-35　香农推导通信传输极限容量的逻辑

在信道噪声为零的理想情况下，互信息最大化等于输入信号 X 的熵最大化。这等同于输入数据（符号）出现的概率相等，信道最大容量为 $C=N$（N 为输入数据的样本空间数）。在噪声为高斯分布的情况下，香农进一步得到了信道最大容量的简单公式为

$$C = B\log_2\left[1 + \frac{S}{N}\right]$$

我们称这个信道容量极限为香农极限，这也是信息科学中最重要和最著名的公式之

一。在信道噪声一定的情况下，信道的最大容量与信道的频率带宽 B（单位赫兹）和 $1+S/N$ 的对数函数呈正比。其中 S 为信号的平均功率，N 为噪声的平均功率。我们将两者之比称为信噪比（Signal-to-Noise Ratio，SNR）。香农告诉我们若想提高通信的最大容量，在信道噪声一定的前提下，只有两种办法，一是提高信道的带宽 B，二是提高信号的平均功率 S。在得到了信道容量的公式之后，香农又进一步证明，只要数据传输的速率小于信道的容量，就一定能够找到一种纠错编码，当码字长度足够时，总可以使得解码出错的概率任意小，即可以实现可靠的信息传输。反之，当数据传输速率大于香农信道容量极限时，任何编码出错的概率必大于 0，且随着码字长度增加趋向于 1。在这种情况下，不可能实现可靠的数据传输。

由此我们引入信息科学的纠错编码定理，即：

任何实际的通信系统，由于信道带宽和噪声的限制，均不可能超过香农极限实现可靠（可接收误码率）的数据传输。若数据传输的速率小于信道的容量，则一定能够找到一种纠错编码，当码字长度足够时，使得解码出错的概率任意小。

围绕香农极限和可靠通信的数学问题并不容易。直到今天，任何一个学习信息论的人都不得不为香农的数学证明的巧妙优美所感叹，也为这位大师的智慧所折服。对于证明的数学细节，感兴趣的读者可以去研读香农的原始论文。您会惊奇地发现，这篇写于20 世纪 40 年代、发表于企业期刊的学术论文，通俗易懂，可读性极强，很有现代论文的风格。

香农 1948 年的经典论文开创了信息论的科学领域，第一次告诉我们通信的极限是什么，并且证明了可以通过信道编码的方式来接近这个极限。但是香农并没有给出一种可以具体实用的编码方法。于是，信息领域的科学家和工程师们花了很大的精力去寻找实现简单高效并且性能上能够接近香农极限的编码方法。历史上第一个使用的信道编码是由美国数学家汉明（Richard W. Hamming，1915—1998）于 20 世纪 40 年代在贝尔实验室（Bell Labs）工作时发明的。当时他使用计算机的输入方式是打孔卡（Punched Card），经常发生读取错误。为了解决出错时能够发现和纠正的问题，他开发出一个简单有效的纠错编码（汉明码，Hamming Code），在航天等领域得到了应用。1955 年，MIT 的教授彼得·埃利亚斯（Peter Elias，1923—2001）提出了卷积码（Convolution Code），克服了汉明码延时长的缺点。但卷积码的算法复杂，对计算资源的要求较高。1935 年，安德鲁·维特比（Andrew Viterbi，1935— ）发明了一种有效的译码算法，使得卷积码在通信系统，如无线通信的 GSM、CDMA、3G 以及商业卫星通信等得到了广泛的应用。但所有这些算法均难以达到香农极限，一般至少有 2～3dB 的差距。1993 年，当时默默无闻的法国工程师克劳德·贝鲁（Claude Berrou，1951— ）及合作者发表一种新的编码，即 Turbo 码。他们利用反馈迭代的方法大大提高了译码的计算效率，使得这种编码成为 3G 和 4G 无线通信的行业标准。

香农发明信息论时是在贝尔实验室，后来到 MIT 做教授直至退休。他在 MIT 没有属于自己的学生，但每周都会找很多学生讨论各种有趣的问题。与他关系最密切、合作最多的一个学生叫罗伯特·加拉格（Robert Gallager，1931— ）。1962 年，加拉格在博士论文中发表了一种"低密度奇偶性编码"(Low Density Parity Code,LDPC 码),并证明它的性能接近香农极限。但他的工作却被人遗忘,直到 1996 年被重新发现后才引起通信领域的关注。LDPC 编码基于并行译码架构实现,其译码器在硬件实现复杂度和功耗方面均优于 Turbo 码。2017 年,LDPC 编码成为 5G 数据通信(中长编码)标准。LDPC 编码的性能很好,实现也简单,但是随机构建的,因编码较长,只适合于通信数据编码。实际中有些控制数据很短,需要一种确定的编码构建方法,也可以接近或达到香农极限,于是极化码(Polar Code)出现了。Polar 码是土耳其毕尔肯大学教授埃达尔·阿利坎(Erika Arikan,1958—)于 2007 年提出的,它是第一种确定的在极限情况下(编码足够长)可以达到香农极限的编码方式。阿利坎于 1981 年在加州理工本科毕业后,在 MIT 获得博士学位,导师就是大名鼎鼎的加拉格教授。但阿利坎毕业后没有在美国找到教职,不得已回到土耳其教书,之后默默无闻,直到 2008 年提出 Polar 码才一举成名。2017 年华为主推 Polar 编码作为 5G 控制信道编码标准。2018 年华为为阿利坎颁发了特别奖项,正像任正非所说,阿利坎教授的工作诠释了"基础领域的突破不是一天两天的工夫,是数十年的默默无闻、辛苦的耕耘"。

香农信道编码的开创性理论和他的传承者的编码算法技术最终带来了现代通信产业的发展。1962 年,香农的学生加拉格提出了 LDPC 编码,之后加拉格的土耳其学生阿利坎在 2008 年提出了 Polar 码;1967 年,意大利出生的美国科学家维特比发明了卷积码的 Viterbi 译码算法。所以科学是没有国界的。1985 年,时任大学教授的保罗·雅各布(Paul Jacobs,1962—)和维特比等 7 人创立了高通(Qualcomm)公司,将他们的研究成果产业化(图 3-36)。2017 年,高通主推 LDPC 编码作为 5G 中长码通信标准,而华为主推 Polar 编码作为 5G 短码通信标准。这些都是学术界引导工业界的例子。为什么不同的公司要主推不同的编码技术呢?因为这些公司掌握大量的专利,如果自己专利多的技术成为标准和产业,那么拥有独特技术的公司和国家将占据垄断性的地位。技术是有国界的!3G 兴起的时候,所有的通信标准都是由高通垄断的,世界上每一部手机都要交给高

香农1948年
建立信息论

维特比1967年
提出Viterbi译码

加拉格1962年
发明LDPC编码

阿利坎2008年
提出Polar码

1985年雅各布和维特比等7人
创立高通公司

2017年高通主推LDPC码成为5G数据通信标准(中长码)
华为主推Polar码成为5G控制通信标准(短码)

图 3-36 香农信道编码算法的科学发明以及国际通信技术标准和产业的发展

通高额的专利费。5G 发展的时候,华为能够在标准上占有重要位置是中国通信产业崛起的重要里程碑。

3.4.3 加密编码

许多信息系统,特别是通信系统,本质上是一个公共和共享的数据媒介。如承载无线通信数据的电磁波在自由空间中传播时,在信道能够达到的空间,任何接收者均可以接收到发送的信号。互联网也是一个开放共享的网络媒介,其中传输的数据也很容易被非法的接收者获取。所以,对数据加密的目的之一是保证数据的私密性,防止数据被窃取或泄露。另外,有些数据如金融和法律信息必须确保发送的数据的完整性,防止被篡改或变化。最后,在网络上交流或交易的双方身份的认证也是数据加密需要解决的实际问题。总之,数据的保密和安全性是目前信息科学研究与技术应用最重要的课题之一。在全球日益数字网络化的大趋势下,更是如此!

所以信息科学的另一重要应用领域是信息加密。一个典型的加密信息系统一般由三方构成:信息发送者、接收者和监听者(图 3-37)。发送者通过一个加密算法和密钥将原文转化为密文,其中密文通过"公共"信息媒介发送到接收者,同时,发送者和接收者之间需要通过某种"私密"信息通道或机制传递和共享密钥。在接收端,接收者使用解密算法和密钥将密文还原为原文。而监听者和密码分析者只有密文和解密算法(假设加密和解密算法是公开的)。所以,一个加密方法的安全性,就等同于监听者得到加密过后的原文数据后,在没有秘钥的情况下,是否可以找到一个破译方法 F 从而推算出与原文相关的数据?

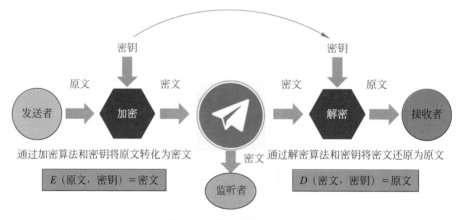

图 3-37 信息系统的加密

在香农看来,密码系统中对数据加密变换的作用类似于通信信道中附加在信号中的噪声。密文就相当于经过有扰信道得到的接收消息,密码分析员(监听者)相当于有扰信道下的接收者(图 3-38)。与传统通信系统不同之处是这些干扰是由发送者和接收者进行设计和控制、选自有限集的强干扰即密钥,其目的是己方的接收者可方便地除去发送端所加的干扰,从密文中恢复出原信息,而使敌方窃密者难于从截获的密报中提取与原文相关的有用信息。所以密钥的随机性将成为数据保密性的关键。密钥的随机性越大,保密性就越强。数据加密的目的就是通过加密使得监听者与发送者之间的互信息最小化,最好趋于零(绝对保密)。由此我们引入信息科学的加密编码定理,即:

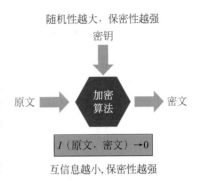

图 3-38 香农的信息加密模型

任何实际的通信系统,最大的保密的条件是通过加密编码使得监听者与发送者之间的互信息最小化;绝对保密则要求互信息为零。

满足香农绝对保密性的编码方法是"一次一密"(One-time pad)。首先,通过密钥分发,发送者 Alice 和接收者 Bob 共享很长的一段密钥。当 Alice 想传输数据给 Bob 时,Alice 将要传输的数据与密钥二进制相加,将运算的结果作为密文发送出去。Bob 收到密文,将密文与密钥二进制相加就可以得到传输的数据,即密文=原文+密钥。这时假设有监听者 Eve 得到了密文。但是不知道密钥,则无法获取任何传输数据的信息,因此可以证明原文和密文之间的互信息为零,即 I(原文,原文+密钥)=0,系统是绝对安全的。但这里有三个前提:①密钥是绝对安全的;②原文数据的长度等于密钥数据的长度;③密钥只能用一次。所以我们叫它"一次一密"方法(图 3-39)。请注意以上这种加密方法的特点是发送者和接收者均需要同一个密钥,这在现实中不一定容易实现。特别是若发送者和接收者不在同一地点,则如何安全和及时传送共享密钥成为一个难题。而这种"对称加密算法"(Symmetric-key algorithm)保密性的前提是密钥是绝对安全的。

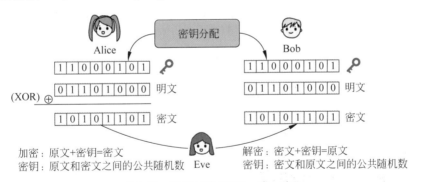

图 3-39 绝对保密编码"一次一密"

与香农基于数据随机性所建立的信息论模型相对应的还有另外一个模型,那就是苏联数学家安迪·柯尔莫哥洛夫(Addrey N. Kolmogorov,1903—1987)所创立和代表的基于算法复杂性的信息论模型。在香农看来,信息的本质是数据的随机性,随机性(不确定性)越高,信息量便越大。而在柯尔莫哥洛夫看来,信息中数据的随机性与所表达这些数据所需要的算法的复杂性是呈正比的,随机性越强,表示这些数据所需要的算法则越复杂。所以,柯尔莫哥洛夫复杂性可以表述为能够产生给定的一串随机字符所需要的最短算法程序。从时间的维度,复杂度并不是指一个数学程序解决问题所需时间的绝对值衡量,而是当问题的规模增加时,程序所需时间长度增加的快慢程度。如果用整数 n 来表示问题的规模,则小于或等于 n^a(a 为常数)称为"多项式"(Polynomial,或 P)级的复杂度,而 a^n 或 $n!$,即 $n(n-1)(n-2)\cdots$ 则定义为非多项式级的复杂度。具有前者复杂度的问题,计算机在规模 n 增大时可以有效地处理,而后者则不能(除非规模 n 不大)。为什么传统的计算机不能有效解决非多项式复杂性问题,目前仍是一个悬而未决的难题和计算机科学重要的研究领域。

所以,关于信息的概念,有两种不同的观点。在香农看来,信息是用来消除数据中不确定性的东西;在柯尔莫哥洛夫看来,信息则是通过一段算法将一组随机数据变为有序数据的过程。虽然这两种信息模型看起来很不相同,但它们从两个不同方面反映了客观世界的内在规律和表述,最终殊途同归,将数据的不确定性变为确定性的信息。

基于算法复杂性的信息学理论提供了加密算法的另一条途径,即通过设计一个很难求解的反问题作为加密的方法。1977 年,MIT 的三位数学家罗纳德·李维斯特(Ronald Rivest,1947—)、阿迪·沙米尔(Adi Shamir,1952—)和伦纳德·阿德曼(Leonard Adleman,1945—)设计了一种算法,即用他们名字命名的 RSA 算法(图 3-40)。这是一种"非对称加密算法",基本原理是利用数论中两个互相不能整除的整数质数 P 和 Q 相乘。因计算乘积 $P \times Q = M$ 容易,但已知 M,求 P 和 Q 的反问题难。整数 M 越大,对其进行因子分解就越难,而进行"暴力"分解所需的计算就越多。目前被破解的最长 RSA 密钥是 768bit。也就是说,长度超过 768bit 的密钥,根据公开披露的信息还无法破解。因此可以认为,1024bit 的 RSA 密钥基本安全,2048bit 的密钥极其安全。另外,RSA 算法是非对称加密,即乙方(信息接收者)生成两把密钥(公钥和私钥)。公钥是公开的,私钥是保密的。甲方(信息发送者)获取乙方的公钥,然后用它对信息加密。乙方(接收者)得到加密后的数据,用私钥解密。因公钥加密的信息只有私钥解得开,那么只要私钥不泄露,通信就是安全的。加密技术的安全性主要由密码破解所需要花费的时间和资源的长短和多少来衡量,通常取决于加密和解密算法的强度、密钥的保护机制和长度。由于一般算法本身也是公开的,所以密码系统的安全性往往取决于密钥的保密机制和长度。

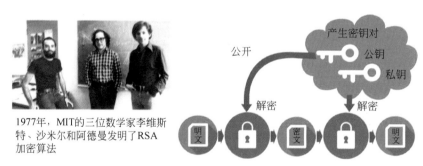

1977年,MIT的三位数学家李维斯特、沙米尔和阿德曼发明了RSA加密算法

图 3-40 RSA 加密算法的发明人和基本原理

一个保密系统的保密性等同于是否能够找到一个足够短的算法,可以在允许的时间(或计算资源)内判断一个密钥是否有效。请注意这里有两个问题,一是加密算法的效

用,二是计算资源的能力,两者结合起来构成系统的保密性。给定一组随机的数据,是否能够找到一个有效的算法的数学问题可以归结为所谓 P 是否等于 NP 的数学复杂度问题(图 3-41)。这里 P(Polynomial)是"多项式",意思是给定任意一个数学问题,可以在"多项式分解"所需的步骤和时间内能够找到问题的一个解和验证它是否成立,也就是说存在一个满足 P(解决和验证问题)的数学算法。判断一个问题是否有解,前提是可以在多项式时

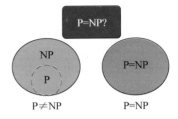

图 3-41　计算复杂性的 P 与 NP 问题

间内判断一个给定解是否满足这个问题。例如给定 x,如果我们可以多项式时间之内判断是否 $f(x)=0$,那么是否 $f(x)=0$ 就是一个 P 问题,而是否存在 x 使得 $f(x)=0$ 就是一个 NP(Non deterministic polynomial)问题。但问题是,除了猜外,没有更好的办法能确定是否存在一个在多项式步骤和时间内找到解的数学算法!

这个问题对信息加密的意义是目前计算安全性的密码的破译问题都是 NP 问题。如果 NP=P,那么所有的密码都可以快速破解。但是目前人们无法证明 NP=P。从这个意义上讲,所有的加密算法均是相对安全的。因为没有人能证明这个密码是否属于 P,所以也不知道是否能够被快速破解。所以,我们目前使用的密码理论上都不是绝对安全的!

山东大学的王小云教授及其团队,经过 10 年不间断的努力,在 2004—2005 年,提出了模差分比特分析法,给出了广泛应用于计算机安全系统的 MD5 和 SHA-1 两大密码哈希函数算法的碰撞攻击,其研究成果引起了国际同行的广泛关注。她提出的哈希碰撞攻击只需少于 2^{69} 次运算,少于一直以为所需的 2^{80} 次运算。2005 年 8 月,王小云在国际密码会议上提出了 SHA-1 哈希函数碰撞攻击的改良版,使破解 SHA-1 时间缩短为 2^{63} 次运算。三篇相关论文分别获得密码学领域最权威的两大国际会议 Eurocrypt 与 Crypto 的年度最佳论文。

王小云在成功之前一直默默无闻,但她淡泊名利,甘于奉献,勇于创新,敢于挑战高难度的密码数学问题,非常值得大家学习与借鉴。2019 年,王小云获得中国未来科学大奖,"从不急功近利"是同行对她的评价。

到此为止,让我们对香农关于信息的理论做一个简单的小结。首先,信息是由数据构成的,至少具有一个比特的数据。同时,承载信息的数据是随机的,数据中的信息量与数据的随机性(或不确定性)呈正比。随机性越高,对应的信息量则越大,或更准确地讲,消除不确定性所需的信息量越大。数据中不同符号出现的不确定性是具有一定规律的,这种规律由数据的概率分布描述。根据数据的概率分布特征,我们可以对数据进行处理,如压缩(减少和去除数据中相关性带来的冗余)、纠错(通过引入相关性数据冗余发现、纠正传输和其他过程中的错误)和加密(通过对原始数据编码产生密文,以保持数据的私密性和真实性)。正是因为信息的本质是对应数据中"随机"的部分,所以获取信息就意味着这些随机性的消除。

3.5 信息的含义

数据中的结构形式只是信息概念中的一个组成部分。数据作为一种反映和描述客观世界事物的符号是有一定含义的,它所包含的信息也是如此。正如香农在他原始的论文中所指出的:"通信的基本问题是在消息的接收端精确或近似地复现发送端所挑选的消息。通常,消息是有意义的,即是说,它按某种关系与某些物质和概念的实体联系着。通信的语音义方面的问题与工程问题无关。重要的是,一个实际的消息总是从可能消息的集合中选择出来的。因此,系统必须设计得对每一种选择都能工作,而不是只适合工作于某一种选择;因为,各种消息的选择是随机的,设计者事先无法知道什么时候会选择什么消息来传送。"很显然,香农当时已经明确意识到数据和信息作为反映和描述客观事物的符号是具有一定含义和效用的,却机智地将这些含义和效用的问题与通信的技术和工程问题分开。他针对代表信息在符号(数据)相对于选择和观察者的随机特性建立了一个完备的理论,并且围绕通信的基本技术和工程问题提出了一套完美的解决方案。另外,他又巧妙地绕开和避免了关于信息的含义(语义)和效用(语用)方面的复杂问题。

图 3-42 不同形式的数据表达同一类含义

信息的含义显然与信息中数据(符号)的结构形式(如语法)有关。人们对相同的含义可能使用不同的数据形式。如表达"爱"和"我爱你"的文字和词句在不同的语言中是不同的(图 3-42)。当然这些数据所代表的含义对于信息的发送者和接收者来讲,是作为一种"先验知识"存在和约定的。正是有了这样一种"共识",针对这些符号形式的确定含义才可能产生和接收。关于这些数据形式所对应的含义,可以认为存在一个类似于字典的共享数据库即"码字本"(code book),信息发送者和接收者可以随时随地获取和查阅。我们也将信息发送者使用码字本中具有确定含义的符号构成所发送信息结构的过程称为"编码",信息的接收者使用同一个码字本中的符号含义解读和理解所接收符号的含义的过程称为"译码"或"解码"。从这个意义上讲,具有含义的信息是信息的发送者和接收者对数据形式的编码和译码;为了使得双方不产生任何歧义,两者所使用的数据"形式-含义"编码文本应该是完全相同的。在现实社会中,不同个人的背景、经验、文化和教育等经历在很大程度上打造了各自的语音码字本,即语法和语义的知识图谱。这在某种程度上解释了为什么妈妈和情侣在发送端不断重复地发送信息,却没有在接收端得到共鸣。也许双方所使用的含义编码规则和码字本可能存在差异。

不同的数据形式可以代表相同的含义。如图 3-43 所示,西方(如美国)的手势数据系统同时使用双手来表示 1~10 的数字,任意组合的相同数目的手指代表同一数字。这种编码系统带来较大的冗余,对于数字 $N(1 \leqslant N \leqslant 10)$,共有 $11-N$ 种组合。而中国流行的是单手数字系统,一种手指的形态只代表一个数,编码没有任何冗余。双手与单手系统对于 1～5 的数字表述形式相同,但 6～10 则可能发生歧义。如单手系统的 6 和 8 在双手系统均代表 2。比较这两种系统的优劣,可以看到西方系统冗余高导致数据资源消耗大(10 个数字需要两只手完成),但它更加灵活且可以防止犯错;东方体系没有冗余所以节省资源(一只手可以代表 10 个数字),但不够普及和准确,容易犯错。我的一位前美国同事来中国出差时,独自去麦当劳买汉堡,因不会讲中文,只好用手势表示他需要买 2个。但令他大吃一惊的是服务员竟然给了他 8 个汉堡(为什么?)!相同的数据形式因编码规则不同产生了歧义并造成了现实生活中的误解。

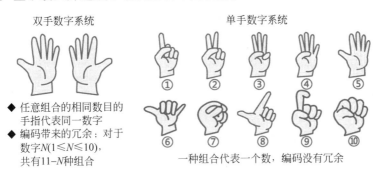

图 3-43　西方(左)和中国(右)的手势数字系统

当然,相同的数据也可能代表不同的含义。在一个典型的企业组织中,副总裁的头衔代表组织中一个相当高级的行政管理职务,其地位仅次于总裁,一般负责领导组织内某个业务板块。但在美国和西方国家的银行组织中,副总裁却是一个职称而不是职务,相当于高校的副教授或高级工程师等。在中国改革开放初期,接待国外银行组织来华的"副总裁"头衔的人员时,我们常常由银行的副行长等"对等"职位的领导来接待交流。另外一个正在发生的例子就是"院士"头衔的含义和效用。在国外的学术界与工程界,院士是一种纯粹的荣誉称号,反映了拥有者在所从事的专业领域内曾经做出过卓越的历史贡献。但在中国,院士头衔不仅是一种荣誉,更是政府相关领域咨询和决策的关键人物,对学术界和产业界的资源分配具有很高的话语权和影响力。因此,国外的院士来到中国之后,也被赋予了新的含义和效用。

信息的含义不仅取决于数据的形式,也与信息发生的相关情景或"上下文"有关。交通灯的颜色在国际上具有明确的含义,即红灯停、绿灯行,而介于红灯与绿灯之间的黄灯则代表已越过停止线的车辆可以继续通行,否则需要停车(图 3-44)。但在实际中,黄灯情况下是减速停车还是加速越过往往取决于司机本人的选择。比如在美国东部城市波士顿的司机,通常对交通灯的理解和反应是"绿灯开,黄灯开得更快"。而位于德国德累斯顿(Dresden)砖瓦大街十字路口处的交通灯,从 1987 年建成后一直保持只亮红灯,从未变成过绿色!显然,对于经常穿过这个十字路口的司机,使用传统标准的编码规则来理解此处红灯的含义,显然是行不通的;唯一可行的方法是不得不对这个特殊场合和情景下的红灯赋予完全不同的含义。

符号

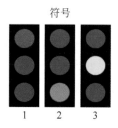

绿灯亮→准许车辆通行
红灯亮→禁止车辆通行
黄灯亮→已越过停止线的车
辆可以继续通行

这个位于德国德累斯顿砖瓦大街十字
路口处的交通灯,从1987年建成后,
一直指示红灯,从未变成过绿色!

图 3-44　交通灯的形式和含义

中国古代的烽火台用于点燃烽火(狼烟)传递重要消息,遇有敌情发生,白天施烟,夜间点火,所传递的信息具有明确的含义(图 3-45)。相传三千多年前周幽王为了博得他的宠妃褒姒一笑,竟然命人在烽火台上燃起熊熊大火,四周诸侯看到报警信号,纷纷发兵营救。看到救援官兵个个气喘吁吁、汗流浃背,在城下一片兵荒马乱的景象,褒姒终于露出难得的笑容。周幽王对诸侯说:"没什么大事,点烽火只是喝酒助兴,诸位请回吧!"后来,敌军真的来了,周幽王再次点燃烽火向诸侯求救时,却无人发兵。周幽王烽火戏诸侯的代价是丢掉了自己的性命和美人,导致西周王朝的灭亡,正所谓"一笑失江山"。由此可见,与信息含义相关的"先验知识",也可能因某些事件和情境发生变化。

信息含义:烟火代表入
侵者,否则代表太平

信息的含义???

图 3-45　中国烽火台信息的形式和含义

从以上例子可以看出,决定信息含义的不仅是信息数据的结构特征和组合方式(即信息形式)。不同的信息形式可能代表同一含义,而相同的信息形式可能有不同的含义。信息的含义与信息发送者和接收者所处的场合和情境(即信息情境)有关。同一信息,在不同情境下也可能会有不同的含义。最后,信息的含义也与发送者和接收者的先验知识相关。对信息所包含的数据形式、发生情境的综合判断的主要依据是信息发送者和接收者的先验知识。一个涉及含义的信息(如通信)系统超出了香农所给出的通信数学模型(即信息源、信道和信息宿的模型)所包含的范畴。所以,有人说香农太伟大了,他建立了一个严格自洽的信息论体系,却聪明地将信息含义等复杂棘手问题留给了后人去面对和解决。

香农在贝尔实验室的合作伙伴、美国数学瓦伦·韦弗（Warren Weaver，1894—1978）在信息论的论文发表一年后便认识到香农模型的局限性。他认为一个传递真正信息的通信系统需要有三个层面的问题（图3-46）：①技术层面，即如何使得所发送的信息准确无误地传输到另一端；②语义层面，即如何使得所传输的信息准确无误地传递所要表达的含义；③效用层面，即如何使得所传递的含义准确无误地影响所要期待的作用。信息作为人与人之间相互交流的纽带，必须同时满足所传递的数据形式、含义和效用的确定性条件。

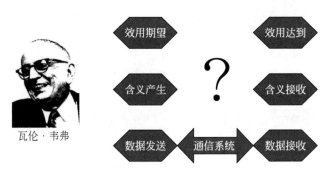

图 3-46 韦弗的信息理论模型

香农关于信息的经典理论和通信模型仍然正确和有效：将信息的语义和语用问题与传输的技术问题分开，并不影响我们在此基础上进一步考虑和解决信息科学和技术更高和更深层次的问题。对于一个实际的信息的发送者（如个人）来讲，信息的含义和效用在很大程度上是明确的；但对信息的接收者来讲，却存在更大的不确定性。即使数据的传输准确无误，也不能保证信息的接收者在消除了数据的不确定性之后，是否能够对于信息发送者所期望的含义和效用产生正确的理解和反应。很显然，消除关于含义和效用的不确定性是一个与信息发送者和接收者先验知识和所处情境密切相关的问题。

将含义引入信息的定义虽然看起来似乎符合逻辑和满足信息的属性，但也带来了一些问题。首先，信息的数据形式和所代表的含义必须确定，并且信息的发送者和接收者必须使用同一个数据"形式与含义"的编码规则（同一个编码本）。但现实中如在中文或英文语言中，符号的形式与含义之间并不一定是一一对应的关系，即同一形式可能有不同含义，或同一含义可能有不同形式。所以，还必须引入发送者和接收者如何选择一定的"含义→形式"和"形式→含义"的规则。前面的分析表明这对信息的发送者和接收者均具有一定的随机性，而决定不同选择的因素有先验知识、场合情境等。另外，现实中信息的发送者和接收者不一定完全使用同一套编码规则。在极端的情况下，甚至可能产生"对牛弹琴"的现象，使得信息含义的交流变得极其困难。所以，如图3-47所示，实现信息语义通信的关键问题是在保证符号准确无误传输即符号（B）＝符号（A）的前提下，如何实现语义的准确传送，即含义（B）＝含义（A）？与香农通信模型中造成数据形式出错的信道"客观"噪声干扰不同，导致信息含义出错的干扰主要是由发送者和接收者的主观（先验知识）因素以及接收信息所处情境产生的附加信息决定的。给定一个含义，信息发送者在"含义→形式"样本空间中所选不同数据形式的概率；或给定一个数据形式，信息接收者在"形式→含义"样本空间中选择不同含义的概率分布也许很难确定。同时，信息接收者所处情境所发生的事件带来的附加信息也会以条件概率的方式影响这些选择。在这些概率分布已知的条件下，如何通过编码发现和纠正发送与接收之间语义匹配错误等，目前还没有有效的编码方法和普遍的理论模型。

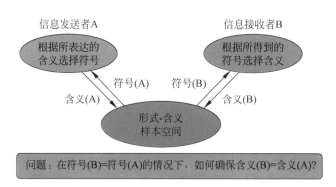

图 3-47　如何确定信息的含义

　　与基于技术和偏重数据传送的通信系统工作的方式不同，人与人之间的自然交流却是围绕信息的含义展开的。"心有灵犀一点通"的基础是在合适的情境下，交流双方的先验知识和发生情境高度一致！2012 年，作者随同海信公司的一个代表团去 MIT 媒体实验室参观交流。在访问其中一个实验室时，一位亚裔女生用英语为我们介绍她的研究创新工作。在场的周厚健董事长一边听一边小声对我说："卫平，你听到什么了？""胶东话"，我答道。之后，我们开始询问这位姑娘，得知她出生在美国，但由来自山东烟台的爷爷和奶奶带大，所以，她讲英文时带有胶东口音。当然，之所以厚健和我均能同时发现此特征，是因为我们的祖籍同是山东的烟台地区，对于胶东口音的特征十分熟悉，在这方面具有高度一致的先验知识。当然，理想的交流情境和一致的先验知识在现实中很难实现和发生。所以交流的目标首先是双方围绕信息的含义问题尽可能达成一致。所采用的基本方法是通过交流中的信息反馈迭代，以达到对信息含义趋于一致的目的(图 3-48)。若交流双方的先验知识在事实、观点和信念/方面不同，则在所交互的信息中含义的判断和

做到"心有灵犀一点通"的基础是交流双方的先验知识高度一致

图 3-48　人与人之间信息交流的过程与模式

理解可能不同。存在分歧时,在客观的事实层面也许通过反馈迭代比较容易收敛,但在主观观点,特别是信念层次,则很难改变和趋同。将含义的概念引入信息的定义中,信息与知识的界限便变得模糊了。关于知识系统深入的讨论,我们在本书"知识升华"一篇中再做进一步的讨论。

3.6　信息的效用

与简单和被动反映和描述事物的数据不同,由人和智能系统产生的信息不仅具有更高级的含义,同时也往往具有一定的预期目的。信息的作用和目的往往是通过传递数据中所隐含的含义或意义来达到某种"刺激"或"驱动"的作用和效果。换句话讲,信息的接收者在明白和理解了发送者信息所包含的含义之后,应该发生和做出与信息含义相对应和符合的反应和行动。即使假定信息的含义已经确定,所对应的效用也可能不是唯一和确定的。所以,需要在确定接收信息的含义的条件下,进一步确定不同效用事件的样本空间和分布概率。比如说某个广告信息的含义是推广某个产品,收到广告并明白其含义的消费者可能产生的反应和行动是"购买""不买"和"观望"等。如何判定消费者选择的概率是确定信息效用的关键问题。这些效用与信息发送者和接收者的哪些因素相关?与信息发生的场合情境有什么关系?对于人类来讲,这不仅涉及先验知识、个人经济、政治、社会背景等,也与情境、心理等因素密切相关。对于产生和运作生命现象的生物系统来讲,信息传递的效用就是确保所需要和选择的化学反应和生物过程能够根据信息的形式和含义真正准确无误地发生。

2018 年 5 月,郑州一位空姐乘滴滴顺风车时惨遭司机杀害;同年 8 月,温州一位 20 岁的女孩乘车时被滴滴顺风车司机奸杀。这两件惨案以及与此相关的新闻,引起社会高度关注和热议,相当一段时间处于微博热搜榜首,成为微信朋友圈转发评论的热点。2018 年 11 月,贵阳一位滴滴司机被乘客持刀劫杀。这一事件报道后,在微博的播放量仅 8.2 万次,转发评论数也很少,与滴滴乘客被害案发生时微博上的舆论状况形成了巨大反差。2019 年 3 月,又一位滴滴司机被一名 19 岁"厌世"的学生残忍杀害。事件报道之后也遭受大众和媒体的冷遇,居然进不了微博热搜的前 30 名!

同样关于社会惨案和人间悲剧的信息,为什么在同一个社会群体中却如此不同的关注和反响呢?从互联网上得到的信息来判断,不同人因各自先验知识和所处情境对这些事件含义的理解和解读,除了少数极端情况外,大体是相同的。但由于对案件中作案者和受害者的不同社会角色、地位,特别是与自己切身感受和利益的关联性,这些信息所产生的效用却有巨大的差别,这在一定程度上印证了我们关于信息效用的基本理论;另外,也反映了我们当今社会共情缺乏的严酷现实。正如网络上一篇评论文章中所感叹的:"生命都是平等的,可在新闻食客的眼中决然不是!"

正因如此,精准广告和宣传运营者通过网络社交媒体识别和瞄准不同的社会群体投放具有特定含义和效用的信息。由于不同的社会群体的知识、文化、社会和心理背景具有更强的相似性,对所接收到的信息更可能产生相同的理解和反应。物以类聚,人以群分,这也许是目前提高信息效用的办法之一。也许我们可以将效用形成的过程描述为发送者与接收者根据信息的含义,结合个人心理、社会等背景因素再编码的过程。当我们将含义和效用的概念引入信息的内涵时,信息作为人与人之间相互交流和作用的媒介特性便更加清晰了。同时,因为含义和效用涉及信息发生的情境和信息,与知识、文化、社会、心理等因素相关,所以建立在这种广义信息概念上的信息理论与模型仍是目前学术界悬而未决的难题之一。

信息作为一种特殊的数据,必须具有确定的形式、含义和效用,但在现实中包含信息的数据在形式、含义和效用方面对于信息的观察者即使获取了代表信息的数据,却仍然存在主观的不确定性。我们通常将这种情况称为信息的不对称性。在完全理想的情况下,关于信息形式、含义和效用的定义和相互关系可以由一套完整和唯一的编码系统确定。这套系统犹如一套完整清晰的“菜谱”,能够明确无误地指导从原料到最终食品准备和制作的全过程。实际中,这种编码系统可能不存在、不唯一或者不完善,导致数据中的不确定性不能完全消除,或者不同的接收者对同一形式信息产生不同的含义和效用,以及用不同的形式表达相同的含义或效用等。围绕数据中信息形式、含义和效用的编码系统属于知识和智能的范畴,我们将在后面做深入、系统的介绍和讨论。

本篇小结

1. 信息的定义

信息是具有一定结构形式、特定含义和预期效用的数据。数据不等于信息,但可能包含信息。

2. 信息的法则

法则 1:信息的目的和作用是消除数据中关于结构、含义和效用的不确定性。

法则 2:关于信息的所有问题均可以最终转化为一组可以通过一系列“是”与“否”的问答方式得到解答的问题。

3. 信息的编码

利用信息的随机性规律,可以对数据进行编码,其规律遵循香农信息论的基本定理,即:

- 压缩:码字压缩的平均极限是数据熵。
- 纠错:无错传输最高速率是香农极限。
- 加密:绝对保密的极限是互信息为零。

4. 信息的过程

- 信息的形式主要由发送者根据信息数据的随机性根据实际需要(如压缩、纠错和加密等)通过编码确定。
- 信息的含义由信息的接收者在确定信息的形式之后,根据信息发生的情境和个人的先验知识确定。
- 信息的效用由信息的接收者在确定信息含义之后,根据信息发生的情境、本身的先验知识以及个人与社会背景等因素确定。

讨论课题

1. 数据与信息

通过一个生活中的实例,说明数据和信息的联系和区别。

2. 信息的编码

为什么需要对数据进行编码? 举一个现实中通过编码对数据进行压缩、纠错以及加密的事例,说明这样做的目的、方法和效果。

3. 信息的结构、含义与效用

如何确定信息的结构、含义和效用? 举一个现实中确定信息结构、含义和效用的具体事例,说明决定结构、含义和效用的主要因素和实现过程。

研究课题

1. 某些宗教的信徒在祷告和念诵经文时经常反复重复一些已经"滚瓜烂熟"的词语或句子。根据信息的概念,这些数据对这些信徒是"确定"的。若真如此,为什么他们还要反复重复这些"冗余"即信息量为零的数据呢? 请从信息学的理论角度对此现象做出合理的分析和解释。

2. 设计一个你与你的一位亲人(如母亲或父亲等)或密友之间的通信系统,不仅能够有效地通过编码准确无误地传输数据的形式,而且能够传输数据的含义。

(1) 此系统的语义编码系统是怎样的?

(2) 设计和描述使用此编码系统的通信系统架构和功能模块。

3. 从 DNA 的基因到蛋白质的产生可以被看作一个信息通信系统。输入为由密码子组成的遗传信息,输出为由氨基酸组成的蛋白质长链信息。信息传输的过程遵循著名的"中心法则",即信息由 DNA 到 RNA(转录)再到蛋白质(翻译)的过程,参见下图。

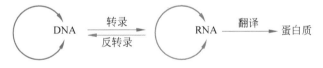

请研究这个生物信息编码和传输过程,讨论以下三个问题:

(1) 针对输入和输出的数据形式,采用了哪一类的编码(压缩、纠错以及加密)?

(2) 生物系统是如何处理信息的含义问题的?

(3) 生物系统是如何处理信息的效用问题的?

比较自然生物进化所产生的这个通信系统与我们目前人工创造的系统有何异同之处。

注:这是一个需要你做一些调研和思考的题目。许多问题目前学术界也没有清晰明确的答案。所以,你正在启动一项具有"开创性"的工作。

第 4 篇

知识升华

　　在讨论了数据和信息的概念、特征、规律以及它们之间的联系之后,让我们进一步讨论知识,包括:知识的概念,如定义和分类;知识的来源、形式和边界;知识的作用,特别是价值、风险与挑战等。

　　在没有正式引入和讨论知识的定义之前,我们不妨先讨论一下数据、信息和知识的关系。如图 4-1 所示,数据是反映、记录和展示客观事物的符号,它在数据系统与目标事物相互作用过程中产生,并遵循相应的物理规律以各种不同的形式存在和运动。驱动产生和利用数据的主体是生物系统即人类,也包括人类所创造的人工数据机器。数据作为联系与交流的媒介和工具,在生物世界和人类社会中普遍存在,构成了一个无所不在、无时不在的数字网络和世界。信息则是基于某种结构形式、特定含义和预期效用,通过编码产生的数据,本质上是主观的,或者说在与主观世界相互作用时才发生作用。对于信息观察者来讲,关键是要通过解码(或译码)消除数据中所包含的不确定性。数据中的不确定性主要是观察者对数据形式、含义和效用缺乏必要的先验知识和情境条件的反映。信息观察者首先需要对数据进行译码(如通过密钥对数据解密),从而得到信息所表达的结构形式。同时,需要根据信息发生情境以及本身先验知识判断和确定信息形式所代表的特定含义。最后,需要根据对信息含义的理解,对信息所包含的用意做出相应的反应。可见,信息与知识的关系十分微妙:一方面,信息含义需要信息相关者先验知识的参与才能产生;另一方面,信息发生的情境又可能影响接收者的先验知识而产生后验知识。所以,从信息到知识的过程是一个典型的贝叶斯迭代过程:对于一个不确定的未知事件,可以通过已知的知识降低其不确定性;反之,对于一个已知的模型,可以通过获取新的前所未知的数据来修正和改进。第 3 篇中所提到的德国小镇交通灯的故事说明了信息接收者最初通过先验知识对红灯做出判断,后来又通过情境信息产生了新的后验知识,最终能够正确对待"永远的红灯"所传递的信息含义。而烽火戏诸侯的故事则相反,周幽王对烽火台数据含义肆意改变的"喜剧"行为,修改了诸侯对于烽火台含义的先验知识,产生了导致王朝颠覆的"悲剧"结果。对于同样的信息,接收者根据当时的情境和更新后的先验知识做出了与原先数据含义和效用的不同判断。这种通过信息来修正先验知识的方法是获取和更新知识的基本方法。所以,我们可以认为信息是连接数据和知识的纽带。知识是通过信息来充实和丰富的,可以认为是信息的升华。反过来,对于信息的理解又以先验知识为重要依据,是信息的钥匙。

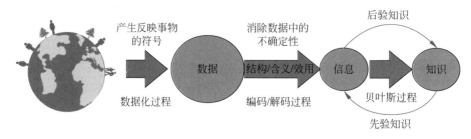

图 4-1　数据、信息和知识之间的关系

4.1 知识的定义

知识的问题,初看起来似乎是常识,任何一个人似乎均可以根据个人的经验和理解讲出一番道理。但真正追究起来却不简单。在哲学学科,有一门专门研究知识的学问叫"知识学",有很长的研究历史。但对于知识的本质、严格的定义等基本问题,目前还没有一个普遍统一的理论。我们在这里并不试图找到这样一个定义和建立一套完善的理论,而只是提出和讨论一个可以实用的"工作定义"。首先,知识的载体是数据,知识是由数据构成的。其次,知识同时具有客观性和主观性。客观上知识必须能够真实和正确反映所对应客观世界的存在和运动规律;主观上知识是消除了不确定性的信息,代表知道、明白和相信。最早对知识做了深入系统研究的学者是古希腊的哲学家柏拉图(Plato,公元前 427—前 347),他认为知识必须满足以下三个条件:①可实验验证;②具有真实性;③被大众相信。

基于前面的讨论,我们对知识的定义为(图 4-2):

知识是关于客观事物存在和运动规律抽象化、结构化的数据,必须满足客观真实性和主观可信性的判据条件。

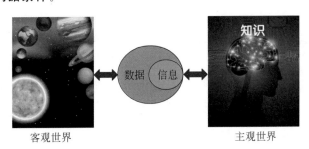

图 4-2 知识的定义

主观是相对于客观的一个哲学概念,一般泛指人的意识可以控制的世界,而客观世界则指不依赖于人的意识而存在的一切事物。客观性和主观性是知识概念的两个独立的维度。主观理解和相信的东西未必能够真实、正确地反映客观存在,而正确反映客观的东西未必得到主观的理解和相信。只有同时满足客观真实性和主观可信性的东西,才能被认定为知识。知识的客观性要求比较容易理解,也可以被当作知识的必要条件,因为若知识不能正确反映事物规律则失去了存在的基础。但为什么还要附加主观性的要求呢?首先,知识是人类认识世界的结果,也是用来改造世界的工具。离开了人类主观的驱动作用,知识无法产生,也毫无意义。当然,这是一种完全以人类意识为中心的观点,也许有些过于局限。其实,早在人类诞生和形成意识之前,推动和指导生物进化的"知识"便开始出现并随着生命进化而不断积累和升华,虽然我们对生物进化过程中细胞、肌体和器官中的知识是如何获得和积累等问题仍没有满意的答案。另外,人类也正在将自己掌握的知识植入不同数字设备之中,开始赋予智能机器通过数据挖掘获取知识的能力。所以,我们也可以将知识的主观范畴扩展到无意识的生物和人工载体。

　　知识定义中客观真实和主观可信均是"相对"的条件,只能在一定的程度和范围内得到满足。这是因为任何科学知识严格意义上讲均只能在一定条件下和在一定程度上得到验证的假设,并不是绝对的。如图 4-3 所示,我们可以根据满足知识两个维度条件的程度不同,将知识划分为几个不同的"象限"。我们将能够同时在较高程度上满足客观真实正确性和主观理解相信度的知识称为"理想知识"。现实中的实际知识一般仅在一定程度上满足知识定义所要求的两个条件,即能够足够近似反映客观事物的存在和运动规律,在一定范围内和程度上被相信和接受(图 4-3 中)。另外,现实中的确也存在一些较为极端的情况,如没有严格科学证实却被信仰的某些极端宗教、迷信和偏见(图 4-3 左),或只被极少人理解相信却被科学证实的某些前沿科学理论(图 4-3 右)等。这种偏见被大多数人所追求,真理被极少数人所掌握的情景和事例在人类历史和现实社会中可以说屡见不鲜。一个新的知识在产生初期,即使被实验观察证实是正确的,也可能只被极少数人理解与相信,直到相当一段时间后才被大众所明白和接受。波兰天文学家尼古拉·哥白尼(Nicolaus Copernicus,1473—1543)提出的"日心说",由于与宗教支持的"地心

图 4-3　知识的客观性与主观性

说"相矛盾,虽然已经建立并得到验证,却不敢公开发布。哥白尼的专著《天体运行论》直到他临终前才正式出版,之后仍受到传统势力的排斥和大众认知的嘲笑。意大利思想家乔尔丹诺·布鲁诺(Giordano Bruno,1548—1600)因大胆捍卫和发展哥白尼的学说遭到宗教势力残酷迫害,1600 年 2 月 17 日被烧死在意大利罗马鲜花广场。另外一位同时代的德国科学家约翰尼斯·开普勒(Johannes Kepler,1571—1630)也因支持日心说而受到教会的迫害。相反,一些迷信和偏见,如 3 世纪提出的"地心说",从 13 世纪到 17 世纪,一直是天主教教会公认的世界观。虽然后来被证明是错误的,却仍然在人类社会中存在和持续了很长时间。在历史的相关知识中,如关于中国历史上著名人物三国时期的枭雄曹操的性格秉性和所作所为,学术界、文学界和社会上以及在不同的历史时期均会有不同甚至是相互矛盾的版本。历史学研究所得到的版本,如《三国志》中所描述的曹操比小说《三国演义》也许更为客观真实,基于这些历史文献和小说改编产生的电视剧等作品则有更多的虚构成分,但后者却更为大众所了解和相信,而不同的个人、群体对曹操这个历史人物的了解和理解又可能是千差万别的,正所谓"一千个人的心中便有一千个曹操"。关于知识在客观和主观两个维度的兼容性问题,在人类历史和现实社会中却经常是"鱼与熊掌"不可兼得。针对这种两难的窘境,英国思想家伯特兰·罗素(Bertrand Russell,1872—1970)曾经说过,若非要在两者中选择,他将毫不犹豫地选择客观的维度,即经过观察和实验验证的知识,即现代意义上的科学。对此,我们并没有太多异议,但如果代表知识的"真理"仅仅掌握在少数人中而得不到大众的认识和相信,人类社会的文明则很难

建立和发展。幸运的是在人类文明发展的历史过程中,真理(即反映客观存在和规律的理论)最终总会得到社会中主流人群的接受和认识。因此,我们仍然坚持认为知识的客观和主观维度的程度均达到相当的水平才真正反映和代表了人类社会的发展与成就。

关于知识的客观性和主观性,如果用"深度"和"宽度"两个独立的变量来衡量,可以发现两者之间在现实中呈现出一种"负相关"的关系。如图 4-4(a)所示,知识的客观性表现为对客观事物规律反映得越清晰和准确,所适用的范围则越狭窄;反之,知识所涵盖的范围越广泛,对客观事物的反映和描述则越近似和模糊。这种矛盾在近代学习算法领域内被戏称为"天下无

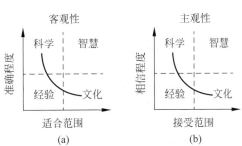

图 4-4　知识的客观性与主观性特征

免费午餐"规则。同样,如图 4-4(b)所示,对于知识的主观性来讲,接受范围大的知识,往往受众理解和相信程度较浅;理解和接受较深的知识,却常常只限于一个比较狭小的群体。这也许是知识传播所遵循的一个比较典型的现象。利用这个框架,我们可以将知识进一步划分为四个类别,分别对应两组变量的四个象限。我们将客观准确性/适合域和主观相信度/接受域均有限的知识归纳为"经验"。这是因为经验一般局限于个人或小群体个性化直接观察、体验与认知。当近似和局部的经验通过进一步理论化上升到更系统和精确的程度,则成为"科学",科学是经验的更高级抽象与升级。当局部经验在更大的范围内推广并得到认可和接受时,便成为一种"文化",文化是更普遍接受和相信的经验。在这里最奇特和神秘的是客观准确度/适合域以及主观相信度/接受域均高的知识。根据上述模型,此类知识极其罕见而神圣,被称为"智慧"。关于智慧的概念,有许多不同的观点和解释。无论如何,能够真正达到"放之四海而皆准"并万众仰慕之最高境界的智慧也许并不存在;即使这种终极的真知灼见真正存在,也会如道教中老子对"道"和佛教中佛陀对"法"的描述,深不可测,妙不可言。智慧代表了人类认识客观世界和追求渴望真理的最高境界,往往表现为最抽象的知识和最浓缩的数据。从这个意义上讲,将智慧归入主观上接受范围和相信程度最高的级别也许只是一种愿望,正所谓知识易得,智慧难求!

到目前为止,我们已经跟随数据的脚步,完成了从数据到信息、知识和智慧的过程。为了更系统地总结和说明这里的逻辑关系,我们在这里引入标准的 DIKW 模型,即 Data-Information-Knowledge-Wisdom 金字塔模型(图 4-5)。根据这个模型,数据作为直接反映、记录和展示客观世界的符号,处于最底层,构成整个信息、知识和智慧金字塔的基础。在数据之上是信息,即具有一定结构、含义和效用的数据。信息作为一个纽带和媒介将数据与知识有机联系在一起;信息用来消除数据中的不确定性从而产生后验知识,而消除不确定性而得到信息结构、含义和效用又需要依赖于信息相关者的先验知识。当数据能够真实和正确地反映客观世界的存在和规律并为受众所接受和相信时,便产生了知识。知识的最高境界和形式是智慧,智慧是数据金字塔的皇冠。

数据、信息、知识和智慧的逻辑关系也可以用图 4-6 说明。可以看出,数据是包罗万

象的基础材料,信息、知识和智慧均是经过处理的数据,但数据并不等于信息,信息不等于知识,知识也不等于智慧。后者是前者的压缩和抽象的高级形式,智慧则是人类所创造的最精华、最高级的数据内容与形式。

图 4-5　数据、信息、知识和智慧的金字塔模型

图 4-6　数据、信息、知识和智慧的逻辑框架

4.2　知识的分类

4.2.1　描述性与程序性知识

知识可以根据不同属性进行分类。第一种分类是将知识分为描述性知识和程序性知识。描述性知识主要回答"是什么"的问题,一般可以命题或陈述的方式表述。描述性知识一般是"显性"的,能够以比较简单明确的方式表述和分享。描述性知识又可进一步分为事实性和概念性知识,前者用来描述客观世界中的一个具体现象,而后者用来解释主观世界中的一个抽象概念。

程序性知识主要回答"如何做"的问题,主要特点是能够用程序或算法的形式定义和描述。这种知识经常是"隐性"的,其表述方法与描述性知识相比更加隐晦,也不容易分享。在实际中,程序性知识也称为"Know-How",往往具有一定的使用价值,属于知识产权的范畴,在一定条件下受到法律的保护。

描述性知识最典型的例子是不同语言的字典、词典和介绍各种科学与技术知识的百科全书。如出版于清代康熙年间的《康熙字典》[图 4-7(a)],成书于 1716 年,全书分为 12 集,以十二地支标识,每集又分为上、中、下三卷,并按韵母、声调以及音节分类排列韵母表及其对应汉字,共收录汉字 47 035 个,是汉字研究的主要参考文献之一。如《中国大百科全书》[图 4-7(b)],第 1 版的内容包含 66 门学科和知识门类,约 8 万个条目,共计 1.264 亿汉字及 5 万余幅插图。全书共计 74 卷,包括哲学、社会科学、文学艺术、文化教育、自然科学、工程技术等各个学科和领域。《中国大百科全书》第 2 版于 2009 年 4 月 16 日正式出版,总计 32 卷,6 万个条目,约 6000 万字、3 万幅插图和 1000 幅地图。随着数据化网络化技术的发展和应用,如今这些存储在物理介质中的线下(offline)模拟性知识被数字网络化后变成了线上(online)数字化知识,大大提高了它的易用性和方便性,用户可以通过计算机和手机等智能终端查询和使用。如通过智能手机字典 App,可以随时随地查询各种语言的字和词[图 4-7(c)]。维基百科(Wikipedia)是一个基于互联网的多语言百科全书协作计划,用多种语言编写的网络百科全书[图 4-7(d)],其特点是自由内容、自由编辑。截至 2015 年 12 月,维基百科一共有 280 种语言版本,其中英语超过 500 万条,瑞典语、德语、荷兰语、法语等 11 个语言版本已经有超过 100 万条,中文也有 86 万条,是全球网络上最大、最受大众欢迎的参考工具书。

《康熙字典》　　　《中国大百科全书》　　手机字典App　　维基百科
(a)　　　　　　　　(b)　　　　　　　　(c)　　　　　　(d)

图 4-7　描述性知识

　　程序性知识的例子如图 4-8(a)的高等数学题解和图 4-8(b)的厨房烹调菜谱,分别收录了 4462 道数学题解和 6000 多道菜谱,向读者说明了求解某些数学方程和烹调菜肴的具体步骤。将程序性知识数字网络化不仅使这些知识可以随时随地查询和获取,更重要的是将程序性知识工具化,使之变为可以直接或辅助使用的工具。如目前流行的MATLAB 软件工具提供了几乎所有数学方程的解答,不需要使用者对求解过程有任何了解和参与[图 4-8(c)]。这种知识从人类大脑到数字化工具的迁移,是近 30 年最大的一次知识载体和分工的变革。与数学工具不同,将烹调菜谱工具化则更具有挑战性。图 4-8(d)展示了德国 HOME CONNECT 公司 2016 年推出的"智能菜谱助手"概念产品。用户不仅可以通过自然语言交互问答任何关于烹调菜谱的问题,也可以通过投影显示观看烹调的具体操作演示。这的确是一个非常吸引人的创意和设计,但在实际中用户使用体验如何则不得而知。

(a)　　　　　　　　　(b)　　　　　　　　　(c)　　　　　　　　(d)

图 4-8　程序性知识

4.2.2　显性与隐性知识

　　知识分类的另一个维度是它的表达和迁移的程度,分为显性与隐性知识。描述性知识一般是显性的,但也有可能比较隐晦,不容易理解和解释。如老子《道德经》里所讲的"道"的概念。程序性知识既有比较显性的,如一个已知的数学算法或清晰注释说明的计算机程序[图 4-9(a)],也有比较隐性的,如生物细胞中负责胚胎在母体中发育成长的算法和程序[图 4-9(b)]。虽然这些程序(信息与知识)按一定的编码规则存储在细胞的 DNA 数据中,并且我们也知道那些 DNA 中的数据片段对应产生氨基酸的编码对应的数据,但我们并不完全清楚由这些数据写成的程序是如何精确有效地驱动和管理如此复杂浩大的胚胎发育过程中的化学物理过程。更加复杂和神秘的程序性知识是人类大脑的思考程序[图 4-9(c)]。虽然我们对大脑的微观结构和物理机制有了一定了解,但对于大脑复杂的神经网络的运作规律,特别是"意识""智能""情绪"等高级数据形态的产生和运动的程序还了解甚少。发掘和理解这些隐藏在大脑数十亿个神经元中的程序性知识是目前神经和信息科学与技术探索和发展的前沿。

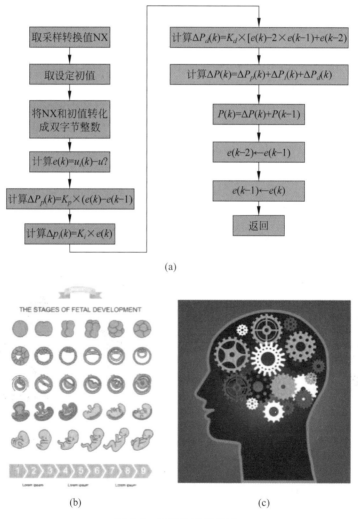

(a)

(b)　　　　　　　　　　(c)

图 4-9　显性和隐性知识

观察人类通过有性繁殖产生后代的过程,可以对隐藏在 DNA 和生物体中创造生命的程序性知识有一定了解。如图 4-10 所示,在卵子受精后前 4 个星期,数十亿个细胞根据 DNA 数据所描述的蓝本,按事先确定的结构和方式遵循中心法则通过特定的基因表达被创造出来。在大约第 15 天,第一个血脉出现。几天之后,在约 1.7mm 的胚胎中两个血脉连接形成心脏。在第 3 周结束之前,它便开始通过其微小肌体进行泵血。小小的心脏为正在发育之中的大脑提供血与氧气。在第 4 个月,胎儿的心脏已经能够每天泵浦约 8 加仑(30L)血液。到婴儿出生时,总泵血量可以高达每天 92 加仑!在胚胎早期发育期,肺、眼睛和耳朵开始发育,虽然它们还没有投入使用。大约 2 个月后,胚胎生长到 3～4cm 长。尽管此时尺寸很小,但几乎人体所有的器官均已存在。在后来的发育过程中,这些器官的体积增大并形成最终的形状。毫无疑问,全面设计和精确运行这样一个庞大复杂的化学过程需要大量专业和综合性知识。这里既有 DNA 基因中的基础性知识提供设计和指导,又有细胞以及母体中的专业知识负责执行和实现。虽然我们可以通过科学实验观察和了解这些程序知识所产生的生物化学和物理过程,但对驱动和实现这些过程的生物算法仍缺乏系统和详细的知识。

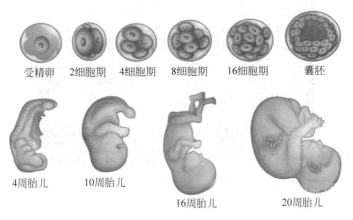

受精卵　　2细胞期　　4细胞期　　8细胞期　　16细胞期　　囊胚

4周胎儿　　　10周胎儿　　　16周胎儿　　　20周胎儿

图 4-10　胚胎的发育过程

DNA 中负责编码蛋白质的基因只提供了产生不同蛋白质的配方。启动和执行任何特定转录和翻译过程需要细胞核和细胞体内相关的蛋白质及 DNA 中非编码部分的参与和配合。这不仅需要一个运行精确有序的化学系统,也需要严格的控制算法与程序。这个过程称为"基因表达"。生物体中所有细胞中所包含的 DNA 是相同的,但表达出的细胞形态、组织与器官却种类繁多。生物体是基于什么样的规则和程序在给定地点和时间准确无误地选择表达不同蛋白质、产生不同组织和器官,是目前研究基因表达的"表观遗传学"(epi-genetics)所研究的问题。加拿大麦吉尔大学教授摩西·西夫(Moshe Szyf)是表观遗传学领域的先驱,他研究的重点是外部环境对生物体的基因表达的影响。他认为 DNA 不仅仅是一系列字母构成的脚本,而是一部动态的电影,反映了我们的经历。为研究后天早期成长外部环境对婴儿 DNA 产生的影响,他与合作者对老鼠和猴子做了大量的实验。比如,把出生于同一父母的幼子分为两组,一组由亲生父母抚养,另一组交给饲养员。图 4-11 中图所示的是 14 天后两组猴子基因表达的化学标记(甲基化标记)。较多甲基化的基因呈现红色,较少的呈现绿色。正是这些基因表达的变化,决定了猴子未来的性格和行为。在他们的实验观察中,发现这些猴子居然变成了完全不同的动物。妈妈抚养的猴子不嗜酒,没有暴力性倾向;而没有妈妈的猴子却有攻击性,往往还是酒鬼。目前所发现的影响基因表达的机制包括组蛋白修饰、染色质重塑、组蛋白变异、DNA 甲基化和非编码 RNA 等,并且这些影响基因表达的机制是开放和动态的,可能受到生物体所处外部环境的影响,特别是在生物体早期成长发育阶段。表观遗传的标志可通过细胞分裂而遗传到下一代,并且不断积累最终决定细胞的表型。所以,DNA 中数据由两部分构成:一部分是由进化和遗传决定的固定部分,如编码产生蛋白质的基因序列,用来决定后代的生理特征;另一部分是受胚胎发育时母体环境和婴儿出生后早期经历影响而能够修改的可塑部分,这些决定和控制基因表达的算法程序对后代的性格和心理的形成和发展具有重要的影响。

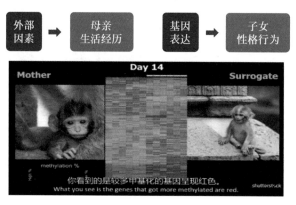

图 4-11 基因表达

关于动物通过进化学习的现象,在这里与大家分享一个作者亲身经历的故事。作者的房子一到春天老鼠便开始泛滥。为了解决这个问题,采用了许多方法,但发现最有效的还是经典的老鼠夹子,英文叫 Mouse Trap。这种装置极其灵敏,在设置时一不小心就会启动。我每天睡觉前在厨房等老鼠猖獗的地方放置若干个装置。一开始效果很好,命中率很高;只有极少装置虽然启动却未能命中目标。但随着时间推移,效果越来越差。几个月后,这些装置竟然几乎全部失灵。每天早上,当我看到装置上的诱饵被盗得干干净净,装置却依然纹丝不动躺在那里时,不禁对我的对手技能水平的提高而感叹和无奈。更让我吃惊的是,有几个装置竟然不翼而飞。难道老鼠把它拖回自己的实验室做研究去了不成?老鼠的繁殖能力极强,生长 21 天可怀孕,一年可以怀胎 8 次,一次可产 5～15 只小老鼠,所谓"一公一母,一年二百五"。如果是这样,我家老鼠中早期极少的"幸存者",也许将其成功的经验分享给同伴,使它们的技能迅速提高;也可能通过繁殖将其决定基因表达的程序性知识传递给了后代。物竞天择,适者生存,最终是老鼠自然进化的算法力量战胜了我的捕鼠装置。

　　基因遗传也好,环境因素也罢,目前我们只能通过观察和测量生命过程中的这些外观现象并结合已知的物理、化学和生物理论模型来猜测和解释这些驱动和管理生命过程的算法(程序性知识)。也许在不远的将来,这些隐藏在生物体内神奇的秘密会真相大白,最终变成人类能够理解和掌握的显性知识。

4.2.3　公共与私密知识

　　知识也可以根据其属性分为公共知识和私密知识。公共知识是指在给定范围内公开和群体共有的知识,而私密知识则是在给定范围内私密和个体独有的知识。请注意,“公共知识”与“共同知识”是两个不同的概念。共同知识是指一个群体“共有”但没有“公开”的知识,与公共知识的相同之处是“共有”,区别是没有“公开”。这个区别看起来似乎不大,但在现实中却可能带来差别巨大的影响。一个著名的例子是历史上“皇帝新衣”的典故。游行中的皇帝没有穿任何衣服,对此事实所有在场的人均已看到,所以是共同知识;但没有任何一个人确信其他人也知道此事,所以还不是公共知识。直到一个天真的孩子无意当众说出了真相,才使共同知识变成了公共知识,所产生的影响大家都明白。私密知识必须同时满足“私密”和“私有”两个条件。一个中医的家传秘方属于私密知识,但一个得到专利保护的西药配方因其内容已经被披露公开,所以已不是私密知识,但仍然是权益受到法律保护的私有知识。

　　世界足球比赛的规则是公开和公共的,属于公共知识的范畴[图 4-12(a)]。巴西球星罗纳尔多是三届世界足球先生、世界杯金球奖和金靴奖得主,两届世界杯冠军,一生精彩进球无数,人们干脆称他为“外星人”,尊为一个时代的球王。他的绝高球技却是独特的私密知识[图 4-12(b)],不仅与他后天的训练方法和努力有关,更是他先天体育天赋的表现,恐怕很难模仿和传授。可口可乐的配方自 1886 年在美国亚特兰大诞生以来,已保密达 130 多年之久[图 4-12(c)]。截至 2000 年,知道这一秘方的不到 10 人。事实上,可口可乐的主要配料是公开的,包括糖、碳酸水、焦糖、磷酸、咖啡因等,其核心技术是在可口可乐占 1% 的神秘配料“7X”商品。这项秘密被保存在亚特兰大一家银行的保险库里,由三种关键成分组成,这三种成分分别由公司三个高级职员掌握,其身份绝对保密。同时,他们签署了“决不泄密”的协议,并且每人只知道其中一种成分。三人不允许乘坐同一交通工具外出,以防止发生飞机失事等事故导致秘方失传。

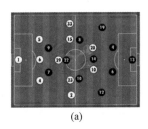

　　(a)　　　　　　　　　　　(b)　　　　　　　　　　(c)

图 4-12　公共与私密知识

4.3　知识的来源

知识的定义和分类并没有回答知识的来源和过程等问题。为此,我们总结和引入关于知识所遵循的三个基本法则,其中第一个法则为:

客观世界事物的存在与变化遵循一定规律,这些规律能够被人类主观发现和认识从而产生知识。

这个法则包含两个基本假设。首先,假设客观世界事物的存在和变化具有一定的结构性和规律性。这种结构性和规律性的典型表现为"关联关系",即一个事物的存在和变化与另一个事物的存在和运动或变化在时间和(或)空间上有一定相关性。另一种表现为"因果关系",即一个事物的存在和变化是引起另一个事物存在和运动或变化的原因。在这里关联性包括因果性,但反之则不然。对事物之间所存在的因果关系的探索、发现和归纳是科学知识和智能系统所追求的最终目的。对于客观世界事物的规则、有序和规律性这种事实背后的原因,人类一直十分好奇和不解,的确是一件非常奇妙的事情。知识第一法则中的第二个假设是客观事物的存在方式和变化规律是能够被认识和理解的。人类能够通过数据和信息作为媒介和纽带认识和理解事物存在和变化的结构与规律,而知识正是对反映世界存在和变化的数据进行编码和译码来消除不确定性的结果。其实,人类居然具有能够通过数据归纳和抽象出反映和描述事物的结构和规律的能力,也是一种极其独特和神奇的现象。难怪爱因斯坦曾经感叹道:"关于世界最不可思议的事情是它居然能够被思议!"

假如在沙漠里行走,突然发现一块漂亮的岩石,你也许会说:没什么值得大惊小怪的,这块石头也许一直就在那儿,或者有一种自然力量把它推到了那里。但如果捡到一个设计精美、结构坚固而且正在精确运行的钟表,那又会有怎样的感受和如何的猜想呢?其实,我们所处的客观世界就好像这样一台结构精美、运行有序的巨大自然机器。它又是如何产生的?背后的奥秘又是什么呢?早期的人类对自然界现象缺乏合理和满意的理解和解释,便想象有一个高于人类的"神灵",全知全能,不仅拥有关于世界的全部知识,而且还能运用这些知识创造和驾驭世界上所有的生命和物体。现代科学并不相信或假设超自然知识化身的存在,而认为客观世界不以神或人的意志而按其本身规律存在与运行。同时,将认识和理解世界客观规律的责任看作是人类本身的能力与职责,坚信人类可以认识和掌握这些规律,最终达到改造世界的目的。关于人类通过获取和利用知识认识和改造世界的历史和现实,我们可以举出无数个事实加以论证和说明,也许不会有任何怀疑和异议。但对于人类本身以及智能和知识起源等更为原始的问题,目前仍然存在"智能设计"和"自然进化"两种截然不同的假设与学说,所以关于"有神"和"无神"论的争论并没有结束。有趣的是每当科学遇到无法解释和解决的问题时,有神论的思潮就容易复现。当科学进步解决了这个问题后,这种的呼声便烟消云散。对人类来讲,对超自然的信仰和追求更像是一种心灵的慰藉,同时也反映了人类对本身智能的怀疑和挑战。

无论知识的最初来源和获取渠道如何,所有知识既以数据为最终表现,也以数据为最初源头。将原始数据转化为知识的系统中最核心的功能可以认为是由一个具有学习功能的算法实现的。由此,我们引入关于知识的第二法则(图 4-13),即:

所有知识均有可能通过某个智能学习算法从数据中获得。

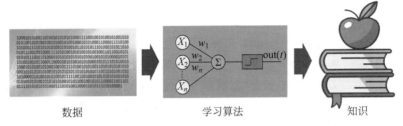

数据　　　　　　　　学习算法　　　　　　　　知识

图 4-13　知识的基本法则

将数据作为知识的原始材料似乎是一个合理的假设,因为数据是客观世界事物存在和运动的直接反映。除此之外,人类、其他生物体以及人工数据智能系统与客观世界之间没有其他联系的方式能够产生知识。正像美国管理和统计学家威廉·戴明(William Deming,1900—1993)所说的:"除了上帝之外,任何人都必须以数据说话(In God we trust,all others must bring data)。"同时,我们还假设将数据转化为知识是通过某种智能算法对原始数据进行处理(或编码/译码)的结果,虽然我们并没有说明这种能够产生知识的智能算法是什么。首先,算法本身也是一种知识,严格讲属于程序性知识的范畴。对于作为算法输入的数据来讲,算法则属于"先验"知识。所以,"数据+算法=知识"的公式也可以表述为"数据+先验知识=后验知识"。后者就是著名的贝叶斯定理。所以,知识产生的过程是一个数据与算法不断迭代和更新的过程。当然,如果深究起来,你可能会问在知识产生的起始原点,到底是先有数据还是先有算法呢?这种先有鸡还是先有蛋的难题的确很"烧脑",这也是历史上学术界讨论和争论的一个重要话题。

历史上,围绕数据与算法对于知识产生的作用问题有过许多不同的学说和争论(图 4-14)。以法国哲学家和数学家勒内·笛卡儿(Rene Descartes,1596—1650)为首的理

图 4-14　知识的感性与理性学派

性主义认为知识来源于"天赋观念""先验原则",逻辑推理(算法)是基本和最佳获取知识的方法,而通过感知经验(数据)获取知识是不可靠和不充分的。用现代的观点和语言来理解和描述,理性主义的核心思想是"唯算法",强调先天智力差别和先验知识的重要性。但理性主义者并没有说明人类先天和先验的算法知识是如何得来的,但在一定程度上可以解释人与人获取和运用知识能力的先天差异。与理性主义对立的是以英国哲学家约翰·洛克(John Locke,1632—1704)为代表的经验主义,认为知识的唯一源泉是后天的感性经验。感性经验是基本和最佳获取知识的途径,而通过理性逻辑推理获取知识是不可靠和不充分的。感性主义的核心思想是"唯数据",强调后天经验的差别和后验知识的重要性。

德国哲学家、古典哲学的创始人伊曼努尔·康德(Immanuel Kant,1724—1804)认为单纯从感性和理性的角度去理解和解释知识的来源和过程是片面的(图 4-15)。他认为"理性是心灵从自身产生表象的能力,它不能直观;感性是心灵被刺激而接受表象的能力,它不能思维。因此,单独的理性与单独的感性都不能产生知识"。他还说"思维无内容是空的,直观无概念是盲的。只有当它们联系起来时才产生知识"。换一种方式来描述,感性是获取数据和对数据进行初步加工的过程,而理性是以某种特定的程序对数据进行抽象化和普遍化的过程。前者更"客观"而后者更"主观"。康德将这种感性和理性的结合称为"图式"。好像很少有人能够真正理解和解释康德"图式"的含义。在作者看来,康德的图式恰好就是我们前面所讲的知识基本法则,即数据加算法等于知识。

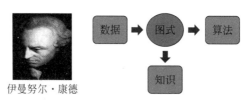

伊曼努尔·康德

图 4-15　康德关于知识的观点

建立在理性主义和感性主义理论之上,有两种获取知识的基本方法和过程,即演绎法和归纳法为基础的逻辑推理的方法。演绎法(deduction)是通过普遍理论模型得到特殊结论的方法,或者说是一种由算法到数据的方法,属于理性学派。而归纳法(induction)则是通过有限观察建立普遍理论模型的方法,即是一种由数据到算法的方法,属于感性学派。演绎与归纳是相反的逻辑过程,但不是完全对称的。比如说如果 A 成立,则 B 一定成立。但反过来如果 B 成立,却不能推断出 A 一定成立。因为前者是演绎法,后者则是归纳法,两者在逻辑上并不对称。

关于演绎法的应用,首先要有一个对所应用的问题领域和范围普遍适用的理论(模型和算法)或前提,然后确定和给出模型所需要的特定条件,最后得出普遍理论在此给定条件下的特殊结论。如图 4-16 所示,我们采用对经典电磁现象普遍适用的麦克斯韦方程作为理论起点,针对集中参数电路的特定条件,推导出电路中电流和电压所遵循的基尔霍夫方程。应用演绎法的主要动机是将一个复杂的问题简单化,在此基础上找出更简洁和有效的模型和解答。以上集中参数电路就是一个从普遍到特殊的例子。与原始的麦克斯韦方程相比,基尔霍夫方程更加简单和容易求解。在这里需要注意的是,演绎法中所得到的特殊结论只是在所假设的特定条件下才成立或准确。在此例子中,集中参数电路模型有两个基本条件,即电路的电压和电流特性完全由电路元件的终端特性确定,电路中连接各个电路元件的导线电阻、电感和电容均为零。这些条件显然对任何实际的电路均是一种近似,并不严格成立。但在许多实际情况下,我们可以通过设计和工程故意将电路的元件和导线做到尽量满足集中参数电路条件。这种用人为的方法使得一个工程问题尽量满足某些简化模型条件的做法,是当代工程学常用和有效的策略,也是人类利用科学知识改造客观世界的基本思路。当然,有些实际情况,这些条件不再满足,简化的模型的预测性开始变差,最终可能完全失效。对于集中参数电路,基尔霍夫定律成立的前提条件是电路元件和导线的特征尺寸必须远小于电磁波的波长。因为波长等于光速除以频率,这意味着如果电路工作的频率远小于光速除以电路的特征尺寸,基尔霍夫定律将不再适用。

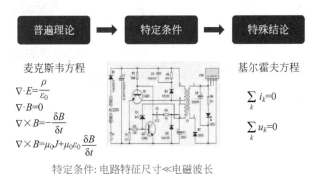

图 4-16 演绎法

演绎法的普遍理论包含了特定条件下的特殊理论。在自然科学领域如数学、物理学、化学等,许多普遍理论已经建立。在实际中针对某些特殊领域和问题直接使用这些普遍理论往往太复杂,不易求解或产生洞见。通过演绎法简化模型、便于求解和产生洞见是使用演绎法的主要动机和优势。但演绎法的前提是普遍理论已经存在,并且使用演绎法所得到的知识不可能超出前提理论的范畴。另外,通过演绎法得到的知识的正确性受限于所设置的特殊条件,演绎法不能超出特殊限制条件的范围获得正确的结果。需要指出的是,有些被认为是普遍适用的理论后来被证明也有一定局限性。在有些情况下,这些普遍理论是错误的。历史上很长一段时间内,人们认为牛顿力学理论是普遍成立的真理,但后来却被爱因斯坦证明在运动坐标系中是错误的,于是发展出了相对论力学。同时,经典牛顿力学也被证明不适用于微观世界的粒子相互作用和运动,更为普遍适用的量子力学模型便建立和发展起来。请注意,经典的牛顿力学在宏观世界中运动速度远低于光速的情况下,物体运动和相互作用仍然成立并且可以得到精确的结果;只是到了微观世界或高速运动的物体的情况下,量子力学或相对论力学才更加适用和精确。

与演绎法相对应的是归纳法,其逻辑是从局部和特殊到全局和一般的方法。这种方法的起点是在某种局部和有限的观察和实验的基础上,产生某种理论猜想并建立一个更为全局和普遍的模型(图 4-17)。这里所讲的“局部”和“有限”是指有限空间或时间范围内的有限观察和实验样本。历史上,牛顿(Isaac Newton,1642—1727)在苹果园受从树上落下来的苹果启发而发现和建立了万有引力定律的故事就是典型的归纳法的著名例子。在现实中,人类通过观察获得有限的数据,并在此基础上建立更为普遍模型来获得新知识的做法比比皆是,但与伟大的科学家牛顿等相比的主要区别是所建立的理论的普遍性、预测性和解释性。

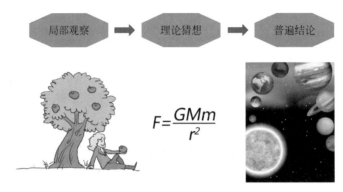

图 4-17 归纳法

为什么能够通过局部和有限的观察实验数据而得到全局和普遍的知识并不是一件显而易见的事情?牛顿的解释是宇宙间事物的过程是连续、均匀的,事物运动变化遵循某种简单的因果关系。他认为比起复杂的原因,简单的原因更可信。同类现象极有可能具有同样的原因,个体中的特性也存在于其他个体中。所以,研究个体得到的结论也适用于其他个体。牛顿的观点虽然听起来似乎很有道理,但深入思考并不严谨。首先,通过局部到全局的推理过程并不符合逻辑,所以正如英国哲学家大卫·休谟(David Hume,1711—1776)所说,"我们无法理性地证明归纳法的真伪,所以无法确定通过归纳法得出关于客观世界的解释和预测是否精确,甚至是否正确",这就是著名的"休谟归纳法难题"。据说他曾经讲过一个故事:一只在农场的火鸡观察发现主人每天在上午 9 点给它喂食,风雨无阻,从未间断,于是它将这个现象总结为一个永恒不变的规律。不过在感恩节那天,主人没有给它喂食,却把它宰杀了。所以,归纳法并不一定可靠。尽管如此,归纳法仍然是人类生存和发展以及科学研究和实践经验中最强大和实用的方法。当然,关于归纳法为什么能够产生知识的基本问题仍是科学和哲学界需要回答的难题。

4.4 知识的渠道

人类和生物获取知识数据的渠道可以大体分为先天遗传、后天学习和群体传播三大类。

人类和生物的知识首先来自其本身细胞中 DNA、特别是基因中的数据(图 4-18)。这些生命的代码是在数亿年生物进化演变过程中通过执行"物竞天择,优胜劣汰"的游戏规则而逐渐获得的。作为在自然进化的残酷竞争中唯一胜出的现代智人,其基因整体也许已经达到一个相对比较稳定的状态,由此而决定的生物特征在未来可预测的时间内也不再会发生太多的变化。这里所说的"相对"是相对于科技进步所带来的变化。人类个体从父母双方继承各一半数目相同的染色体和对应的遗传基因,这些基因的传承和表达为人的生物结构与功能提供了系统和精确的蓝图。知识可以从先天遗传的 DNA 和与之相关的基因表达和蛋白质作用等复杂的算法程序中获得。生物遗传知识不仅决定了生物体的结构和功能,也为其认知、思维、行为等更高级的生存与发展能力提供了必要的基础和准备。

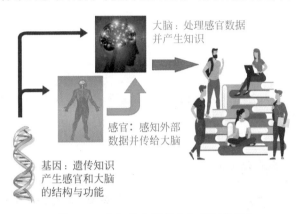

大脑:处理感官数据并产生知识

感官:感知外部数据并传给大脑

基因:遗传知识产生感官和大脑的结构与功能

图 4-18　知识的先天遗传与后天学习

人类基因中有 30%～50% 会在大脑中表达,用以打造和决定大脑神经细胞网络的结构、功能和能力。虽然我们对基因表达最终形成和影响大脑神经网络的机理和过程并不完全清楚,但可以肯定基因造就大脑时一定同时注入了某些关于生物生存本能的程序性知识。正因如此,动物生下来就具备某些基本生存和发展能力,如蜘蛛天生就会结网,蚊子会吸血,蝴蝶从蛹中出来就会飞,小海龟孵化出来就会爬且知道向海的方向爬等。对人类来讲,婴儿在刚出生后就能够辨别母亲的声音和面容,并通过声音、表情和肢体语言提出和满足需求。这种极强的非监督学习聚类能力,令目前最强大的人工智能算法黯然失色。一般来讲,似乎越是后天学习能力较差的动物,先天本能知识就越明显和强大。但高级哺乳动物如人类的先天遗传本能与后天学习技能知识相比,显然后者更为明显和强大。关于后天所获取的知识是否能够进行遗传的问题,虽然有一些实验结果似乎表明此种现象有可能发生,但目前仍有许多疑问和争论。

人类遗传基因和表达中的程序性知识创造了后代感官神经和智能大脑的"先天"生理结构和算法功能,使其能够感知和处理外部世界的数据并产生和获得知识(图 4-18)。出生之后,人类知识则是来源于生活中感官带来的"刺激"(探索、体验、发现等)和大脑神经对这些感知数据的处理(分析、综合、演绎、归纳等)。后天经验与学习是人类和许多高级智能系统获取知识的重要途径,也是人类在长期进化过程中所获得的最有竞争力的优势之一。与先天遗传的知识相比,后天学习所获得的知识具有更大的自由度和灵活性,也具有很大的偶然性。一般来讲,通过先天遗传所获得的智能算法越强大,通过后天教育学习和实践经历所得到的数据越多,所可能产生的知识就越丰富。生物体出生后,知识的主要来源是个体后天的感知、学习、思索和发现等,这是神经器官感知和大脑细胞认知学习算法从外部数据中所获取的知识。

另外一个获取知识的途径是人类社会发展过程中对知识的传播和传承。在这方面，人类独特的语言、文化和技术能力，使得个体所获得的知识不仅能够在社会群体中传播共享，也可以跨越个体生命极限在社会中长期保留和传承。其他动物，特别是某些群聚动物也具有群体知识传播共享的能力和特征。但只有人类可以穿越时空的限制在更大的范围跨界和跨代传播知识。如约公元前500年，中国儒学创始人孔子的基本思想被总结为一本著作《论语》，流传至今，最近通过"孔子学院"在全球范围内广为传播；对西方世界和文化产生巨大影响的《圣经》，创作于公元前1500年，通过各种宗教组织和教堂进行传承和传播。一般认为，人类的知识体系也许是在1万年前农耕时代开始时诞生的，但具有文字记载的历史大约在5000年前。但也有一些证据和学说认为地球和宇宙中曾经有过文明和先进的科学技术，但不知何种原因这些文明和知识并没有得到传承而中断了。对此，我们目前还不能确定这些猜测的真伪。

图 4-19 知识的社会传播

4.5 知识的形式

历史上东西方对与知识特别是科学的基本观点有较大的差别。以中国古代思想家老子（约公元前571—约前471）为代表的科学观更强调知识的整体性、动态性和绝对性。他在《道德经》中试图提出和阐述一套"放之四海而皆准"的大一统学说。因为一个简单的理论需要适用于普遍情景，所以其中许多概念和逻辑关系比较模糊，可以有不同的理解和解释，也比较难以通过实验证实或证伪。所以，也有人将这种理论称为"玄学"［图4-20(a)］。西方科学观的代表人物之一是古希腊的数学家欧几里得（约公元前330—前275），他被誉为"几何之父"，其最著名的著作《几何原本》是欧洲数学的基础，被誉为历史上最成功的教科书之一。另外一位是英国哲学家弗朗西斯·培根（Francis Bacon，1561—1626），他是实验科学的创始人。与东方科学方法论不同，西方科学观更强调分割性、静止性和相对性，将世界化整为零、化动为静，以相对的角度和观点去分析和解释客观现象，并将由此建立的理论预测与实验结果相比较，以此判断理论的真伪。这种"形而上学"的思想形成了现代科学的基本方法论[图 4-20(b)]。

老子　　　　　　欧几里得　　　　　　培根

(a)　　　　　　　　　　(b)

图 4-20　东西方的科学观

现代科学知识的表现形式是理论模型。所谓科学理论，从根本上讲就是描述某一类客观事物存在结构和变化(运动)规律的"模型"(model)。这种模型具有以下特征：①概念的定义，对于模型中变量和常数均必须严格给出其含义；②限制领域，对于模型所适用的范围必须有明确的说明，也就是说在什么条件下，模型才是正确的；③关系建立，任何模型均有输入和输出，模型的关键是建立了它们之间的关系，即使不能严格定量，也必须定性地描述，可以是数学方程、公式或算法和程序等；④具体预测，模型的主要功能是预测，包括预测什么，如何验证这些预测等。一个严格和自洽的理论模型应该满足以上四个条件。这样的例子如数学、物理学和化学等，但也有一些学科如生物学和社会学等还不能完全满足这些条件，我们常常称前者为"精确的科学理论"。

一般来讲，任何一个理论模型虽然反映和描述了客观事物的结构关系和变化规律，但只是在某种特定条件下近似地反映客观事物的某些方面(图 4-21)。随着理论的进步和模型的完善，对客观世界的解释和预测就更加全面和精确。从根本上讲，人类对客观世界的认识和改造是通过这些"近似"的模型进行的。这些模型的极限，就是我们对客观世界认识、理解和改造的极限。我们一方面要充分意识到任何一个理论模型的相对性、片面性和近似性，另一方面也应该学会利用模型的解释性和预测性认识和改造客观世界。统计学大师乔治·伯克斯(George Box, 1919—2013)有一句名言："所有模型均是

图 4-21　理论模型与现实世界的关系

错误的,但有些是有用的。"这句话的意思是我们不应该盲目相信和使用任何一个理论模型,因为从严格意义上讲,它们都是近似的,即"错误"的。但如果懂得在什么条件下可以使用哪些模型,这些模型则是非常"有用"的。对一个理论模型的用途范围和局限程度的认识和理解是学习和运用知识最核心的问题之一。在当今数字网络发达、各种知识泛滥的情况下,尤其需要引起我们的高度重视和谨慎。商业化的媒体和浅薄的大众经常成为传播非科学偏见甚至反科学谬误的源头和媒介。所以我们每个人必须培养和提高本身独立思考和判断的能力和习惯,以防止被这些数据垃圾和毒素淹没和吞噬。

4.6　知识的边界

关于客观世界事物存在和运动变化规律的认识,目前在科学界仍有两种截然不同的观点,那就是关于"确定性"和"随机性"之争。一种观点认为现实世界本身是有规律(即确定)的,本质上是简单的。人对现实世界的认识由于信息不对称或理解不完备而存在不确定的随机性。而另一种对立的观点则认为现实世界的事物本身存在不确定的随机性,本质上是复杂的。

这两种观点在历史上最著名的故事便是爱因斯坦和丹麦物理学家玻尔(Niels H. D. Bohr,1885—1962)围绕量子力学的解释所展开的关于物理世界本质的争论(图 4-22)。他们均是历史上最伟大的物理学家,都对量子理论的建立做出了不可磨灭的贡献。同时,他们都是具有极强好奇心和独立批判性思维的科学家。当爱因斯坦在 1905 年第一次提出光量子的概念并成功地解释了光电效应时,玻尔对光所表现出来的"波粒二象性"持坚决反对的态度,认为一个物理现象不能有两个数学理论。直到 20 年后,他才接受了爱因斯坦的发现和学说。1913 年,玻尔用量子概念成功地解释了原子光谱现象,提出电

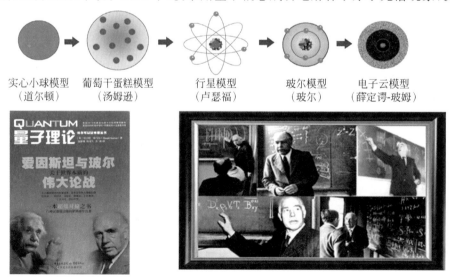

实心小球模型　　葡萄干蛋糕模型　　行星模型　　玻尔模型　　电子云模型
（道尔顿）　　　　（汤姆逊）　　　　（卢瑟福）　　（玻尔）　　（薛定谔-玻姆）

图 4-22　物理学关于世界确定与随机性的争论

子可以从一个轨道跳跃到另一个轨道,同时获得或丧失相应的能量并吸收或释放等能量的光子。爱因斯坦对此开始表示怀疑,但后来也接受了这个在当时被认为并不完善的模型。随着量子力学理论的进一步发展与完善,关于对微观粒子行为的概率解释,特别是 1925 年德国物理学家海森堡(Werner K. Heisenberg,1901—1976)提出矩阵力学和测不准原理后,爱因斯坦对量子力学的物理解释开始产生巨大的怀疑和不满。在爱因斯坦看来,一个独立于知觉主体的外在世界是一切自然科学的基础。而玻尔却认为,物理学并不能告诉我们世界是什么,我们只能说观察到的世界是什么。爱因斯坦对玻尔说:亲爱的,上帝不掷骰子!玻尔的回答是:爱因斯坦,别去指挥上帝应该怎么做!而英国物理学家霍金(Stephen Hawking,1942—2018)的评论却更加精彩。他说:上帝不但掷骰子,还把骰子掷到我们看不见的地方去!好在这些伟大的论战只是限于思想领域的争论和探索,对我们实际生活中的科学、技术和应用还没有产生实质性的影响。

对世界规律认识基本问题的讨论不仅发生在物理学界,也以不同的方式反映在另一个基础科学领域:数学。与物理学不同,数学被认为是一种不受现实约束的理性科学。数学模型只受到数学家逻辑思维的限制。德国数学家大卫·希尔伯特(David Hilbert,1862—1943)在 1928 年就提出了一个数学的可判定问题(图 4-23),即是否存在一系列有限的步骤能够判定任意一个给定数学命题的真假?当时在数学界有一种普遍观点和期望,即认为数学理论是完备的,可以判定任何命题。这种观点和愿望在 1931 年被奥地利数学家库尔特·哥德尔(Kurt Gödel,1906—1978)彻底粉碎。哥德尔证明,任何一个形式系统,只要包括了简单的初等数论描述,而且是自洽的,它必定包含某些系统内所允许的方法既不能证真也不能证伪的命题。

大卫·希尔伯特

不可证明
可证明

库尔特·哥德尔

图 4-23　数学关于可判定性问题与讨论

数学的可判定性问题可以进一步归结为所谓"可计算性"问题,即假设一个函数 F 的定义域为 D,值域为 R,如果存在一种算法,对 D 中任意给定的 x,都能计算出 $F(x)$ 的值,则称函数 F 是可计算的。一般来讲,"可计算性"可以有多重含义。首先,函数定义本身意味着给定自变量域中的任何一个值,在函数域内便对应有一个唯一的值。若此假设不成立,则此问题的前提便不存在。这意味着如果现实中的问题不能被严格抽象为一个符合函数定义的数学问题,这个问题本身便是不可计算的。也就是说世界上的实际问题总比数学问题多(图 4-24)。其次,在满足函数定义的前提下,是否可以找到一个算法,能够在给定 x 之后,求出函数 $F(x)$。若可以,则这类函数称为可计算函数。因此,世界上实际问题中,只有一部分是数学问题;而所有的数学问题中,只有一部分是可以求解的可计算问题(图 4-24)。

可计算理论研究的创始人（从左至右）：希尔伯特、图灵、哥德尔、丘奇

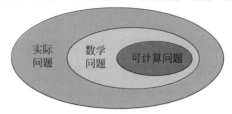

图 4-24 可计算性问题

一个可计算的函数均可以被看作是一台虚拟的计算机或机器，它可以接受一些输入数据，对这些数据执行一系列操作，并在一段时间后给出一些输出数据。输入数据属于一个符号集（样本空间）。在这个符号集中根据某种结构规程（即编码规则）确定机器所允许接受的字符串称为计算机的语言，而所有可能的算法均是这些语言的组合。可以证明，满足以上定义的函数是"无限不可数"的，但计算这些函数的算法却是"无限但可数"的。这意味着一定有一些函数，甚至大多数函数是不可计算的。这些问题是由英国数学家阿兰·图灵（Alan Turing，1912—1954）和美国数学家阿隆佐·丘奇（Alonzo Church，1903—1995）首先回答的。

数学世界的复杂性和物理世界的随机性从两个极端限制了人类对客观世界认识的极限。这些所谓极限是否会限制人类认识和改造世界而持续进化发展，目前我们还不清楚。即使在这些极限之内，人类对客观世界的认识仍有巨大的未知前沿去探索（图 4-25）。也许我们可以认为相对于人类有限的"已知"，宇宙间尚未发现的"未知"却是无限的。特别是对于一个有限的社会群体和个人来讲，知识可以认为是"无限"的。知识的前沿给我们带来最大的挑战是我们面对的未知客观世界更加复杂、随机和动态。这对人类对知识的学习、吸收、应用和发现所提出的要求更高。

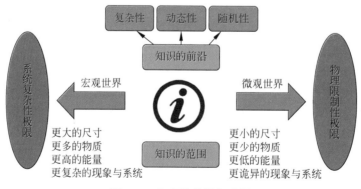

图 4-25 知识的前沿与边界

4.7　知识的作用

人类获取和利用知识,无论最初的动机或发生的情境如何,均具有明确的动机和作用。对于任何人类个体或组织,所处的环境和面对的问题是复杂、随机和多变的。为了更有效地适应这种外部环境而生存与发展,唯一的方法就通过发现、获取和运用知识来提高认识和改造世界的水平和能力。正是因为具有先验的知识,个人和组织才能够从不确定性的世界中做出更准确和有效的分析、判断和决策,并在此基础上指导和改变行为以达到所期望的目的。所以,从本质上讲,知识与信息具有相同的作用,那就是消除所获取数据中的不确定性。但知识更加强调效用的最终结果,它必须同时满足或趋于客观正确性和主观可信性两个判据。知识越多,对客观世界不确定性的驾驭能力则越强,且主观世界也更加丰富多彩。

为此,我们引入知识的第三个法则,即:

人类通过获取和应用知识来认识和改造客观世界。

人类追求和应用知识,其基本动机是为了满足本身生存和发展的需求。那么知识对于人类有哪些作用呢? 换一句话说,知识有什么用途和价值呢? 根据美国管理学大师詹姆斯·马奇(James Gardner March,1928—2018)的观点[图 4-26(a)],知识对人类的主要作用,或人类学习、掌握和应用知识的主要动机有两个,一是生存与发展,二是表达与交流。生存与发展主要是满足人类"物质"的需求,而表达与交流则是人类的"精神"需求。这两者之间既有区别,又有联系。关于人类的需求,美国心理学家亚伯拉罕·马斯洛(Abraham Maslow,1908—1971)[图 4-26(c)]认为人类的动机和需要作为一个有机整体可以分为五个层次,最底层的是生存(或生理)需要和安全需要;在此之上是归属与尊重(被爱)的需要。最高层次的需要是自我实现。一般来讲,只有当人的低层次需求被满足之后,才会去寻求实现更高层次的需要。所以,知识首先要满足人类生存与发展的需要,再就是通过表达与交流实现人类的归属感、尊重感,最终达到自我实现的最高境[图 4-26(b)]。

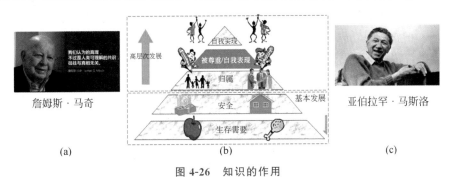

(a)　　　　　　　　(b)　　　　　　　　(c)

图 4-26　知识的作用

早期的人类对火的认识——从恐惧到利用和掌握——是人类文明的开端和知识的胜利[图 4-27(a)]。原始人不仅意识到火的巨大危害和风险,更认识到它的用途和价值。火的用途很多,如狩猎、取暖、照明等,但最普遍、最重要的应用是烹饪,烹饪为人类进化带来的不仅是健康美味的食物,更重要的是经过火处理后的食物更容易咀嚼,大大减少了人类通过食物获取能量所需的时间和精力,从而帮助人类演化成为神经元最多的灵长类动物,即智人。巴西神经科学家苏珊娜·埃尔库拉诺·乌泽尔(Suzana Herculano-Houzel,1972—)教授研究表明,决定大脑功能的关键不在于它本身的容量或体积,而是其中神经细胞的数目。两者的关系对于包括人类在内的全部哺乳动物基本相同。问题是为什么人类具有相对于身体细胞数最多的大脑呢?这是因为大脑所消耗的能量直接与所含的神经细胞数呈正比,人类大脑因此消耗了25%身体消耗的全部能量。之所以能够做到这一点,是因为智人发明了用火来烹饪,大大提高了人类从食物中获取能量的效率,而其他动物因只能吃未经处理的生鲜食物,获取能量的效率太低。所以,正如图4-27(b)所示,人类对火的创新使用,迅速提高了大脑的容量,特别是大脑中神经细胞的数量,使其最终成为主宰地球的"动物之王"(引自:《最强大脑:为什么人类比其他物种更聪明》,中信出版社)。

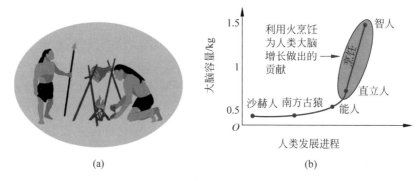

(a)   (b)

图 4-27 人类对火的知识与作用

进入工业社会之后,对人类生存最大的威胁之一是疾病,尤其是大规模传播和蔓延的传染性疾病。14世纪中叶,席卷整个欧洲的"黑死病"(即鼠疫),夺走了2500万欧洲人的性命,占当时欧洲总人口的1/3,其中英国丧失近一半人口。开始人们对此疾病的病源和传播途径浑然不知,甚至认为这是上帝对人类的惩罚[图4-28(a)]。直到1894年,才发现和证实此疾病是由鼠疫杆菌所引起的[图4-28(c)]。这种细菌寄生于跳蚤,并借由黑鼠等动物进行传播[图4-28(b)]。随着对这种病菌防治知识的不断增加,如今鼠疫在世界上虽然没有完全灭绝,但发病率已经极低。历史上另一种恶性传染病是天花[图4-28(d)]。16—18世纪,欧洲平均每年死于天花的人数约50万,亚洲约为80万。整个18世纪,欧洲死于天花的人数估计在1.5亿以上。中国古代发明了人痘接种法,为人类征服天花的"免疫法"做出了最原始的贡献。18世纪英国乡村医生爱德华·琴纳(Edward Jenner,1749—1823)通过观察和实验,发现和证实在人体上做牛痘接种,可以对天花产生终生免疫[图4-28(e)]。这种方法,尽管已经实验证实真实有效,但在当时仍受到大众的怀疑和嘲笑。图4-28(f)是1802年英国关于牛痘接种的人长出牛头的漫画,反映了当时大众对此科学发现与发明的错误认识和荒唐态度。1980年,第33届世界卫生大会宣布在全球范围内已经消灭天花,之后再也没有发现天花病例。这是迄今为止唯一被彻底消灭的传

(a) 欧洲"黑死病"瘟疫　　(b) 传染渠道　　(c) 鼠疫杆菌

(d) 天花病毒与疾病　　(e) 琴纳做牛痘接种　　(f) 关于牛痘接种的漫画

图 4-28　知识与生存：传染病

染性病毒。

关于知识与生存关系最直接的写照是人类平均寿命的提高。自公元前 500 年到 19 世纪中叶,全球人口的平均寿命提高缓慢,仅从 20 岁增加到 30 岁左右。科技知识的产生和积累提高了人类的医疗和健康水平,特别是大大减少了婴儿早夭率。自 20 世纪以来,人类平均寿命迅速提高,2015 年超过 79 岁。当然,世界各个区域因教育、科技、经济和社会发展水平的差异,人均寿命的差异化较大,如 2015 年欧洲人的平均寿命超过 80 岁,而非洲人的平均寿命却只有 60 岁。

但需要指出的是,有些知识本身却是具有破坏作用的。许多知识本身是中性的,但若应用不当也能产生破坏甚至毁灭性作用。物理学关于原子核聚变的知识本身是中性的:它可以用于建造发电站,造福人类;也可用来制造核弹,摧毁人类。第二次世界大战期间,美国、苏联、英国和中国等组成的反法西斯联盟国(图 4-29)和以德国法西斯为首的轴心国之间围绕研制核弹展开了一场惊心动魄的战略竞赛。双方均具有当时世界一流的物理学家:美国有从欧洲移民的爱因斯坦(Einstein,1921 年获诺贝尔物理学奖)、玻尔(Bohr,1922 年获诺贝尔物理学奖)、奥本海默(Oppenheimer)等,德国有留在本土的海森堡(Heisenberg,1932 年获诺贝尔物理学奖)、哈恩 (Hahn,1944 年获诺贝尔化学奖)、劳厄 (von Laue,1914 年获诺贝尔物理学奖)、波特(Bothe,1954 年获诺贝尔物理学奖)等。最终的结果是美国于 1945 年 7 月首先研制成功原子弹,并于同年 8 月投在日本广岛和长崎,提早结束了这场造成 7000 万人死亡和 5 万亿美元损失的世界大战。设想一下,如果是纳粹德国首先研制成功原子弹,战争的结果和人类的命运可能会是另外一种情形了。

人类知识与发展的关系十分密切和明显。在进化过程中,在 5 万—10 万年前现代的智人出现之后,人类本身基于生理的生存和发展能力并没有明显的变化与提高。推动人类社会发展进步的主要驱动力,来自人类所创造和应用的科学知识与技术能力!这些知识与能力,一方面不断加深人类对客观世界运行规律的认识,另一方面不断提高人类对客观世界的驾驭和改造。科技创新与进步所带来最直接和明显的结果是经济水平的提高。以国民生产总值(gross domestic product,GDP)作为衡量指标,全球 GDP 随着工业

斯大林、罗斯福和丘吉尔

希特勒

爱因斯坦和奥本海默

海森堡

图 4-29 核聚变的知识：生存还是毁灭？

革命的开启呈爆炸性增长，从公元 1 世纪初的约 18 亿美元到 2015 年的 108 万亿美元（以 1990 年国际元衡量），增长了大约 60 万倍。即使去除同期全球人口大幅增长的因素，全球人均 GDP 的增长也呈现出同样的趋势，增加了十几倍。

印证知识与发展的一个现实生活中的例子是知识与个人工作稳定性和收入的关系。一般来讲，一个人的学历越高，所学习和掌握的知识便越多。根据 2011 年美国对不同学历的人群在失业率和平均周收入的统计结果，最高学历的博士学位和专业学位获得者与高中以下学历的人群相比，失业率仅为后者的 17.7%，平均收入却分别高出 3.44 倍和 3.69 倍（图 4-30）。在中国社会中，通过教育获得知识能力和社会资源长期以来一直是提高和改变个人经济与社会地位的重要途径。不过在应试教育体制下，知识与能力的作用更倾向于取得和达到某些标准的考试和评价体系的要求，而不是创造对发展经济和文明有价值和意义的贡献。在竞争十分激烈残酷的社会中，这种体系是一柄双刃剑，一方面确保教育资源的公平分配，另一方面却带来教育资源的巨大浪费。

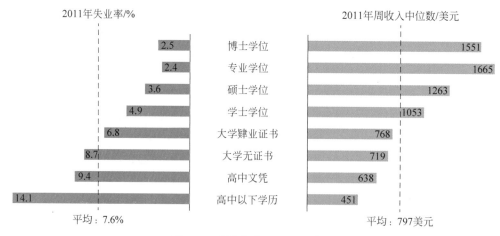

图 4-30 学历与收入及风险水平

关于知识能够产生经济价值和社会价值,一个比较有说服力的例子是知识密集的高等学校毕业生及教师等校友所创办的公司带来了社会和经济贡献。如成立于 1636 年的哈佛大学,根据 2015 年的统计,其校友共创办了当时仍在运营的 146 429 家公司,创造了 2000 万个工作岗位,年销售额高达 3.9 万亿美元,按 GDP 排名全球第四,与日本相当(图 4-31,第一列)。另一家著名高校斯坦福大学(建于 1885 年)的校友创办了 39 900 家企业,创造了 540 万个工作,年销售额为 2.7 万亿美元,按 GDP 排名第五,与法国相当(图 4-31,第二列)。MIT(建于 1861 年)也不甘落后,其校友共创办了 30 200 家企业,雇用了 460 万员工,产生了 1.9 万亿美元的销售额,按 GDP 排名第八,与意大利相当(2015年)(图 4-31,第三列)。用同样的标准来衡量,目前中国的大多数高校,由于科研和教育发展水平限制和价值导向迷茫,还存在巨大的差距。2019 年另一项对全球大学个人净资产高于 3000 万美元的极高净值校友(Ultra high net worth alumni)排名表明,哈佛大学共有 13 650 位富豪校友,总净资产高达 4.769 万亿美元,排名第一,人数高出排名第二的斯坦福大学 2 倍之多(5580 位高净值校友和 2.899 万亿美元资产),而 MIT 有 2785 名富豪校友,净资产为 0.99 万亿美元,名列第五。上榜的中国高校是清华大学和北京大学,分别共有 1090 和 905 名富豪校友,总净资产分别为 0.491 万亿和 0.545 万亿美元,排名 31 和 35。需要指出的是,这些人的财富大多数是由个人创办的企业所创造的,而不是世袭和传承家庭的财富,前者的比例哈佛占 79%,斯坦福和 MIT 占 78%,清华占 89%,北大占 73%[①]。

学校	哈佛大学	斯坦福大学	MIT
成立时间	1636年	1885年	1861年
公司数量	146 429家	39 900家	30 200家
工作位置	20.4百万个	5.4百万个	4.6百万个
年销售额	3.9万亿美元	2.7万亿美元	1.9万亿美元
GDP排名	4(日本,2015)	5(法国,2012)	8(意大利,2015)

图 4-31 大学的经济价值贡献

在认识和改造客观世界的同时,人类作为个人和群体也通过各种方式表达和交流自己的思想、感情和愿望。人文主义作家和历史学家德里克·房龙(Hendrik van Loon,1882—1944),在他 1937 年出版的《人类的艺术》一书中,对史前、古代到现代人类所创造的各种艺术做出了深入浅出、精彩绝伦的描述。他说:"人类即使在最了不起的时刻,比起自然界,也是弱小无助的。自然界与人类接触是通过万物,人类则以万物来表达自己。

---

① 原始文献:University Ultra High Net Worth Alumni Rankings 2019. Wealth-X,2019.

而这种表达,在我看来,就是艺术。"艺术的载体也是数据,不同形式的艺术均是用来表达某种特定的含义和意义的。房龙博才多学,精通10种语言,具有精湛的音乐(小提琴)技艺。他的著作出版后,久盛不衰,仅在中国就有数不清的版本(图4-32)。虽然书中的内容相同,但封面却风格各异,也许是不同的编辑和出版商的不同个性表达吧。

图 4-32 知识与表达

人类知识在用来提高生存和发展水平的同时,也用来表达和彰显个性与价值。正如马斯洛的需求模型所描述的那样,人类在生存和安全基础上更高级的需求是在所处的社会群体中获得归属感和被尊重,从而实现自己的价值。由于对"价值"概念的理解不同,人类所表达的方式对不同的社会群体、在不同的发展时期的表现也各不相同。

古埃及法老为自己修建金字塔作为陵墓,以求死后超度为神[图4-33(a)]。修建金字塔的工程从精湛的设计到浩大的施工,代表和凝聚了当时最先进的理念和知识。法老胡夫于约公元前2670年为自己建造的金字塔是世界上最大的金字塔。塔高原为146.59m(注:因年久风化,目前的塔高为136.5m),塔身用230万块巨石堆砌而成,每块石料重达1.5~160t。同样,中国古代第一位皇帝秦始皇为自己陵墓打造了巨大的兵马俑阵列[图4-33(b)]作为殉葬品。根据《史记》记载,秦始皇陵由丞相李斯主持规划设计,耗时39年建造。秦始皇陵兵马俑坑中出土了上千件兵马俑和4万多件青铜兵器。兵马俑的塑造,艺术手

(a) 埃及胡夫金字塔
(约公元前2670年)

(b) 秦始皇兵马俑
(公元前247—前208)

图 4-33 农业社会的知识与表达

法精湛、细腻、明快,装束、神态栩栩如生、各不相同。各种青铜兵器均经过铬化处理,在土中埋葬两千多年后依然刀锋锐利,闪闪发光,表明当时冶金技术极高。古埃及法老和中国皇帝用这种"劳民伤财"的极端方式表达自己的愿望和彰显自己的个性,对当时的社会也许是一场巨大的灾难与浩劫,却为后人留下了宝贵的文化遗产。

进入工业化的资本主义社会之后,以往农业封建社会中皇家贵族表达和彰显个性的方式不再盛行,取而代之的是欧洲 14—16 世纪"文艺复兴"时期的人文主义精神。人文主义主张以人为中心而不是以神为中心,肯定人的价值、尊严和追求幸福与自由的权利。文学方面的代表人物是英国戏剧家、作家和诗人威廉·莎士比亚(William Shakespeare,1564—1616),他创作的作品包括《罗密欧与朱丽叶》等 37 部戏剧、154 首十四行诗、两首长叙事诗。莎翁戏剧的不同语言版本和表演次数远超过其他所有戏剧家的作品[图 4-34(a)]。另一位代表人物是西班牙小说家、剧作家和诗人米格尔·德·塞万提斯·萨维德拉(Miguel de Cervantes Saavedra,1547—1616),他创作了《唐·吉诃德》,塑造了一个幻想自己是中世纪骑士,周游四方,行侠仗义,却做出许多与时代相悖的事情,四处碰壁的人物。这是西方文学史上的第一部现代小说[图 4-34(b)]。"文艺复兴"时期也出现了一批才华横溢、成就非凡的艺术家,其中最具代表性和影响力是意大利的列奥纳多·达·芬奇(Leonardo di ser Piero da Vinci,1452—1519)。他集美术、雕塑、建筑、地理、工程、科学、哲学和音乐等于一身,被称为"文艺复兴时期最完美的代表人物"[图 4-34(c)]。壁画《最后的晚餐》、祭坛画《岩间圣母》和肖像画《蒙娜丽莎》是他一生的三大杰作。

(a) 威廉·莎士比亚　　　(b) 米格尔·德·塞万提斯·萨维德拉　　　(c) 列奥纳多·达·芬奇

图 4-34　资本主义工业社会的知识与表达

与欧洲资本主义工业化发展的途径不同,中国社会从 1911—1912 年辛亥革命推翻了两千多年封建帝制之后,仍然停留在半殖民地半封建的农业社会,当时的中国人民思想与行为受到封建主义和殖民主义的束缚和影响。鲁迅(又名周树人,1881—1936)是那个时代最具代表性和影响力的文学家和思想家之一(图 4-35)。他早年弃医从文,通过现代小说塑造了阿 Q、孔乙己、祥林嫂等一系列人物,生动和深刻地展现和描述了中国社会中各种典型性格、行为与人生。被誉为"中国的脊梁"的鲁迅,是中国五四新文化运动的先驱,他用笔作为最有力的武器,以"横眉冷对千夫指,俯首甘为孺子牛"的精神,努力将中国人民从封建的思想中解救出来。鲁迅著作中所表达出的对中国社会各种人与事的批判、忧虑、同情和热爱,不仅反映了他的才华与智慧,更彰显了他的性格与勇气。

人类表达个性和相互交流的内容(思想、心理、感情等)长期以来也许并没有发生太大的变化,但表达和传播的媒介却由古代的物理媒介到今天的数字媒体,发生了巨大的

图 4-35　半殖民地半封建中国的知识与表达

变化(图 4-36)。特别是数字和网络技术的诞生和进步,极大地降低了人类表达和交流的成本,提高了效率和便利程度。过去仅限于少数皇家贵族、才子佳人所拥有的特权和优越,今天成为大众普遍拥有和享受的权利和方便。平民大众现在可以通过自媒体、社交网络等数字网络化平台自由平等地表达自己和相互交流。人类不仅学会用数据记录生活,也通过想象力和创造力为自己塑造了一个绚烂多彩的虚拟世界来表达和分享自己的思想与情感。源于生活,高于生活,是人类表达自己所追求的更高境界。

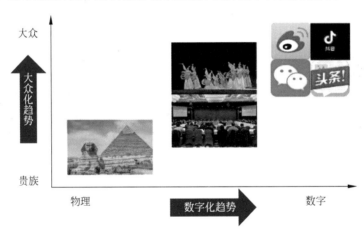

图 4-36　人类表达与交流方式的演变

4.8　知识的挑战

自人类进入工业革命时期以来,所产生的知识量发生了爆炸性增加(图 4-37)。这无疑给人类带来了巨大价值,同时也是巨大的风险与挑战。人类基因中的知识通过先天遗传继承传播和自然选择仍在进行,但在同样的时间尺度下所发挥的作用可以忽略不计。所以,知识的产生、传播和应用主要还是后天的探索和学习的结果。但知识的总量不断增加,学习和应用的成本和难度也不断提高。面对知识的爆炸性增长,人类该如何应对呢?

人类对应知识增长的基本策略之一是专业化。最初的科学知识主要是哲学,即研究"一切"的科学知识。后来更多的学科如数学、物理学、化学、生物学才是在不同的领域和方向实现专业化[图 4-38(a)]。根据 2009 年发布的《中华人民共和国学科分类与代码国家标准》,我国目前共设自然、农业、医学、工程技术和人文社会科学 5 个学

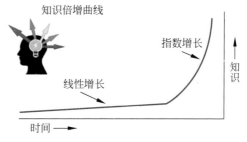

图 4-37 知识的挑战:爆炸性增长

科门类,下设 62 个一级学科、748 个二级学科、近 6000 个三个学科。每一个专业学科均包含大量的基础和专业知识,而且每个专业的新知识不断涌现,所对应知识量迅速增加。但人类作为个人通过学习所能获得的知识是有限的,可以用个人总比特数来衡量。假设平均每个人一生所能学习掌握的知识以数据量来衡量是一个常数,那么最有效、也许是唯一能够应对知识不断增长的方法就是专门化,即人类通过分工使得每个人围绕不同的细分专业领域进行学习和掌握专业知识。所以过去和现在的知识分子所学习和掌握的知识虽然"数量"可能差别不大,但"内容"却有很大的不同。过去的知识分子,如北宋时期大知识分子苏轼(1037—1101)不仅在诗、词、散文、书、画等方面取得很高成就,也因生活所迫从事修路、种田、烹饪等方面的探索和研修,所发明创造的"东坡肉"至今流传不衰[图 4-38(b)]。这种生活和学习方式在今天已经不再是主流。一个例外是目前生活在北极的因纽特人,他们的生存和生活知识涵盖衣食住行各个方面,十分丰富,但在所有方面均比较肤浅和粗糙[图 4-38(b)]。而今天的知识分子,如工作生活在美国硅谷和上海张江的高科技专业人士,虽然在自己的专业领域具有高深的知识与精湛的技能。但是,他们在生活以及工作的其他方面的技能却可能比较欠缺,远远不及一个因纽特人的生存与生活知识与技能[图 4-38(b)]。

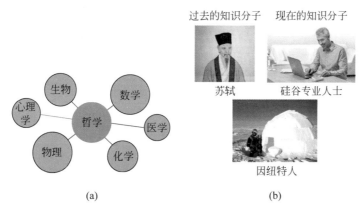

(a)　　　　　　　　　　(b)

图 4-38 科学知识的分支与细化

人类知识的学习运用专门化本身并不一定能带来价值。换句话说,一个孤立无援的专家是很难生存和发展的。试想我们把硅谷的专业人士送到北极去生活,恐怕很难生存。反过来我们也不可能回到因纽特人那种自食其力的原始生活方式。这里的关键是

许多专家通过合理的分工与合作才能创造更大的价值从而更好地生存与发展。哈佛大学教授里卡多·豪斯曼（Ricardo Hausmann，1956—　）和 MIT 教授凯撒·伊达尔戈（César Hidalgo，1979—　）的研究发现，人类社会专业知识分工协作的程度和水平决定了知识的价值创造力，只有这种专业与综合知识的有机结合才能形成"产出性知识"，正是这种产出性知识才能创造出更复杂的高端产品与服务。他们将这种现象定义为"经济复杂性"。一个国家或组织所能产生的经济复杂性与它所创造的平均价值（如人均 GDP），具有很强的相关性。通俗地讲，一个国家或组织中在一起协同工作的不同相关领域的专家越多，这个国家或组织就越可能创造出更复杂的高级产品与服务，从而产生更大的价值。如图 4-39（a）所示，其中横坐标为人均 GDP，纵坐标为经济复杂性。世界发达国家（如美国、日本等）经济复杂性高，所对应的人均 GDP 也高。而发展中国家（如印度）处在另一个极端。令人鼓舞的是，中国虽然目前人均 GDP 还比较落后，但是整体国民知识结构产生的经济复杂性却相对较高。作为个人来讲，首先需要具有自己的专业，即在一个特殊领域内获得专业知识和技能，成为某个专业领域的专家。同时，必须学会并能够与相关其他领域的专家配合合作，共同解决科学、工程和应用方面的问题。为了更好地从事跨学科领域的合作，还需要对更多学科的基础知识有一定的了解。这就是所谓"丁字形"知识结构的人才［图 4-39（b）］。

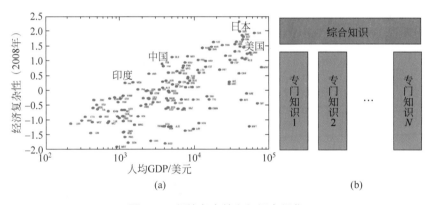

图 4-39　经济复杂性和知识专门化

　　始于 19 世纪欧洲的现代高等教育体系正是在知识专业分工的基础上建立的（图 4-40）。学校首先将学科划分为几个大类（如数学、物理、生物、医学、工程、社会等），针对各类学科设置和教授相关的基础知识，并在此基础上开设更专的专业课程和技能训练。学生在高等学校学习期间，一般会首先选定一个给定的专业领域，完成该领域的基础课程后，进一步在某些专业细分领域和方向专业化，最终获取某个专业的文凭毕业。若追求更高级的学位（硕士或博士），学生的专业导向和知识领域将更加细分。所以，有人戏称一个博士学位获得者的知识结构往往是"Know Everything About Nothing"，即只在一个极窄的专业领域内知识渊博。不同专业人员之间的分工和协作、解决实际问题等是在学生进入社会之后才开始了解和实践。应该看到，过去两百年来，这种先学习专业、后参与协作实践的高等教育模式取得了巨大成功，为人类技术发展和产业革命做出了不可替代的贡献。但这种专业化分工协作模式是否能够适应未来人类社会持续发展的需要？现代大学教育培养体系应该如何与时俱进,培养能够驾驭未来技术和社会发展趋势的人才？我们在本书的后面还要做进一步深入讨论。

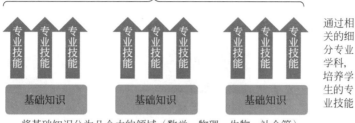

图 4-40　传统高等教育的体系与实践

　　应对现代知识量爆炸的另一个策略是数字化迁移(图 4-41),即将知识从人类生物载体向机器数字载体转移,从而实现知识的工具化。在实现知识专业化的同时,人类也开始通过对知识进行全面数字化和网络化,将物理介质中的知识转移到数字网络媒介中。与传统的物理媒体(如书籍等)不同,承载在数字网络媒体上的知识更容易查找和使用,从而大大提高了利用知识的效率,同时也降低了人类生物载体对知识存储和掌握的要求。特别是将知识赋予具有智能的机器,进一步将知识工具化。

图 4-41　知识的挑战:数字化迁移

　　现代科学知识首先是由一系列概念定义和理论模型描述的。如电磁场的理论首先明确定义电场、磁场、电荷与电流等物理量,并给出这些物理量在介质中空间和时间变化的关系,即麦克斯韦方程组[图 4-42(a)]。麦克斯韦方程给出了电磁场之间所遵循的普遍制约关系,但不是电磁场的显式表达。它的数学解答给出了电磁场在任何介质结构中存在和变化的普遍规律,但只能在某些特殊和理想的条件下才能得到解析的形式;或者不得不对一个实际问题做许多理想假设,甚至过度简化才能精确或近似求解。在传统的学习和应用中,人们往往花费大量的时间和精力去推导和学习这些理想化假设和近似性的公式和解答。这样做的好处是可以通过相对简单的数学公式和分析,获得和加深对于电磁场物理概念的理解。缺点是这些解答与实际问题相距较远,并且推导这些解析或(和)近似解答的方法一般不适用于解决实际问题。数值计算方法的普及和计算机算力的提高使得在实际情况下精确求解麦克斯韦方程成为可能。如 20 世纪 70 年代发展的有限差分时域法可以在任意介质和结构下精确计算电磁场在空间和时间的分布变化[图 4-42(b)]。进一步将这种算法发展为能够模拟仿真电磁场的软件工具,使得从事电磁场模拟、仿真和分析的人员只需要具有电磁场物理概念而不需要高深数学知识和技能便可解决实际问题。这种程序性知识工具化的趋势大大提高了人们利用知识解决实际问题的能力和效率,也在很大程度上使得传统课堂上所教和所学的许多程序性知识(如烦琐的数学推导等)失去了原先的威力和价值[图 4-42(c)]。

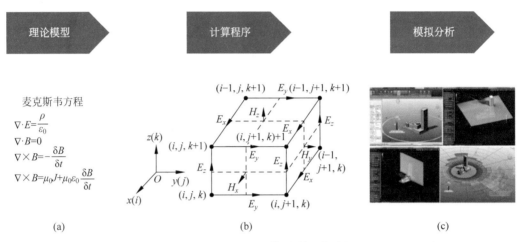

图 4-42　科学知识:模型、算法与分析

在数字网络时代,程序性知识迅速被基于计算机算法的各种软件工具所替代(图 4-43)。如前面提到的求解麦克斯韦方程的数据算法程序可以做出计算机软件放在云端的计算中心。任何用户均可以通过宽带互联网随时随地、无时无刻根据需要使用。这种知识由生物媒介到数字媒介的迁移,大大提高了我们运用知识解决问题的能力和效率,也减少了学习知识的成本。同时,这些工具性知识对于使用者来讲只是一个"黑盒子",使用者无法了解、改变和控制这些工具内部的工作原理和机制,而这些公众化和商

图 4-43　数字网络时代的知识性工具

业化的工具往往是由少数机构和组织（如企业）所拥有和控制。对各种知识工具和平台的高度依赖是数字网络时代人类不得不面对的现实（图4-44）。

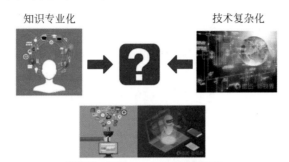

知识专业化　　　　　　技术复杂化

数字化、网络化、工具化和智能化

图4-44　人类知识的挑战

无论如何，知识的专业化和数字化，特别是知识载体的智能化对人类带来的影响将是巨大和深远的。对此，我们如何估计都不过分。智能也包括获取知识的功能和能力，这个曾经将人类推向世界主宰的数据工具和竞争优势，在数字化的大趋势下，开始由生物世界向数字世界迁移。这是人类进化过程中一个巨大的范式转变。可以预见，掌握了获得和运用知识能力的机器将更好地服务于人类的各种需求，为人类社会创造前所未有的价值。但另一方面，人类需要重新思考和决定在新的工作和责任分工情况下，作为整体或个人应该如何学习、掌握和探索知识才能在未来社会进化和竞争中立于不败的地位？这个话题，我们将在"自然智能"和"人工智能"篇中继续深入探讨。

本篇小结

1. 知识的定义
- 知识是关于客观事物存在方式和运动规律抽象化和结构化的数据，必须满足客观正确性和主观接受度条件。

2. 知识的分类
- 描述性与程序性、显性与隐性、公共性与私密性。

3. 知识的来源
- 知识第一法则：客观世界的存在与变化遵循一定规律，这些规律能够被人类主观发现和认识从而产生知识。
- 知识第二法则：所有知识均有可能通过某个智能学习算法从数据中获得。
- 知识来源的学派：理性学派与感性学派。
- 知识获取的方法：演绎法与归纳法。

4. 知识的渠道
- 先天遗传、后天学习和群体传播。

5. 知识的形式
- 理论模型的特点与局限。

6. 知识的边界

- 随机性和复杂性。

7. 知识的作用

- 知识第三法则：人类通过获取和应用知识认识和改造客观世界。
- 知识的作用：①生存与发展；②表达与交流。

8. 知识的挑战

- 知识爆炸与专门化；
- 知识迁移与智能化。

讨论课题

1. 知识的概念问题：知识是主观与客观相互作用中产生的抽象性、结构性和系统性数据。

- 是否能够区分知识中客观与主观的成分？
- 如果不能，为什么？
- 如果能，如何区分与检验？

2. 知识的判断问题：如何判断知识的是非和对错。

- 有客观的标准吗？如果有，请说明；如果没有，为什么？
- 有主观的标准吗？如果有，请说明；如果没有，为什么？

3. 知识的平衡问题：如何平衡知识专业化和综合化的矛盾。

- 为什么普遍适用的知识往往不够精确，而高度精确的知识却只适合于较窄的领域？
- 面对技术和知识爆炸性增长的挑战，我们如何学习、掌握和运用知识以适应变化和实现自我？
- 知识数据化、网络化、工具化和智能化对我们的学习、工作以及生存发展有何价值、风险和挑战？

第

5

篇

自然智能

在讨论人工智能之前让我们先对生物的自然智能特别是人类智能做一个较为系统和全面的介绍。首先,智能是一种自然现象,是生物体数亿年和人类数百万年进化的产物和生命的高级功能。从单核细胞的自我复制、新陈代谢,特别是对环境变化的影响做出反应到多核生物神经系统的进化,最终到人类大脑皮质神经元网络的形成,生物智能本身在自然界经历了不同阶段从初级简单到高级复杂的进化过程。高级自然智能是人类心智的一种能力,但不是全部。智能主要表现在能够通过获取和运用数据特别是知识做出判断与决定,指导和改变行为,从而在复杂和变化的环境中达到生存与发展的最终目的。智能的内涵是智能系统获取、处理和运用数据认识和解决问题的一系列元素和过程的组合,包括但不限于感知、抽象、识别、推理、学习、语言、情感、创造等各种能力。智能的外显可以分为几个层次:在宏观层次,智能的表现和结果是拥有智能的主体能够在复杂变化的环境中成功,或者更确切地说是导致成功的行为表现;此外,智能表现为智能心理测试所得到的结果,最典型的是智商测试,也许可以包括其他的智力因素,如情商等。在微观层次,目前可以观察到的智能是通过对大脑神经网络的直接和间接测量。但目前这些生理测量必须与心理和行为测量相关联才能产生含义和解释。

自然智能属于心理学和神经生物学的范畴,近年来已经逐渐发展成为一个融合其他学科特别是数据与智能科学的交叉学科。自然智能是一个非常古老的课题,人们对它的研究与探索有很长的历史,产生了一些极有价值的洞见,但仍有许多未知,甚至对于一些最基本的问题如智能概念的定义、智能产生的机理等也还没有科学的答案和清晰的解释。同时,关于人类智能差异和由此导致的行为表现的研究又是一个极具争议的话题,科学研究所产生的实验观察证据和科学结论与现代社会所具有的观念与愿望经常发生冲突,从而引起许多争议甚至激烈的争论。另外,由数学算法和计算能力所创造的人工或机器智能是一个热门的话题,最近所取得的技术进步和应用成果超出了行业专家的期望值,也激发了社会大众的想象力。在这种自然智能科学与人工智能技术“冰火两重天”的情况下,社会中甚至科技界对智能的概念以及相关科学技术出现了和存在着一些基本的认知偏差和概念混淆。所以,有必要对眼下的乱象做一些梳理和澄清。我们都应该成为科学知识的受益者和推广者,而不应该成为谬误和谣言的受害者和传播者。在推动人工智能技术和应用的同时,我们必须首先对自然智能的知识和研究现状有一个比较清晰的了解和认识。虽然人工智能与自然智能在许多方面仍具有很大的差别,但人工智能科学与技术却在很大程度上受益于自然智能的启发甚至模仿,同时也将是对自然智能的一些补充甚至某种替代。

从数据到信息和知识最终到智慧的过程,形式上是一个由具体到抽象的数据压缩过程,而实质上却是一个从客观到主观的数据加工处理过程,如图 5-1 所示。能够驾驭这个数据过程的系统是目前宇宙中“唯一”存在的人类智能系统,在某种程度上也包括人类所创造的人工数据系统。为了讨论方便,我们将能够对数据进行加工处理的系统通称为数据处理系统,并将数据系统大体上划分为“功能性”和“智能性”系统两类。功能性系统一般是那些可以按照给定程序指令运行的系统,并且这些程序可以通过外部手段进行编辑。功能数据系统一般只能针对某些预先设定的应用情境和条件执行和完成某些特定的任务。与功能性系统不同,智能数据系统则能够通过数据进行学习、自动编程从而获得程序性知识,并且能够针对外部不确定的环境和条件执行和完成不同的任务。功能系统的例子如可编程的计算机以及传统的存储和通信系统等,而智能系统的例子则是具有认知、推理、学习等功能的人类和动物的感官和大脑以及人工智能系统等。用信息科学的语言来描述,我们可以认为智能系统既包括"软件算法",也必须具有执行软件算法的"硬件算力",两者有机结合共同对智能的产生和运用发生作用。对于一个生物自然智能系统来讲,与人工智能系统软硬件分离的结构不同,其软件与硬件融为一体,均为大脑神经系统的有机组成部分,两者也许很难分开。另外,与人造的人工智能系统不同,自然智能系统是生命在长期进化过程中适应外部环境压力和在生态系统中竞争优化产生的结果。

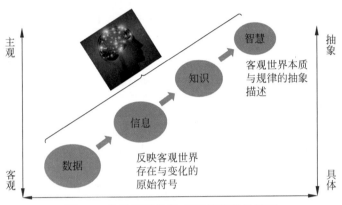

图 5-1　从数据到信息、知识和智慧的过程

在学术界和日常生活中,智慧和智能这两个不同的概念却常常发生混淆和误解。如前所述,智慧是人类智能所处理和产生的数据所能达到的最高境界和形式;虽然智慧的定义和理解有各种不同的版本,但均属于知识的范畴,本质上讲是数据。智能则是数据处理系统所具有的高级功能和最高水平,属于系统的范畴,本质上是系统,包括系统工作所需要的算法程序和算力资源。同时,智能(系统)与智慧(数据)又是密切相关和难解难分的。从逻辑上讲,智能可能包含智慧,但智慧只能是智能的一个组成部分,不等于智能。智能系统需要智慧(或更确切讲知识)数据才能有效运行,而智慧(或知识)数据需要智能系统才能发挥作用。无论采取哪种智慧和智能的定义,关于智慧与智能两个概念的区别与联系,我们可以引用《周易·系辞上》的说法,即智慧属于"形而上者谓之道",而智能则是"形而下者谓之器"。前者是上层无形的法则,而后者是下层有形的载体。所以,智能是系统"无所不能"的功能,而智慧是数据"至高无上"的形式。

5.1　智能的定义

什么是智能或智力呢?[①]　在回答此问题之前,我们可以根据自己日常生活与工作的经验简单地将智能或智力现象等同于一种特殊的能力如"聪明"的表现。虽然我们不一

---

① 在英文中智能和智力均翻译为 intelligence,所以在本书中我们认为智能与智力为同一概念而不再做区分。

定能够严格定义什么是聪明,却可以很容易辨别个体智力行为表现的特点和个体之间的相对差别。

在现实生活中显而易见的事情到了学术界却变得复杂和深奥。而哪些行为表现可以被归入智能的范畴?如何测量和衡量这些智能行为表现?决定智能的内外部因素和条件是什么?智能对智能主体(人、动物以及其他智能系统)可能带来哪些影响与产生什么结果?长期以来,对智能概念的定义与解释可以说是众说纷纭,如何给出一个简明扼要的定义与解释一直是学术界探究追寻和争论的焦点之一,直到今天也没有达成一致的意见和最终的结论。早在 1921 年的一次心理学家的学术会议上,17 位科学家各自给出了不同的智定义,如"抽象思维的能力""获取知识的能力""从经验中学习和获益的能力"等[1]。在 1986 年的一次美国心理学会议上,25 名科学家给出了 24 个不同的定义,仍无法对智能概念取得一致的意见。在 1987 年对 1000 名专家所做的问卷调查中,抽象思维或推理、解决问题的能力和获取知识的能力被列为智能因素的前三位。1994 年,在由 52 位智能科学研究者发布的《华尔街日报》的一篇公开编者按文章中,智能被定义为一种普遍的心智能力,其内涵涉及推理、计划、解决问题、抽象思维、理解复杂概念、快速学习和从经验中学习等,它不仅是书本学习这一种狭窄的学业技能或善于考试的"聪明",而是一种更宽更深的理解周围环境事物的能力[2]。1996 年,由 11 位心理学家组成的专家组对文献中存在的各种智能概念做了归纳和总结,认为智能主要是一种理解复杂概念的能力、通过经验进行学习的能力、有效适应环境的能力、进行不同形式推理的能力以及通过思考解决问题的能力等[3]。

虽然关于智能概念所涉及的领域和范围很多很广,智能本质上是一种生物或更确切心理的特征,是心智能力的组成部分。在本书中,我们对智能的一般定义为(图 5-2):

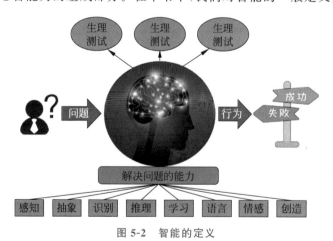

图 5-2 智能的定义

---

① 原始文献:Intelligence and its measurement,Journal of Educational Psychology,1921.

② 原始文献:GOTTFREDSON L. Mainstream Science on Intelligence:An Editorial With 52 Signatories,History,and Bibliography. INTELLIGENCE U(I),1997:13-23.

③ 原始文献:Neisser U,et al. Intelligence:knowns and unknowns. Am. Psychol,1996,51,77-101.

智能是数据系统处理数据能力的高级功能和性能,至少具备三种能力:①通过数据获取知识;②利用知识做出决定;③基于决定改变行为。智能可以通过对生理、心理和行为等的测试来衡量。智能的最终目的和判据是能够在所处环境和条件下实现有价值和意义的目标。

所以,我们更加强调智能是数据系统处理数据的一种能力,是基于数据的学习、抽象、推理和决定,并在此基础上控制、改变和优化行为的能力及表现。智能可以通过一系列生理、心理和行为测试来定量描述和衡量。智能的最终判据是其产生的行为所导致的结果是否能够在所处的实际环境和条件下实现有价值和意义的目标。智能系统输入是代表问题的数据,输出则是代表对问题分析、判断、决定和驱动行为的数据。最终衡量和判断智能系统的标准是这些行为数据是否能够指导主体的行为使之能够在与环境的相互作用中实现所预期的目标。这种目标结果导向的定义有点像"不管是白猫还是黑猫,捉住老鼠就是好猫"的实用主义观点,却可以用来作为实际中衡量智能的一个判据。从这个意义上讲,智能不仅包含与认知相关的"判断、推理与决策"系统,也包含与行为相关的"控制、执行和反馈"系统。本书中,我们更偏重于智能概念和系统中与大脑神经系统相关的认知系统和过程的特征与差别,从而忽略了智能系统中的行为系统和过程的影响与差别。这显然是一种对问题的简化,但不会对我们所讨论问题的结果造成实质性的影响。同时需要指出的是,与行为相关的功能不仅有智能系统的因素,也包括运动系统和个人性格的因素。所以,如何将这些因素分开和合理定义智能所导致的有价值和意义的结果严格来讲也是一件复杂且困难的事情。

当然,这只是众多智能定义中的一种,并不是唯一的,也不可能涵盖智能的全部内容。还有一种更为实际的定义来自美国心理学家埃德温·波林(E. Boring,1886—1968),他认为"智能就是心理测试所能测量的东西"[①]。这种定义似乎有些狭隘,却是一个务实并且符合科学方法论的选择。这是因为任何一个完整自洽的理论模型,均以对某些可观测现象的观察、实验和测量为基础来确定其适用范围和预测精度。如果没有合适的测量方法和实验结果,就无法对理论中所做的假设进行证实或者证伪,这样的理论从严格意义上讲仍是一种假说而不能被当作理论。另外一种关于智能的定义比较玄乎,但很有启发性,它来源于 19 世纪瑞士发展心理学家让·皮亚杰(Jean Piaget,1896—1980),即"智能是一种没有办法时所具有的办法"。他认为智能是一种特殊能力,使人能够应对一些先天遗传和后天学习没有遇到的特殊情境。这种超常解决问题的能力则是感知、抽象、识别、推理、语言、学习、情感和创造等认知能力的某种选择性组合。虽然皮亚杰对于智能现象的观察和见解的确十分独到,但如何通过科学实验和模型来验证和解释这种智能概念却是一件复杂和困难的事情。

关于自然和人类智能,目前所观察和注意到的一个普遍现象是个体之间在智能表现方面具有明显的差异。首先,不同物种、同一物种的不同族群以及同一族群中的不同个体之间虽然均具有许多共同的智能因素和特征,但在智能表现和行为结果方面,如理解

---

① 原始文献:Boring E G. Intelligence as the tests test it. New Repub,1923,36,35-37.

复杂概念、适应变化环境、通过经验进行学习和针对不同情形推理等均存在明显的差异。因此,我们将这个观察的结果归纳为自然智能第一法则,即:

生物个体之间在智能表现方面存在明显的差异。

这似乎是一句显而易见的大实话,却具有极其深远的生物根源和社会影响。如果我们接受这一法则,那么下一步的关键问题是如何解释和理解自然智能这种普遍存在的差异,哪些因素造成了智能方面的差别,以及这种差别所表现的特征和导致的结果又是什么。

5.2 智商的概念

最早对人类个体/群体之间智力差别进行研究的先驱是英国哲学家、社会学家赫伯特·斯宾塞(Herbert Spencer,1820—1903)和英国科学家、探险家弗朗西斯·高尔顿(Francis Galton,1822—1911)。斯宾塞是进化哲学理论和社会达尔文主义的奠基人。他从进化论的角度提出人的智力差别是人类所具有的本征生物特征,这种生物特性在进化过程中通过遗传和变异以确保人类"内部适应外部"。高尔顿是达尔文的表弟,早期在其父亲的压力下学医,后来转向数学、哲学与探险。他认为人类智能的差别是可以定量描述的,其变化规律遵循一个正态分布,并且可以由客观方法测量确定。斯宾塞和高尔顿均认为人类智力中包含共同和特殊两类成分,其中共同成分是造成个体/群体之间智力差异的主要因素。人类智力的共同成分是生物进化的结果,更多取决于遗传,并能通过一些比较简单的认知心理测试来衡量。现在看来,斯宾塞和高尔顿关于人类智力的猜想极具远见卓识。但在当时的历史条件下,这些闪光的洞见缺乏实验数据的支持和社会大众的接受。

用来衡量人类智力最常用的指标参数是智力商数即智商(Intelligence Quotient,IQ)。1905 年,法国心理学家阿尔弗雷德·比奈(Alfred Binet,1857—1911)为了测试和甄别小学生(特别是发现和挑选相对弱智儿童)的学习能力,以便采用更具针对性的教学策略,编制了世界上第一套智力量表。因缺乏客观智力衡量标准,他将不同年龄的儿童所能取得的平均测量结果定为此类儿童的心理年龄,以儿童个体的测试结果与相应平均结果的差别作为其智力水平的相对衡量。1912 年,德国心理学家威廉·斯特恩(William Stern,1871—1938)用心理年龄与生理年龄之比作为评定儿童智力水平的指数,将这个比值定义为智商,即智商＝心理年龄/实际年龄×100。1916 年,美国斯坦福大学教授、心理学家路易斯·特曼(Lewis Therman,1877—1956)把这套量表介绍到美国,修订为斯坦福-比奈智力量表。智商是一种衡量智力高低的相对指标,可以反映人或动物的观察力、记忆力、思维力、想象力、创造力以及分析问题和解决问题的相对能力等。它是通过一系列标准测试检验和衡量人在不同的年龄阶段认知能力的得分而构成的。

经典的智商定义仅适用于智力发展过程中变化较大的儿童;对于智力相对成熟和稳定的成人则会导致荒唐的结果。1939 年,美国心理学家大卫·韦克斯勒(David Wechsler,1896—1981)发现对给定人群智商进行大量测试,其结果的统计分布规律符合典型的正态分布,即著名的钟形曲线(The Bell Curve),如图 5-3 所示。若将得到的平均智商归一化为 100,则智商可以用相对于平均值的数值来衡量。请注意智商值是一个相对而不是绝对的概念。所有关于智商的数值均只是相对于它所对应的平均值而言的,本身没有任何绝对的标准。智商在 85~115(占总数 68.2%)均属于一般智商。智商高于 145 的"天才"只占 0.1%。全球智商较高的人有华裔数学家、美国加州大学洛杉矶分校数学系教授陶哲轩(230)、天体物理学家、加利福尼亚理工学院教授克里斯托弗·希拉塔(225)和韩国信韩大学教授金雄镕(210)等。另外,对于低智商的人,80~89 称为迟缓学习者,70~79 是临界状态者,50~69、25~49 和低于 24 在英文中被称为 Moron、Imbecile 和 Idiot,可以翻译为不同程度的笨蛋、蠢货、白痴或弱智等。这些本来均是中性的专业词汇,却在日常生活中被用来形容、嘲笑或贬低一些"非正常"的人和事。

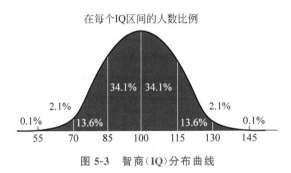

图 5-3　智商(IQ)分布曲线

　　人类个体和群体之间自然智能的差别与其行为表现和生活结果又有怎样的关联关系呢?

　　关于智商与个人学业、职业、经济以及社会等各个方面表现的关系,学术界做了许多研究。大量的研究结果表明,从统计的意义上,智商分数与个人在学业成绩、工作表现以及经济收入等方面的差别若以方差来衡量,具有较强的正相关关系(图 5-4)。请注意,方差所描述的是变量与平均值之间的差别程度,或者说"偏离"或"出格"的程度,其数值越高,说明与平均值的差别越大。相关性是指一个变量变化的同时,另一个变量伴随发生变

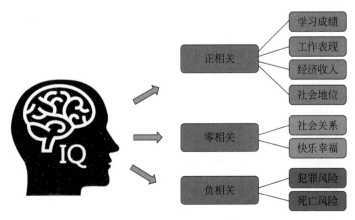

图 5-4　智商与个人事业和生活表现的关系

化的程度,可以用一个归一化的标准相关系数 r 来衡量,范围为 $-1 \leqslant r \leqslant +1$。$r = \pm 1$ 说明两个变量完全正相关或负相关,$r = 0$ 说明完全不相关。另外一个衡量相关关系的是相关系数的平方即 r^2,可以通过一个变量的变化预测和解释另一个变量的变化。若相关系数为 0.5,则可以用一个变量的变化预测和解释另一个变量变化的 25%。请注意,不同现象之间的相关性并不能确定两者之间是否具有因果关系,即一个变量的存在是否会导致另一个变量的产生,这里的逻辑是两个变量之间若具有因果关系则一定具有相关关系,但反之则未必。

2007 年一篇综论对前期多项相关研究做了全面总结分析后发现,智商差别与教育和职业表现两者标准方差的相关性为 0.57 和 0.45[1]。相比之下,智商与收入方差的相关系数较小,为 0.23,但仍然远高于其他方面的表现。也有一些对美国社会个人经济收入与智商关系研究的结果认为两者的正相关性更强,可能高达 0.4。有趣的是,研究发现智商差别对个人在社会交往和快乐幸福方面似乎没有多少关系,这似乎也符合我们日常生活的经验和印象。另外,研究发现智商与犯罪和死亡等生活的负面表现方面是负相关关系。智商高的人不仅在学业、工作和收入方面具有明显优势,也会更倾向于避免和减少生活中的犯罪和死亡等负面风险因素。英国爱丁堡大学的心理学家伊恩·迪里(I. Deary,1954—)和合作者发现,早在 1936 年苏格兰政府就对当地全部 11 岁儿童做了智商测量。他们对 68 年后(即 2015 年)仍然健在的 6.5 万人的情况和已经去世人的死因做了全面、系统的统计分析,发现年轻时智商排名在前 10% 比较组的人比排名在后 10% 比较组的人在 79 岁时死于呼吸疾病的概率低 67%,在其他疾病如心脏、中风、消化和吸烟相关的癌症等方面的概率也低 50%[2]。

图 5-5 的表格列出了 2015 年出版的专业著作中对相关研究结果的汇总[3]。表中左侧第 1 列为衡量不同成功表现的具体科目,第 2 列参数 r 为智能与成功表现的相关系数,第 3 列参数 k 为相关研究项目的数量,最后一列 N 为参与研究的样本人数。左边的表格表明智能与初级教育的学业表现相关度为 0.58,持续教育年数为 0.56,工作表现为 0.53,持续工作年数为 0.43 等。右边的表格说明智商与精神分裂症的相关系数为 -0.26,交流焦虑为 -0.13,缺乏主见为 -0.12,以及发生交通事故为 -0.12。智商与幸福的关系不大,关联度仅为 0.05。有些令人吃惊的是,智商与后代孩子的数量居然是一种负相关的关系(-0.11),表明高智商人群的后代数量反而较低智商人群更少。考虑智商与经济收入、工作表现和社会地位的正相关关系,这似乎不太符合达尔文进化论的逻辑,也许是一个值得研究的现象。

关于智商与学业成绩、工作表现、经济社会和生活状况关系的研究结果经常受到质

① 原始论文:Strenze T. Intelligence and socioeconomic success:A meta-analytic review of longitudinal research. Intelligence 35,2007:401-426.

② 原始论文:Calvin C,et al. Childhood intelligence in relation to major causes of death in 68 year follow-up:prospective population study,BMJ 2017.

③ 原始论文:Strenze T. Intelligence and success,Goldstein et al. (eds.)Handbook of intelligence:Evolutionary theory,historical perspective,and current concepts,Springer Science+Business Media New York 2015.

Measure of success	r	k	N
Academic performance in primary education	.58	4	1,791
Educational attainment	.56	59	84,828
Job performance (supervisory rating)	.53	425	32,124
Occupational attainment	.43	45	72,290
Job performance (work sample)	.38	36	16,480
Skill acquisition in work training	.38	17	6,713
Degree attainment speed in graduate school	.35	5	1,700
Group leadership success (group productivity)	.33	14	
Promotions at work	.28	9	21,290
Interview success (interviewer rating of applicant)	.27	40	11,317
Reading performance among problem children	.26	8	944
Becoming a leader in group	.25	65	
Academic performance in secondary education	.24	17	12,606
Academic performance in tertiary education	.23	26	17,588
Income	.20	31	58,758
Having anorexia nervosa	.20	16	484
Research productivity in graduate school	.19	4	314
Participation in group activities	.18	36	
Group leadership success (group member rating)	.17	64	
Creativity	.17	447	
Popularity among group members	.10	38	
Happiness	.05	19	2,546
Procrastination (needless delay of action)	.03	14	2,151
Changing jobs	.01	7	6,062
Physical attractiveness	−.04	31	3,497
Recidivism (repeated criminal behavior)	−.07	32	21,369
Number of children	−.11	3	
Traffic accident involvement	−.12	10	1,020
Conformity to persuasion	−.12	7	
Communication anxiety	−.13	8	2,548
Having schizophrenia	−.26	18	

r correlation between intelligence and the measure of success, *k* number of studies included in the meta-analysis, *N* number of individuals included in the meta-analysis

图 5-5　智商与生命表现的关系

疑。某些顶尖高校(如 MIT 等)或高科技企业(如谷歌等)的统计数据表明,学生和员工的表现与 IQ(如 SAT 分数)并没有明显的关联性。造成这种结论的主要原因是这些机构所录取的人员的 IQ(如 SAT 分数等)均落在一个很窄的范围(一般均较高),这种统计缺乏样本多样性的问题在统计学上被称为"范围局限"。正因如此,以上的结论不一定正确。在统计学上,为了建立两个变量精确的相关关系,这两个变量的变化范围必须足够大。以上关于智商与行为表现和结果关系的研究分析均是建立在统计样本多样化的前提之下的。为此,我们归纳出自然智能的第二法则:

个体之间自然智能的差别与其应对外部环境的生存能力和行为结果的差别具有较强的相关关系。

在关于智商的研究与讨论中,还有一个极具争议却又无法回避的问题,那就是个人和群体智商的差别到底是由先天遗传还是后天环境决定的?这就是所谓"Nature"与"Nurture"之争,如图 5-6 所示。一般来讲,智力既有先天遗传(如基因以及基因表达等)也有后天环境(如家庭、社会等)因素的影响。

遗传(Nature)vs.环境(Nurture)

图 5-6　决定智商的因素

但对这两类因素的相对作用和关系却有不同的观点,而且围绕这些观点的争论常常超出了心理学甚至学术的范畴,扩展到社会学并涉及道德、政治、文化和教育等不同领域。这里主要的敏感问题是如果智力对家庭、事业以及经济社会地位均具有十分重要的作用,那么"遗传决定智力"的理论如果成立,则意味着某种先天的差别是不可改变的个人特质,由此则可能会导致歧视和社会偏见,带来社会的公平失衡的问题。但是,如果我们暂且将这个敏感问题搁置,而是从纯科学的角度去研究和探讨决定人类智力差异的因素,会得出什么样的结论呢？

凭我们每个人的观察和经验，似乎两者都很重要。我们所接触到的人群中，很容易看到人与人天生智力的差别，似乎与个体之间在长相、性格等方面的差异同样自然。民间所流行的"龙生龙，凤生凤，老鼠生儿会打洞""种瓜得瓜，种豆得豆"等说法便是这种观察和观点的一种反映。另外，后天的环境也有重要的影响。假设将两个先天智力完全相同的人置于完全不同的生长环境，他们各自的智力发展水平一定会有所不同。人们一般认为一个刚刚出生的婴儿，其大脑就如一张白纸，填写什么内容取决于在后天环境中的经历影响和个人的学习内容。虽然这种观点符合逻辑，但我们不能用自己的经验和常识代替科学。那么，关于决定智力差别因素的科学研究又有哪些结论和观点呢？

前面提到的发明智商概念的英国科学家和探险家高尔顿在他的专著《遗传的天才：规律和结果》中，对 300 个家庭近 1000 个知名人物的数据进行了研究，发现遗传对个性智力的影响巨大。他认为"智力是孕育而不是培育的结果"。他说"一个人的能力，乃由遗传得来，其受遗传影响的程度，如同一切有机体的形态及躯体组织受遗传的影响一样"。在先天遗传还是后天环境的问题上，他旗帜鲜明地坚持先天遗传的作用大大超出后天环境的作用。基于这种理论，高尔顿提出了通过控制人与人之间的孕育遗传来优化人类整体智力的建议，即臭名昭著的优生学。优生学在纳粹德国和美国实施后产生了一系列违背人文伦理道德的恶果。正因如此，以高尔顿为代表的遗传论被认为是种族歧视、异端邪说，被贴上反人类的标签，成为社会上甚至学术界排斥的论点和政治不正确的话题。

迄今为止，关于智力决定论研究最有说服力的证据源自对双胞胎智力的对比研究［图 5-7（a）］。双胞胎可以分为两类：同卵双胞胎（monozygotic，MZ）和异卵双胞胎（dizygotic，DZ）。前者的基因完全相同，而后者统计意义上平均只有 50％ 相同。这些双胞胎出生后，其中有些婴儿因不同原因分别由不同的家庭收养，因此经历了不同的后天培育成长环境。在美国的俄亥俄州有一对双胞胎，1939 年出生后被两对夫妇分别领养［图 5-7（b）］。直到 1979 年 39 岁时，兄弟俩人才重新见面。他们不仅相貌体格相同，也具有惊人相同的性格、爱好和行为：儿童时，两人均养过一只狗并取名"玩具"；长大后，都与名叫"琳达"的女人结婚又离婚，又娶了名叫"贝蒂"的第二任妻子；他们都当过业余警察，喜欢在家里做木工活儿；两人都有严重的头痛病，抽同一牌子的香烟，喝同一牌子的啤酒；他们都有用牙齿咬嚼指甲的怪习惯，微笑时都把嘴咧向一边；等等。这些令人惊奇和不可思议的现象在当时受到媒体的高度关注和报道。

有时爆炸性新闻并不只有娱乐的效果。上述双胞胎的新闻也得到了美国明尼苏达大学的心理学家小托马斯·鲍查德（Thomas Jr. Bouchard，1937— ）的关注。他将兄弟俩请进自己的实验室，做了一系列专业心理测试，确证了他们之间的相似性。从 1983 年起，鲍查德对来自美国等 8 个国家的 56 对分开养育的同卵双胞胎进行了心理测验、生理测量和研究分析。他的研究成果于 1990 年在《科学》期刊上发表，在学术界和社会上引

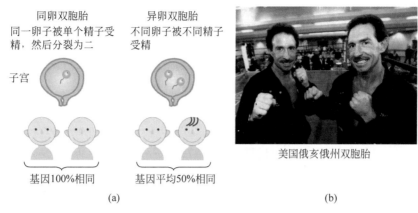

同卵双胞胎
同一卵子被单个精子受
精，然后分裂为二

异卵双胞胎
不同卵子被不同精子
受精

子宫

基因100%相同　　基因平均50%相同

(a)　　　　　　　　　　(b)

美国俄亥俄州双胞胎

图 5-7　双胞胎对比研究

起了巨大反响[①]。这项著名的"明尼苏达失散双胞胎研究"在 20 年中对 137 对双胞胎进行了大量心理测试，包括脑力技能（如词汇量、视觉记忆、算术、空间旋转想象）、性格特点和智商。所得出的结论如图 5-8 所示，同卵双胞胎即使分开抚养，其智商的相关性也高达72％，与一起抚养的 86％ 相比仅有 14％ 的差别。类似的结果也在其他血缘兄弟的比较研究中得到证实。鲍查德团队的研究表明，IQ 差异中 70％ 要归因于先天遗传因素的不同，30％ 可归因于环境所造成的影响。在过去的几十年中，许多科学家对处于不同环境和具有不同遗传关系的人群在不同的样品数量范围内做了全面系统的研究分析。将这些数据利用统一模型进行分析后得出的结论是人类智力的差别至少 50％ 纯粹是由于遗传差别而造成的，而相同（共享，shared）和不同（分开，non-shared）环境带来的影响分别是 25％ 和 20％，最后 5％ 是测量智力所产生的误差。

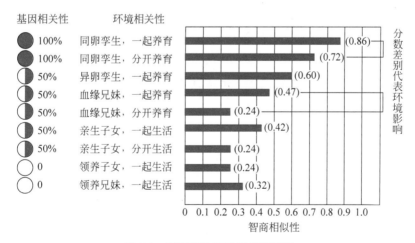

图 5-8　明尼苏达双胞胎智商研究

① 原始文献：Bouchard T，Lykken D，McGue M，et al. Sources of human psychological differences：The Minnesota study of twins reared apart，Science，1990，250，223-229.

关于环境的影响,他们认为基因驱使个人对外部环境和自身行为做出选择,而不是被动地为环境所影响。也就是说,人对外部环境的影响并不是被动接受而是根据个人遗传基因所带来的差异化偏好做出主动的选择。这种选择又会反过来对智能产生影响。从这个意义上讲,环境对基因的差异起到了放大而不是抑制的作用。另外,智能不仅与基因本身有关,也与婴儿在胚胎和哺乳期基因的表达有关,而基因表达的过程与结果则会因环境的不同而异。所以,环境的影响并不只限于儿童和成年阶段,而是从婴儿在胚胎产生那一刻就已经开始发生作用了。关于婴儿在胚胎和哺乳期"环境"对基因表达所带来的影响是目前表观遗传学研究的课题,也是目前最活跃的科学前沿之一。

遗传和环境对智商的影响随着年龄的增长会按不同的趋势发生变化。鲍查德教授及合作者对6370对同卵双胞胎和7212对异卵双胞胎的研究发现,智商中与共同生长环境相关的部分占30%左右,在20岁之前基本保持不变,但到成年时将基本为零。而与基因遗传相关的部分则随年龄增加,特别是20岁以后,达到超过80%,如图5-9所示[①]。英国皇家学院一个联合研究团队2010年发表了对4个国家的11 000对双胞胎所做的一项研究。他们发现随着年龄增长,遗传对智力的影响线性增大,由儿童时期(9岁)的41%到少年时期(12岁)的55%和青年时期(17岁)的66%。而共同环境的影响却由33%分别下降到18%和16%[②]。另一项对荷兰双胞胎的研究在更大的年龄跨度条件下测量了遗传与环境的影响,发现遗传对一般智能因素的贡献由5岁的约26%、7岁的39%、10岁的54%、12岁的64%,上升到成年期(18～50岁)的80%以上[③]。相比之下,共同环境所带来的影响却由5岁时接近50%下降到10岁时的20%,直到青少年时完全消失。用通俗的语言来描述,人类智商有一种"返老还童"的现象:对于基因不同的儿童,即使在相同的环境内培养与成长,随着年龄的增大,决定智能差别的主要因素将更加趋向于与遗传

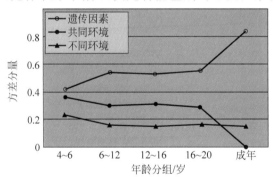

图5-9　遗传和后天因素对智力影响随年龄的变化

---

①　原始文献:McGue M,Bouchard T J,Jr. Iacono W G,et al. Behavioral genetics of cognitive ability:A life-span perspective. R. Plomin & G. E. McClearn (Eds.),Nature,nurture,and psychology. Washington,DC:American Psychological Association. 1993,59-76.

②　原始文献:CMA Haworth,et al. The heritability of general cognitive ability increases linearly from childhood to young adulthood,Molecular Psychiatry,2010,15,1112-1120.

③　原始文献:Posthuma D,et al. Genetic contributions to anatomical,behavioral,and neurophysiological indices of cognition,2003.

的因素(高达 70％～80％)！

新西兰美裔政治学家詹姆斯·弗林(James Flynn,1932—)是"遗传决定论"的怀疑和反对者[图 5-10(a)]。他认为黑种人与白种人之间 IQ 指数的差别是教育环境造成的。弗林研究了美国军队的征兵记录,发现随着教育机会的逐渐平等化,黑种人与白种人之间 IQ 指数的差别正在逐渐缩小。同时,他还发现每一代年轻人总是比上一代年轻人表现出更优异的 IQ 平均指数。如 1932—1978 年美国年轻人的 IQ 平均指数提高了 14。而过去的 60 年中,人类的平均智商提高了 27[图 5-10(b)]。这种人类智商随时间上升的现象被称为"弗林效应"。因为人类的基因在如此短暂的时间内不可能发生较大的变化,所以弗林效应被认为是"环境决定论"的有力证据。但到底是哪些因素导致了人类平均智商的增加呢?关于弗林效应背后的原因,目前学术界有多种不同的解释,如教育和技术(特别是信息)水平提高等社会因素以及近亲通婚减少、人类营养改善等生物因素以及母亲怀孕期间身体和精神健康条件改善等,但似乎没有一个因素能够比较全面和恰当地解释人类平均智商增加的真正原因。所以,弗林效应背后的驱动因素到底是什么仍然是一个谜。尽管如此,我们仍然可以将智能科学第三法则归纳如下:

个体之间自然智能差异的因素既有先天遗传成分也有后天环境的影响,是两者共同作用的结果。

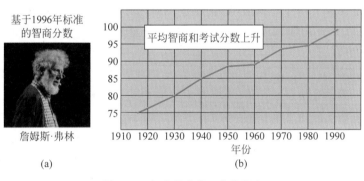

图 5-10　智商的变化:弗林效应

请注意,以上第三法则认为个体之间自然智能的差异是先天遗传和后天环境共同作用的结果,但并没有进一步说明两者的相对作用,虽然科学实验的结果表明前者对智能差别的贡献更大。这是因为这方面的科学研究和讨论仍在进行,也许我们还不应该过早对这样一个具有重大意义和影响的问题做出结论。

5.3　智能的模型

如前所述,以智商作为刻画和衡量人类智力差别的指标取得了巨大的成功。但人类智能的内涵极其丰富且外显表现也非常复杂。仅用一个通过一系列心理认知测试所综合的分数便可以对个人在学业成绩、工作表现、经济收入以及其他生活品质等方面的差别做出较为可靠和准确的预测及解释似乎是一件不可思议的事情。对此,直至今天在学术界和社会上仍有许多质疑和反对的观点与声音。对此,我们一方面必须承认大量科学研究特别是实验结果所证实和支持的理论与假说;另一方面,我们也必须保持开放和批判的态度。毕竟任何一个科学理论从根本上讲不可能被证实,只有可能被证伪。为了更好地解释和理解智商背后的机制和过程,我们需要建立简化近似但合理可信的理论模型。我们对智能的科学解释和理解只能借助于这些模型,尽管它们是局限和近似的,这才是科学的态度和方法。

图 5-11　智能的模型

如果将具有智能的生物和(或)物理系统看作一个数据处理系统,则可以建立不同的模型来近似描述这个系统。如图 5-11 所示,我们可以采取功能性的“隐性”模型:只关心系统功能所确定的外部输入和输出的对应关系,而不在乎产生这种功能的机制和内部结构。我们也可以采取结构性的“显性”模型:不仅关心外部输入和输出的对应关系和系统功能,也关注内部工作机制和系统结构。我们将前者称为“黑盒模型”,后者称为“白盒模型”。这两种划分并不是绝对的,在它们之间因对系统内部结构和机制描述的“颗粒度”不同,也可能存在介于黑盒与白盒模型之间的“灰盒模型”。我们有时将模型分为“工作模型”和“理论模型”。前者用于解释实验外部结果,后者用于解释内部工作机理。最理想和实用的模型当然是既能符合实验结果,又能解释工作机理的“全能”模型。不过这样的模型目前在人类智能领域还不存在。

无论采用哪种智能模型,我们首先需要给出构成智能的基本功能要素都有哪些以及是什么,是单一因素还是多种因素,不同要素之间的关系是相关的还是独立的,是静态的还是动态的,是确定的还是随机的,等等。其次,我们需要给出如何通过科学实验测量和验证这些模型,这些测量方法的可信性(reliability)和有效性(validity)如何。所谓可信度(信度),是指实验结果的一致性和鲁棒性,即对不同对象在不同的时间和地点等所得到的结果应该基本一致,不受外部因素的影响。所谓有效性(效度),是指模型预测的正确性和准确性,即在给定的条件下和范围内能够比较准确预测和解释所发生的现象和结果。目前测量智能的方法有三类:一是通过对智能所产生的物体间接测量和推测,如通过对人类所产生作品的测量来推断其创造者的智力水平。这些方法仍然是研究人类智能进化历史常用的方法。二是测量智能系统的行为与表现,如对儿童和成人智力不同方面或因素做出的各种心理和认知测试以及学业考试和工作评价等。三是直接测量负责产生智能的生物神经结构、功能、机制和表现等,如对大脑生理结构、化学、电流、电磁波和声波等的测量等。另外,还需要回答产生智能的机理和过程是什么,与大脑的生理结构和机理以及产生和决定这些结构和机理的遗传基因的关系是什么等问题。对于每一种模型,均需要通过可以观察和测量的客观现象和实验数据验证,以确定它的适用范围、预测精度和解释能力。

人类智能的模型可以分为四大类。第一类是心理测试模型,其基本假设是人类的智力可以通过一系列心理测试的结果分析和综合来衡量和确定。此类模型的基本单元是构成智能的结构因素,核心问题是研究和解释不同因素对智能的贡献和相互之间的关系。第二类是认知心理模型,其基本假设是人类智力主要由一系列与心智相关的认知过程确定。此类模型的基本单元是实现智能的认知过程,核心问题是研究和解释不同认知过程对智能的贡献和相互关联。第三类是生物科学模型,模型的基本单元是实现智能的生物机制,重点是探索和解释产生和运用智能的生理和神经的生物基础和机理。第四类模型是认知与情境模型,认为智能的关键是认知与情境的相互作用。这种模型进一步考虑智能因素和认知过程与外部环境的相互作用,从而扩展了传统模型的概念范畴和更好地解释智能的作用。

5.3.1 基于心理测试的智能模型

对于极其复杂动态的自然智能居然能够通过智商这个单一和稳定的参数来衡量,看起来似乎是一件不可思议的事情。对这个现象做出深入分析并且提出理论模型的是英国心理学家、伦敦大学教授查尔斯·斯皮尔曼(Charles Spearman,1863—1945)[图 5-12(a)]。斯皮尔曼早年在英国军队服役,是一名技术高超、成就卓越的工程师。但他的兴趣不是工程,而是数学、哲学和心理学。34 岁时,他决意退役,追随德国心理学家、实验心理学创始人威廉·冯特(Wilhelm Wundt,1832—1920)学习心理学,并于 41 岁获得博士学位。之后他在伦敦大学从事心理学教学研究,直到逝世(1945 年因不堪疾病折磨和衰老痛苦,斯皮尔曼选择了自杀)。斯皮尔曼于 1904 年首次将因素分析法引入心理学,为智能模型与测试建立了严谨的数学体系[①]。他发现一个人若在一个领域内智力表现优异,也往往在其他领域有同样优越的表现;反之亦然。基于对这种“正相关”(positive manifold)现象的观察,他认为自然智力结构和功能中存在一个共同的一般因素(general factor,g-factor),参与并对不同类型的智力活动做出贡献,能够在很大程度上反映和衡量个人的智力水平。同时,他也发现人的智力结构中也存在一些不同的特殊的成分(special factor,s-factor),更侧重于某一类智力,如口头表达能力、数算运算能力、机械操作能力、注意力和想象力等[图 5-12(b)]。斯皮尔曼认为智能一般因素实质上反映了某种相当于物体中能量的东西,它是驱动智能活动的动力和造成智能差别的基础。同时,特殊智能因素在各自不同的领域为构成智能的不同方面发挥作用,带来了个性智能特征的多样化和特殊性。

在斯皮尔曼提出 g-factor 模型之后,美国心理学家路易斯·瑟斯顿(Louis Thurstone,1887—1955)不认同人类智力中存在一个在不同智力活动中均发挥作用的一般智能因素,认为斯皮尔曼所发现的一般智力因素很可能是许多特殊因素的统计平均值。瑟斯顿本科学的是电气工程,读书时便发明了电影放映机,并获得专利。他的才能和成就曾引起过著名发明家托马斯·爱迪生(Thomas Edison,1847—1931)的注意,并让

---

① 原始文献:Charles Spearman. General Intelligence objectively determined and measured. American Journal of Psychology,1904.

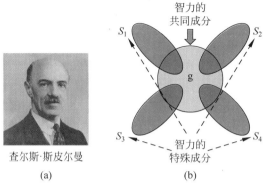

图 5-12　斯皮尔曼 g-factor 理论

他在自己实验室做助手。后来,瑟斯顿对心理学发生了兴趣,在芝加哥大学取得心理学博士学位。1938 年,他对 50 组人群做了智力测试,却没有发现支持单一智能因素的证据,于是提出了多元智力理论。他认为智力是由七种独立的基本心理能力构成的,即①语文理解能力;②语词流畅能力;③数字运算能力;④空间关系能力;⑤联想记忆能力;⑥知觉速度能力;⑦一般推理能力。后来更广泛的实验数据以及对瑟斯顿原始数据的进一步分析表明,他所提出的所谓"独立"基本心理能力实际上是相关的,从而重新证实了斯皮尔曼一般智力因素的存在。人们发现,瑟斯顿所犯的错误恰好就是在选择测试样本时因多样性不足而受到"范围局限"的诅咒。

　　斯皮尔曼教授的学生、美国心理学家雷蒙德·卡特尔[Raymond Cattell,1905—1998,图 5-13(a)]在 20 世纪 60 年代提出了另外一种"二因素"理论,将人的智能分为"流体智力"(Fluid Intelligence)和"晶体智力"(Crystalized Intelligence)。流体智力是指人的基础认知能力,如知觉、记忆、运算速度、推理能力等,与后天所获得的经验与知识无关,主要由先天遗传因素决定。晶体智力则是人利用知识解决问题的能力,是通过后天学习和实践经验所获得的。这个理论后来又在 70 年代由卡特尔的学生约翰·霍恩[John Horn,1928—2006,图 5-13(b)]通过系统实验验证和理论扩展,最终成为以两人的名字命名的卡特尔-霍恩(Cattel-Horn)二因素智力理论。用信息科学的语言来描述,流体智力可以被看成是人类智能系统的原始本征系统的表现,与智能一般因素 g-factor 具有更密切的关系,相关系数接近 1.0。而晶体智力则是人类智能系统获取知识后软件的升级与扩展,它与一般智能的关系也十分密切,相关系数约为 0.8。流体与晶体智力之间的关系十分密切,因为后天获取经验和知识的过程与结果很大程度上取决于先天的认知能力。一个人的认知能力越强,获得知识的速度越快,获得的知识就越多。大量心理测试的结果表明,人类的流体智力随着年龄的增大经历从儿童到成年的增加和从成年到老年的衰退;而晶体智力则是随着个人阅历丰富单调增加[图 5-13(c)]。

　　虽然几乎所有智力测试的结果均有一定的正相关关系,但这些关系的强度并不是均匀分布的。基于这种观察,美国教育心理学家约翰·卡罗(John Carroll,1916—2003)在研究总结前人研究成果的基础上,提出了智力的三层理论(three-stratum theory),认为

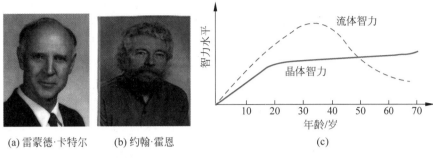

(a) 雷蒙德·卡特尔　　(b) 约翰·霍恩　　　　　　　　(c)

图 5-13　Cattell-Horn 二因素智力理论

人的智力可以分为相互关联的三个层次(图 5-14)。在最高层(第三层)是一般因素,即斯皮尔曼提出的 g-factor。接下来(第二层)是宽域(broad)因素,包括卡特尔提出的流体和晶体智力即 Gf 和 Gc。其他的宽域因素还有负责一般记忆和学习的 Gy、视觉感知 Gv、听觉感知 Gu、提取能力 Gr、感知速度 Gs 和决策/反应时间/速度 Gt。在最低层(第一层),则是与第二层各个宽域因素相关的窄域(narrow)因素,如与流体智力 Gf 相关的定量知识、与晶体智力 Gc 相关的读写能力等共 69 种窄域智力因素,这些窄域智力因素均可以通过所对应的心理实验直接观察与测量。三层智力模型揭示了人类智能的结构特征,即 g 是智能中唯一可以覆盖所有宽域智力因素的一般因素,它是第二层宽域智力因素的主要成分。同样,各个宽域因素分别构成相对应的窄域因素(第三层)的主要成分。所以,卡罗的三层智力模型将这些看起来独立的智能因素有机联系起来,构成了一个由共同和特殊因素组成的智力模型。

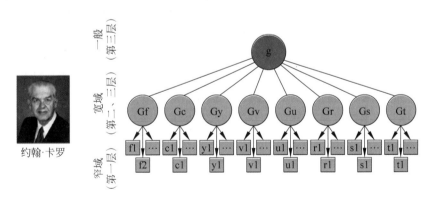

图 5-14　Carroll 三层智力理论

2000 年开始,人们将 Cattell-Horn 和 Carroll 的模型有机结合在一起,创造了 Cattell-Horn-Carroll (CHC)智力模型(图 5-15)。这个模型包括 10 项不同的宽域智力因素,如流体智力(即不依赖于过去学习和经历的解决问题能力)、晶体智力(即所积累知识的宽度和深度以及使用知识解决问题的能力)、定量知识(主要与数学有关)、读和写的能力、短期记忆力、视觉处理能力、听觉处理能力、长期存储和提取能力、处理速度和决策速度/反应时间。对应这些宽域因素的是 60 多种可以直接进行实验观察和测试的窄域能力。但 10 种宽域因素中只有 7 种在 IQ 测试中衡量,数学和读写则属于学业能力的范畴,可以通过一般的学业考试测试;处理速度和决策速度/反应时间目前还没有可靠和精确的方法测量。CHC 模型是目前得到实验数据支持最多的关于人类认知能力决定因素和相关结构的理论模型,经过了数百组不受限于具体测试批次数据的验证,描述了人类认知能力在不同领域和总体的表现。目前流行的许多智力和认知测试方法均是基于 CHC 模型发展和建立起来的,如 Stanford-Binet 智力测试第 5 版(2003)、The Kaufman Assessment Battery for Children 第 2 版(2004)和 Woodcock-Johnson 第 3 版(2001)等。

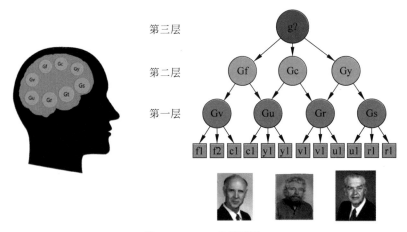

图 5-15　CHC 智能理论

　　需要指出的是,以上关于智能的模型的数学基础是因素分析法。这是一种在数理统计中常见的分析方法,其主要用途是通过相关性分析减少模型中变量的数量,从而以最少的自由度建立与实验结果相符合的理论模型。因素分析法的基本思想是首先确定所观察的变量(因素)和对应的测量方法,然后对不同变量测试结果之间的相关性进行观察与分析。如果这些变量之间的相关性较强且分布比较均匀,则说明它们可能均与一个共同因素密切相关,可以通过一个一般因素来描述[图 5-16(a)]。若变量之间有些并不相关,则各自相关的参数组需要分别以不同的广域因素描述[图 5-16(b)]。若这些变量均相关,但其相关关系分布不均匀,则可以根据不同相关关系的强度建立一个多层模型[图 5-16(c)]。在一个典型的智商测试中,不同测试结果的相关性一般为 0.3~0.8。由于对因素变量的定义、测量的方法以及对变量之间相关关系的理解和分类具有一定的主观性,所以基于因素分析法所建立的模型不是唯一的。正因如此,建立在心理测试实验结果基础上通过因素分析法所得到的智能模型如前所述有很多种,各自基于不同的假设、观察和分析,最终形成的 CHC 模型也许是与所知心理测试数据拟合较好的之一,在学术界和应用领域算是达成一定的共识,但不是唯一的方案。需要指出的是,所有不同的智力测试结果均正相关所导致一个共同因素是一个十分罕见的现象。在其他的心理测试如性格测试中,对大量实验数据的因素分析表明至少有 5 个超级因素,即经验开放性(Openness to experience)、尽责性(Conscientiousness)、外向性(Extroversion)、亲和性(Agreeableness)、情绪不稳定性(Neuroticism),而这些因素中只有经验开放性性格与智

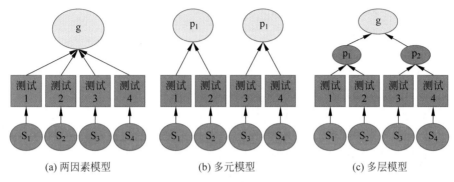

(a) 两因素模型　　　　　　　(b) 多元模型　　　　　　　(c) 多层模型

图 5-16　因素分析法

力有一定的相关关系。

　　有必要澄清一下智能（intelligence）、智商（IQ）和一般智能（general intelligence，g-factor）的关系（图 5-17）。智能是人类心智的一种能力，包含的因素很多，但最终的判据是客观的，即智能系统的决定和行为是否导致正确和成功的结果。智商（IQ）是智力测试所能测量的智能因素，只是智能因素中的一部分并不能覆盖智能的全部因素。一般智能或 g-factor 是智能和智商中的共同因素，它可以通过智商测试间接测试（如通过测量流体智力等），但不能涵盖智能中的特殊因素。从逻辑上讲，智能包含智商，智商包含一般智能。

图 5-17　智能、智商和一般智能因素的关系

　　基于心理测试的智能模型也存在一定的局限。此模型的假设是智能就是心理测试所能揭示的内容。虽然模型本身是自洽的，但不一定能够全面和精确反映智能的全部内容。另外，这种模型本质上是静态和横向的：它强调产生和决定智能的静态因素和横向（不随时间变化）关系，而忽视其动态因素和纵向（随时间变化）过程。同时，它更注重分析和解释个人/群体之间智能的差别，而不是人类智能的共性。模型所揭示的一般因素是关于人类智能极有价值的洞见和成果。对不同批次的受众用不同的方法进行智力或认知测试的结果表明，一般因素 g 能够解释 $40\%\sim60\%$ 的不同智力因素的方差。在各种不同智商测量中，一般因素在不同实验结果的相关系数称为一般智力的负载（g-factor loading），这个负载系数一般为 $0.1\sim0.9$，平均为 0.6，方差为 0.15。在智商测试中，一方面任何测试均与一般智力因素相关；另一方面，没有一个实验能够完全测量一般智能因素。如前所述，流体智力与一般智能因素的相关性最强。在测量流体智力的实验中，与复杂认知相关的测试的相关性最高，因此也可以认为一般智能因素中最核心的内容是认知的复杂程度。与一般智能密切相关的是晶体智力，但其中增加了与一般智能无关的知识积累的作用与影响。另外，个人的一般智力虽然随着年龄增大会逐渐衰落，但仍然具有很高的一致性，如 11 岁和 90 岁个人智能水平的相关性仍高达 54%。虽然基于心理测试的智能模型取得了巨大的进步和成就，但它并不能完全涵盖和精确描述与智能相关的全部心智活动和过程。另外一个缺陷是这些模型属于黑盒模型，其中的模型参数本身不

一定对应产生和承载智能的系统的真实结构和机制。

5.3.2　基于认知过程的智能模型

为了克服传统的心理测试模型的局限和更好地解释决定人类智能的共同因素和过程，20 世纪 50 年代末人们开始提出基于认知心理的智力模型。这种模型的基本假设是智能本质上是心智对数据(如图像、文字等)的表述和处理的过程和能力表现。所以，个体的智能水平主要取决于其心智对数据表述的清晰程度和处理速度。表述越清晰、处理越快捷，则智力表现越优越。

印度裔加拿大心理学家贾甘纳斯·达斯(J. Das，1931—　)、纳格利尔里(J. Nagliery)和柯尔比(J. Kirby)在"必须把智力概念视作认知过程来重构"的思想指导下，经过多年的理论和试验研究论证，于 20 世纪 90 年代初提出和建立了"计划—注意—同时—继时处理模型"(Plan Attention Simultaneous Successive Processing Model)，即 PASS 智力模型(图 5-20)。PASS 理论认为认知过程本质上是一个信息处理过程，其智能系统主要由三个功能模块构成：①注意-唤醒系统。该系统在智力活动中起激活和唤醒的作用，主要功能是用来集中和保持注意力。②同时-继时编码加工系统。该系统负责对外界刺激所携带的信息进行接收、解释、转换、再编码和存储，是智力活动中主要的信息操作系统。请注意，这里"同时"处理功能主要是用来汇聚数据，而"继时"处理功能则是对汇聚的数据内容按顺序做单独处理。③计划系统，负责认知过程的计划性工作，确定目标、制定和选择策略，对操作过程进行控制和调节，对注意-唤醒系统和编码系统起监控和调节作用。计划系统是整个认知功能系统的核心。

与测试和衡量构成智商不同因素的 CHC 模型不同，PASS 模型主要关注与认知相关的"执行功能"(Executive Function)，更加强调认知过程中的执行效率。PASS 模型是建立在苏联心理学家亚历山大·鲁里亚(Alexander Luria，1902—1977)所创立的大脑动态机能定位理论基础之上的(图 5-18)。根据这个理论，人脑可以分为三个相互紧密联系的功能系统。

(1) 动力系统：调节激活与维持觉醒状态的系统，由脑干网状系统和边缘系统等组成，基本作用是保持大脑皮质的觉醒状态，提高大脑的兴奋性和感受性，并实现对行为的自我调节。

(2) 信息接收加工和存储系统：位于大脑皮质的后部皮质下组织，基本作用是接收来自机体内外部的各种刺激，实现对信息在空间和时间维度进行整合和存储。

(3) 行为调节系统：编制行为程序、调节和控制行为的系统，包括额叶的广大脑区，基本作用是产生活动的意图、形成行为的程序和实现对复杂行为形式的调节与控制[①]。

达斯等人从 PASS 模型的理论出发，编制了标准化的测验，称为达斯-纳格利尔里认知评估系统(DN：CAS)。此测试系统的量表分别对计划、注意、同时性处理和继时性处

---

① 原始文献：Luria A R. The working brain. New York：Basic Books，1973.

亚历山大·鲁里亚

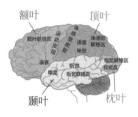

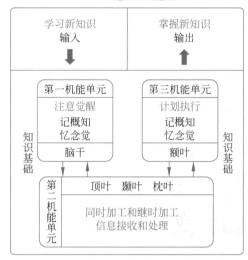

贾甘纳斯·达斯

图 5-18　PASS 智能模型

理进行测量。达斯等运用这一量表对三类特殊(学习困难)儿童进行评估研究,发现计划过程的弱点是智力落后的主要因素,而注意力缺乏则会影响认知的各个环节。

PASS 模型侧重于描述和测量与智能相关的认知过程,而不是结构因素。它所强调的"注意"和"计划"过程在传统的 CHC 模型中并没有得到充分体现,但对智能来讲却是十分重要的方面。基于 PASS 模型所设计的认知评估系统(the Cognitive Assessment System,CAS)所测试的结果与基于 CHC 理论的 WJ-R(the Woodcock-Johnson Revised Tests of Achievement)具有较强的关联性(关联系数为 0.7),说明两种模型均能预测和解释一般智能,也似乎说明两者实际上在衡量同样的东西[①]。关于这两种看起来迥然不同的智能模型本质上的区别与联系,目前还有一些悬而未决的问题需要进一步探讨和回答。

另一种关于大脑认知的模型认为存在两个不同的系统和过程(图 5-19)。系统/过程 1 的思维十分敏捷,不需要意识控制和耗费精力,可以通过情境关联对信息进行并行处理,并且这个过程是完全自发的。系统/过程 2 的思维比较缓慢,需要意识控制和耗费精力,只能通过抽象逻辑对信息进行串行处理,具有明确的目标导向。关于双系统/过程的假设本身并没有明确的生物或物理基础,只是为了建立模型所做的一种"虚拟"假设。但人类认知所表现出来的这两个特征明显不同的系统与过程现象却是存在的。对个体来说,这两个系统/过程针对具体情境共同决定其智能行为。我们无法确定到底是系统/过程 1 还是系统/过程 2 对个体的智能水平更有利,但是否能够"随机应变"、在两套系统/过程中根据需要相互转换可能是智能差异的重要表现之一。最后,在生命过程中,两个

① 参考文献:Naglieri J,Rojahn J. Construct Validity of the PASS Theory and CAS:Correlations With Achievement,Journal of Educational Psychology,2004:174-181.

系统/过程的结合运用能力和状态也会因人、因地和因时而异,具有明显的个性化和可塑性特征。

与人类系统/过程 1 相关的智力因素也许是生物早期进化的结果,与其他动物具有较大的相似性,更依赖于生物的隐性知识,所涉及的是动物基本认知能力与情感特征。

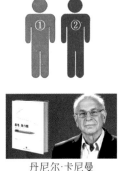

系统/过程1
快捷思维
没有意识
不费精力
并行处理
情境关联
自发倾向

系统/过程2
缓慢思维
具有意识
耗费精力
串行处理
抽象推理
目标导向

丹尼尔·卡尼曼

图 5-19 双系统/双过程智能模型

而系统/过程 2 则是人类进化后期的结果,具有明显智人的特征,更依赖于人类显性知识和复杂情感。以色列心理学家、2002 年诺贝尔经济学奖获得者丹尼尔·卡尼曼(Daniel Kahneman,1934—)于 2011 年出版了《思考,快与慢》一书,对认知科学中系统/过程 1 和 2 做了通俗、系统的描述,并以此作为理论框架讨论了人类不同认知和思维方式对于判断、分析和决策所产生的影响(图 5-19)。

与心理测试的静态模型相比,认知心理模型属于描述智能认知过程和执行系统的动态和纵向模型。PASS 模型从数据的感知输入开始,描述了信息处理和知识产生的全过程,并且与大脑的生理机制联系在一起。在此基础上建立起来的智能测试系统能够全面测试和反映基于认知智能的工作过程和表现,所得到的智商测试结果与基于 CHC 的模型基本一致,虽然两者从不同的角度关注智能的不同方面[1]。双系统/过程模型揭示了人类智能系统和过程的两套不同体系,两者各有分工而又相互合作,产生了智能的功能和表现。双系统/过程模型对人类智能的许多现象和特征有较好的解释,但还没有建立一套系统的测试方法验证模型的可靠性和精确性。

5.3.3 基于生物科学的智能模型

前面所讨论的两种智力模型均属于"黑盒"模型。模型中关于智能因素和认知过程的要素均是基于实验结果和观察所做的假设与推理,并不一定对应任何生物或物理载体或机理。基于生物科学的智力模型则认为智能现象和认知行为是大脑神经系统的特性和功能表现,只有将智能因素和认知过程与人脑神经生物结构和功能相关联,才有可能揭示和解释产生智能的机制和过程。关于自然智能生物机制和过程的基本假设是,智能是大脑神经系统功能和性能的一种高级活动表现,人类智能的密码均以某种复杂和动态的连接方式和状态隐藏在大脑可塑性神经网络之中,与大脑神经网络的结构和功能有密切的关系。这个假设本身也许没有错,问题是如何将如此复杂多变的智能现象与如此复杂动态的大脑神经网络联系在一起,却是一件极具挑战性的工作。将人类心理活动,特

---

① 原始文献:L. van Aken,et al. Predictive Value of Traditional Measures of Executive Function on Broad Abilities of the Cattell-Horn-Carroll Theory of Cognitive Abilities,Assessment 2019,26(7):1375-1385.

别是智能视为人脑巨大神经系统所具有的一种涌现特性是否能够真正揭示和解释这些复杂现象目前仍没有定论,却是科学研究和技术发展最活跃的前沿领域。

人脑由大脑、小脑和脑干等部分构成,其中大脑是人脑中体积最大的部分,分别占整个体积和质量的 80% 和 85%,如图 5-20(a)所示。对大脑三维结构的平面剖析如图 5-20(b)上图所示,可以分为正面的额状面、侧面的矢状面和水平的横状面。这三个截面分别沿与之垂直的三个方向移动,则可获得关于大脑结构的二维描述。如图 5-20(b)下图的额状图所示,大脑由左右两个结构基本对称的半球组成,两个半球之间由大约 2 亿根称为胼胝体的神经纤维连接。大脑的最外层由厚度为 2~4mm、布满褶皱的灰色组织构成,也称为大脑灰质(grey matter),其中主要的组织是神经元(neuron)。因为神经元的面密度是常数,所以大脑皮质的"凹回"结构增大了大脑的等效面积,从而增加了所包含的神经元数量。最新的估计认为人脑中包含了 860 亿个神经元,其中大脑神经元的数目约为 160 亿个,不到全部神经元的 20%,主要用来负责认知、情感、意识等高级功能。相比之下,小脑的质量虽只占人脑的 10%,却拥有约 700 亿个神经元,占神经元总数超过 80%。小脑巨大数量的神经元主要用来协调、控制人体器官系统动态运动、协调与平衡。大脑皮质之下是一种白色的物质,称为大脑白质(white matter),其中包含数十亿多个由脂肪包裹的神经纤维,即有髓鞘的轴突,负责与中心神经枢纽以及神经元群体之间的连接和数据传输。如果我们将这些神经轴突首尾连起来,长度可高达 16km。

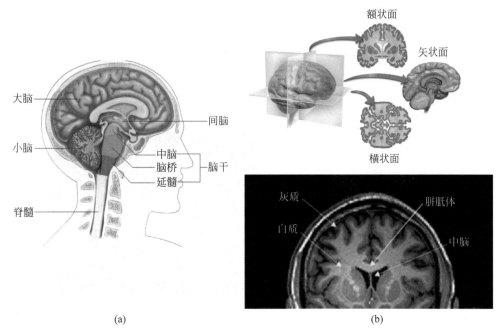

图 5-20 人脑的组成部分

大脑皮质的左、右两个半球各具有四个主要组成部分,分别为额叶(frontal lobe)脑、顶叶(parietal lobe)脑、颞叶(temporal lobe)脑和枕叶(occipital lobe)脑[图 5-21(a)]。我们可以进一步在各个脑叶内将大脑分为若干功能区。目前最常用的是德国医生科比尼安·布罗德曼（Korbinian Brodmann，1868—1918）根据大脑皮质的厚度、细胞层数和其中细胞的不同结构，于 1909 年提出的 53 个布罗德曼分区[图 5-21(b)、(c)]。当然，关于大脑分区的地图很多，目前比较流行的一种大脑地图集是 Brainnetome atlas，将大脑分为246 个结构功能区。

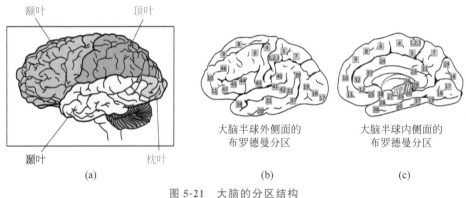

图 5-21　大脑的分区结构

在微观层次，大脑最基本的单元是神经元，由细胞体、树突和轴突构成[图 5-22(a)]。大脑细胞体中包含真核生物细胞中均具有的细胞核（包含遗传 DNA）、线粒体（负责提供能量）和内质网（负责生产蛋白质）。与其他细胞不同的部分是它的树突（dendrite）、轴突（axon）和突触（synapse）。树突由细胞体扩张突出形成短而分支多的树状，典型长度尺寸为几百微米，其作用是接收其他神经元轴突传来的冲动（信号）并传给细胞体；轴突长而分枝少，一个神经细胞只有一个轴突，长度可达到几毫米甚至更长，其作用将神经元的信号传递给另外的神经元。神经元中信号传导方向是：树突→细胞体→轴突。大脑中神经元通过树突和轴突构成了一个复杂且动态的神经网络[图 5-22(b)]。

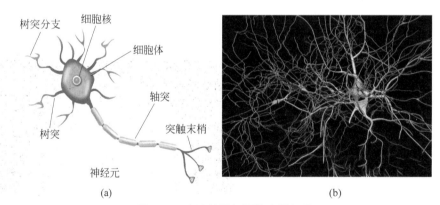

图 5-22　大脑的神经网络和神经元

最早的关于大脑结构和认知能力关系的模型是由美国神经学家罗杰·斯佩里（Roger Wolcott Sperry，1913—1994）提出的[图 5-23(a)]。他通过实验方法研究裂脑病人的心理特征，发现人脑两半球的功能具有显著差异，提出了人脑不对称性的"左右脑分工理论"。正常人脑有两个半球,由胼胝体连接沟通,构成一个完整的系统。两个半球的功能有所分工侧重,左脑更为理性,负责分析、逻辑、语言等,更适合于科学技术研究等;右脑则更加感性,负责直觉、创意、想象等,更适合于艺术音乐创作等[图 5-23(b)]。斯佩里是一位作出巨大科学贡献的科学家,并且因提出左脑-右脑理论而获得了诺贝尔生理学或医学奖。但后来大量的科学实验表明,人类认知的不同功能和过程与人脑结构的关系并不符合左脑-右脑模型的描述和预测,而是一种更加复杂的关系。历史上获得诺贝尔奖的研究成果最终被证明是错误的例子并不多,这便是其中之一。虽然失去了科学基础,"左脑-右脑"理论却在社会上产生了深远的影响,至今仍是许多人关于大脑智力分工的"常识",成为一个不能反映客观规律、却被广泛接受相信的"谬误"。

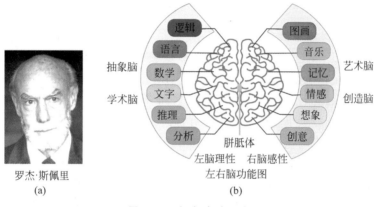

图 5-23 左脑-右脑理论

关于人脑智力的三脑理论模型是由美国医生和神经学家保罗·麦克林[Paul MacLean,1913—2007,图 5-24(a)]于 1960 年左右提出的,并在他 1990 年出版的著作 *The Triune Brain in Evolution* 中作了更为系统详细的描述。三脑模型的基础是对进化中动物脑演变的三个不同阶段的观察和理解,认为人脑可以按结构和功能分为本能脑、情感脑、理智脑三个部分[图 5-24(b)]。本能脑也称为"爬虫脑",位于靠近脊椎的脑底部,与连接和控制身体肌肉的神经距离最近,负责对神经所感知的信息做出本能反应。本能脑在生物进化的初期(约 2.5 亿年前)在爬行动物中开始出现,主要功能是通过对环境刺激做出本能反应来保证生存和安全,如交配与繁殖、攻击或逃跑等。感情脑也称为"哺乳脑",大约出现在 1.5 亿年前的哺乳动物中,具有记忆和思考功能,能够记住和区别不同刺激与反应所产生的感觉和体验,主要目的是追求快乐和躲避痛苦。理智脑也称为"皮质脑",出现在约 150 万年前,具有抽象思维、联想和想象的能力,负责理性思考和解决问题。本能脑和感情脑的功能和活动属于潜意识层面,而理智脑则属于意识层面。正是因为强大的皮质脑使得人类具有比其他动物更卓越的智能,并发展了语言、文字、文化和科技,成为凌驾于其他所有物种之上的地球主宰。三脑模型在功能方面基本符合大脑由下到上、由内到外的功能分工和定位,具有一定的逻辑性和解释性。人类的智能主要是理智脑的功能之一。

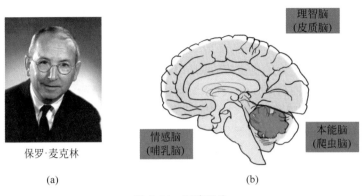

保罗·麦克林

(a)　　　　　　　　　　　　　　　　　(b)

图 5-24　三脑理论

　　前述的人脑模型过于简化，所做的假设虽均有一定道理，但缺乏科学实验手段验证和数据支持。20 世纪 90 年代兴起的影像技术，特别是核磁共振影像（nuclear magnetic resonance imaging，MRI）、脑电图（Electroencephalogram，EEG）和脑磁图（Magnetoencephalography，MEG）等技术的发展和应用，为测量和研究大脑微观机理和动态过程提供了有力的技术手段。MRI 的工作原理是在强磁场的作用下，脑中水分子中氢原子带正电的质子发生磁化。当磁极子受到外部电磁场干扰时，会发生谐振并产生电磁波。电磁波的幅度和相位与水分子所处的化学物理环境相关。将不同区域水分子发出的电磁波检测和处理之后，便可以产生大脑结构特征变化的三维成像。对核磁共振物理现象和机制研究以及相关技术的发明和应用方面做出重要贡献的科学家和发明家很多，其中美国化学家保罗·劳特伯（Paul Lauterbur，1929—2007）和英国物理学家彼得·曼斯菲尔德（Peter Mansfield，1933—2017）对核磁共振的基本工作原理做出了原始贡献，因此获得了 2003 年诺贝尔生理学或医学奖［图 5-25(a)］。另外，美国医生雷蒙·达曼迪安（Raymond Damadian，1936— ）于 1972 年提交了第一个将核磁共振用于医学临床检测的专利申请，被认为是磁共振成像（MRI）技术的发明人。达曼迪安是医学博士，专长于癌症研究，但具有深厚的物理学功底。他在 1977 年成功研制出第一套核磁共振影像设备并得到第一幅人体全身磁共振图像［图 5-25(b)］。1978 年，他创立了 FONAR 公司，将 MRI 技术市场化，生产磁共振扫描设备，并在 20 世纪 80 年代初获美国国家食品管理局批准使用。他对未能得到核磁共振成像技术的诺贝尔奖极其不满，并为此在许多公开场合表示抗议。对于历史上围绕 MRI 科学发现和技术发明所存在的争议，我们在这里无法也不应该做出判断与评论。纵观人类科学技术的历史，可以看到一个改变世界和人类生活的发现与发明往往是由许许多多伟大的个人在不同时间与地点做出努力和贡献的结果。遗憾的是，他们中间一些个人的贡献由于各种原因并没有得到相应的认可和奖励。对于 MRI 技术设备的发明者和商业应用的推动者达曼迪安来讲，虽然未能得到诺贝尔奖的殊荣，却也获得了许多具有极高显示度的嘉奖和荣誉，其所做的贡献在行业和社会中得到了认可和尊重［图 5-25(c)］。

　　通过 MRI 影像的对比度可以区分大脑的灰质与白质，如图 5-26(a)所示，其中上图

(a) 2003年诺贝尔生理学或医学奖获得者　　(b) 雷蒙·达曼迪安　　(c) 1998年美国国家科技奖

图 5-25　核磁共振科学发明、技术发明和设备开发

为 T_1 加权对比度图像,下图为 T_2 加权对比度图像。两者的主要区别是 T_1 图像强调脂肪的成分,所以灰质与白质区别的清晰度高;T_2 图像则对液体更加敏感。MRI 图像的空间分辨率可以达到立方毫米量级。在结构 MRI 的基础上,可以进一步测量和观察大脑血液中含氧量的变化,从而研究大脑中神经元活跃的程度,时间分辨率可以达到秒的量级。这种技术称为功能 MRI 或 fMRI。如图 5-26(b)所示,红色的部分含氧量最高,神经元活动最强,其次是绿色和黄色的区域。需要指出的是,血液含氧量与神经元活动关系的详细机制和过程非常复杂,目前可以肯定的是含氧量与神经元突触的活跃程度以及所发出的信号强度有关。与血液中含氧量变化对应的动态过程一般在秒的量级,从而决定了功能核磁共振图像技术的时间分辨率。因此,我们可以使用 fMRI 的动态信号区别不同激发状态下大脑神经元群体活动的不同动态特征,但很难研究和分析激发所引起反应的详细动态过程。另外一种常用的核磁影像技术是扩散张量影像技术(Diffusion Tensor Imaging,DTI),可以测量微观水流方向。通过计算水分子扩散最快的方向,可以描绘出大脑神经纤维的通道方向和密度,纤维通道方向及密度与大脑白质中信号传输的方向和强度一致,如图 5-26(c)所示。利用这一特性,可以判断和衡量大脑中神经元群体物理连接形态,如大脑神经纤维的尺寸、取向、结构等,从而得到关于大脑神经网络的结构连接信息,反映大脑中信号传输系统的结构完整性。

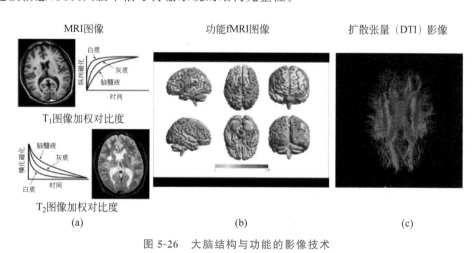

图 5-26　大脑结构与功能的影像技术

在结构 MRI 大脑影像基础上,可以利用形态测定法(Voxel based morphometry, VBM)精确测量大脑不同组织的体积和结构。如图 5-27(a)所示,首先将大脑的三维结构划分为由体素构成的三维模型。对每一个体素内的大脑组织通过 MRI 图像数据(如 T_1 图像强度)分析和判断不同的大脑组织,如灰质(GM)、白质(WM)等,如图 5-27(b)、(c)所示[①]。VBM 可以在 MRI 图像分辨率的极限下计算和估计不同组织的体积(如大脑灰质和白质的体积等)和不同结构的尺寸(如大脑灰质在不同区域的厚度等),从而提供了精确定量研究分析大脑结构和功能的方法。

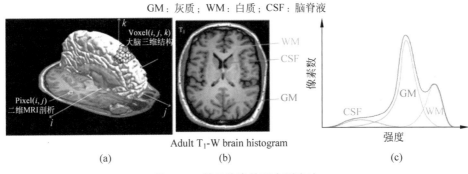

图 5-27　基于体素的形态测定法

长期以来,民间有一种认识与说法,即头颅大的人更加聪明。在人类进化的过程中,大脑容量的增加与智力水平的提高的确有明显的正相关关系(图 5-28)。2005 年的一篇学术论文总结分析了 37 项、涉及 1500mL"活体脑容量"与一般智力关系,发现两者的相关系数为 0.33[②]。2015 年的另一篇论文综合分析了 88 项对 8000 人的统计,得出的相关性则为 0.24[③]。后来,2017 年另外一组科学家重新分析了前述论文的结果,考虑和修正了测量精度误差带来的影响后,又将智力与大脑容量的相关系数提高到 0.4[④]。从纯统计学的观点,智力与大脑容量的相关系数为 0.2~0.4,这是十分可观的。

若将人类大脑与其他哺乳类动物相比,人类大脑质量不及大象和鲸类(人:1.3~1.4kg;大象:>4kg;蓝鲸:6.92kg),与海豚相当(1.5kg)。在大脑相对于身体比例衡量方面,人类不及老鼠(人:2;老鼠:2.7),如图 5-29 所示。所以,单纯以大脑容量来解释人类与动物之间的智力差别是不够的。除了大脑容量之外,还有哪些人脑因素对人的智力有较大的影响呢?

巴西神经学家苏姗纳·赫佐尔教授(Suzana Herculano-Houzel,1972—)比较和研究

---

①　原始文献:Despotovic I, et al. MRI Segmentation of the Human Brain:Challenges, Methods, and Applications,Computational and Mathematical Methods in Medicine,2015:450341.

②　原始论文:McDaniel M. Big-brained people are smarter:a meta-analysis of the relationship between in vivo brain volume and intelligence. Intelligence 33,2005:337-346.

③　原始论文:Pietschnig J, et al. Meta-analysis of associations between human brain volume and intelligence differences:How strong are they and what do they mean? Neuroscience and Biobehavioral Reviews 57,2015:411-432.

④　原始论文:Gignac G,Bates T. Brain volume and intelligence:the moderating role of intelligence measurement quality,Intelligence 64,2017:18-29.

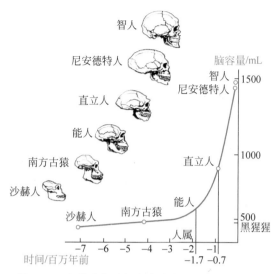

图 5-28　人类进化过程中大脑容量和智力的增加

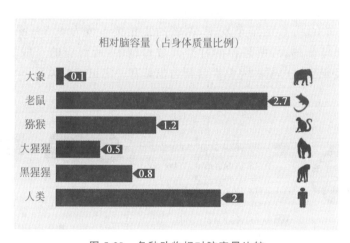

图 5-29　各种动物相对脑容量比较

了人类与其他哺乳和啮齿动物的大脑结构、组织和神经元数量等,发现人类大脑皮质的神经元数量是地球上所有动物中最高的,大大高于非洲丛林大象,虽然后者神经元的总数高于人类[图 5-30(a)]。如果以神经元数量为横轴、大脑皮质的质量为纵轴,比较地球上的灵长类和非灵长类动物,可以发现灵长类动物的神经元密度高于非灵长类动物,而人类则在全部动物中密度遥遥领先[图 5-30(b)][①]。

将智商测试与大脑组织和结构数据结合关联起来可以分析和研究智力与大脑皮质组织和结构的关系。大量的研究结果表明,人类智力与大脑皮质多个区域的灰质厚度具有一定的正相关关系。如图 5-31(a)所示,不同颜色表明不同研究所识别的皮质灰质厚

---

① 原图来源:How Humans Evolved Supersize Brains,Quantamagazine,2015.

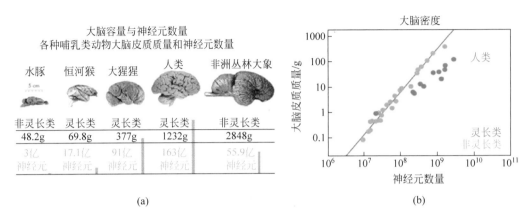

(a)

(b)

图 5-30　人类大脑的优势

度与智力具有较强的相关关系的大脑区域，n 代表实验样本的数量，并注明了不同研究者以及结果发表时间[①]。大脑皮质厚度与对应灰质质量和所包含神经元的数量与密度呈正比例关系，以上结果与前述智力与大脑皮质神经元数量的结论是一致的。另一项研究大脑颞叶平均厚度与 IQ 分数的结果发现，两者的正相关系数为 0.36［图 5-31（b）］[②]。所以，大脑皮质灰质厚度越大，所包含的神经元数量越多，所对应的一般智能和智商则越高。同时，研究发现大脑白质的完整性与智力也具有一定正相关关系。

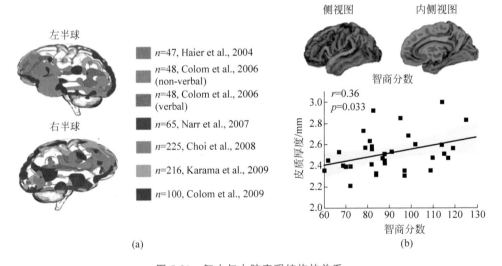

(a)

(b)

图 5-31　智力与大脑宏观结构的关系

①　原始文献：Gorlounova N，et al. Genes，Cells and Brain Areas of Intelligence，Frontiers in Human Neuroscience，2019.

②　参考文献：Goriounova N，et al. Large and fast human pyramidal neurons associate with intelligence，eLife 2018.

　　为了全面系统地深入研究和分析大脑神经活动与智能的关系,我们可以沿三个不同维度从宏观到微观不同层次建立大脑神经系统网络模型。首先需要根据所研究的问题和方法,通过分割(segregation)和集成(integration)确定和定义网络的基本单元及之间的连接方式。如图 5-32 中间部分所示[①],沿空间维度大脑网络可以在最微观的神经元细胞层次建立神经元通过树突和轴突相互连接的网络模型。由于大脑神经元数量巨大,所形成的网络极其复杂,特别是缺乏对大脑活体直接观察与测量的技术手段,此类模型只在一些单细胞以及相对简单的啮齿类动物(如老鼠等)中建立和应用。尽管如此,建立细胞层次的人类大脑网络模型是目前学术和科技界研究与探索的前沿和目标,也许在不远的将来便可以实现。在更宏观的层次,可以将具有相同功能的细胞群体或者更大尺度的大脑区域作为网络节点。基于 MRI 图像空间分辨率及其他因素,可以将人脑皮质体积划分为 4 万～90 万个体素,每个体素中仍包含大量的神经元。从功能上看,智能活动所涉及的神经元在大脑不同区域却可以划分为具有相同属性、功能或行为的群体。我们也可以将不同区域中的体素群体作为网络的节点,这种节点定义不需要对大脑分区事先设定任何模型。节点之间的数据连接可以分为两种方式和形式,一是神经元或神经元群体之间的物理连接,主要是由大脑白质神经纤维实现,可以由扩散张量影像技术(DTI)测量。另外一种是功能相关性连接,主要是不同节点所代表的神经元和群体行为的相关(或相似)性,可以对功能核磁共振成像(fMRI)所测量的 BOLD 信号的时间序列做统计分析得出。处于大脑不同位置的网络节点所表现出神经元群体活动行为的相似性和同步性是大脑神经网络的基本特征之一。实验表明,即使一项简单的认知任务也需要大脑网络各个部分的密切分工与配合才能完成的。这既表现为大脑不同部分的密切协作,又

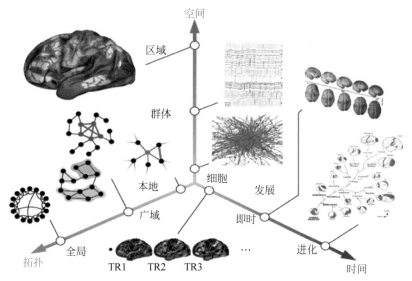

图 5-32　大脑神经网络模型的三个维度与分层结构

---

　　① 图像来源:Betzela R F,Bassett D S. Multi-scale brain networks,NeuroImage 160,2017:73-83.

需要不同部分之间的物理连接。早在 1949 年,加拿大心理学家唐纳德·赫布(Donald Hebb,1904—1985)就对神经元之间结构和功能连接的关系做了分析,提出了"同步激发的神经元也是相互连接的神经元"这一论断,即著名的赫布定律[①]。虽然大脑的结构和功能连接的网络不一定相同,但结构连接是功能连接的基础和约束,而功能连接又是结构连接的行为与表现,两者的关系既十分密切,又非常复杂。

大脑网络的另一个维度是时间(图 5-32 右边部分):我们既可以在大脑进化数百万年甚至亿年的时间跨度上,也可以在人生发展的几十年或发育的几年时间尺度上建立大脑的动态模型。目前研究自然智力的动态模模型属于"即时"时间尺度,一般在秒甚至更短的量级,与功能 MRI 的时间分辨率相关。最后,也可以从网络拓扑结构的视角建立和分析大脑网络(图 5-32 左边部分),如在细胞群体的当地、广域或全局分析所形成的网络拓扑结构与特性。所以,大脑本质上是一个结构上空间分布、功能上相互连接的复杂动态网络,各个区域之间持续不断进行信息交换与处理,执行不同的认知和其他心理和生理任务和过程。

建立一个典型的结构性或功能性大脑网络的主要步骤如图 5-33 所示[②]。大脑网络数学建模过程极其复杂,有各种不同的理论和很多技术细节,需要专业的知识和技能才能掌握。对此,本书不做详细介绍。一般来讲,首先需要根据预先设定的大脑分区模型或获取的原始数据体素来定义大脑网络的节点。大脑分区的先验模型很多,选择哪一种模型需要根据所研究问题的基本假设和目的来定;若不依赖先验模型,也可直接使用图像所产生的体素来定义网络节点(图 5-33,1)。对于结构网络,在网络节点确定之后,可以通过组织或图像数据,如 DTI 产生的数据,经过适当处理后进一步确定节点之间的连接(图 5-33 左图,2 和 3)。对于功能大脑网络,通过图像技术如 fMRI 对目标在与网络节点对应的记录地点,在给定测试时间内和工作条件下获取一系列对应血液氧化水平(BOLD)信号时间序列数据(图 5-33 右图,2)。基于这些时间序列信号,除了计算记录各个区域(节点)的神经元活动的平均强度之外,还需要通过统计分析得到各个区域之间信号的相关性(以时域相关系数或频域相干度描述),由此得到整个网络的相关矩阵,矩阵的维数等于网络中节点(区域)的数目,对角线元素代表各区域神经元活动的强度,非对角元素则代表两个对应区域神经活动的相关强度,即 BOLD 时间序列波形或频谱的相似程度。最终,我们便可以得到功能大脑网络(图 5-33 右图,3)。实际中,在完成了结构和功能网络矩阵之后,通常会根据相关强度的高低,进一步将相关矩阵数字化,即设定一个阈值,高于此阈值的相关系数为"1",低于为"0",由此便得到了最终简约的大脑结构或功能网络模型,其矩阵中的非零元素大大减少,转化为非零元素很少的稀疏矩阵。最后,我们可以利用图论等数学工具对网络进行宏观和微观的分析与研究(图 5-33,4)。需要指出的是,如此建立的大脑结构和功能网络模型与许多复杂的因素相关,如大脑分区(网络

---

① 原始文献:Hebb D. The organization of behavior: a neuropsychological theory. A Wiley book in clinical psychology. New York: Wiley,1949.

② 原始图像:Bullmore N,et al. Complex brain networks: graph theoretical analysis of structural and functional systems,Nature Reviews Neuroscience,2009.

节点)的选择、测量噪声的影响和伪假数据的判断等,需要极高的专业知识和技能才能避免和减少人为错误和误差。

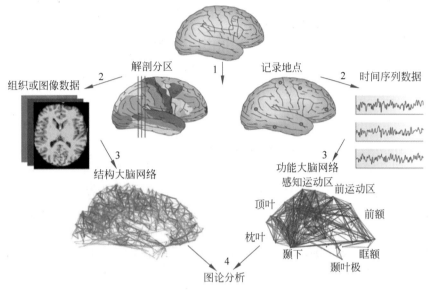

图 5-33　人脑结构和功能网络模型的建立过程

图论(graph theory)是一种用来分析研究复杂网络的数学理论工具,基本思想是将一个复杂的网络表述为一个由抽象的节点(node)和连接(link)或边(branch)构成的图,可以用一个抽象的函数 $G(V,E)$ 表示,其中 V 为网络节点构成的集合,网络节点的数目 N 代表网络的规模,E 为节点之间连接或边的集合。可以证明,对于一个具有 N 个节点的非定向网络,所有节点之间的最多连接边数为 $N(N-1)/2$。图论分析将网络节点抽象为一个点(几何尺寸为零),而只关心节点之间的连接。节点之间的距离由两者之间所经过的节点数来衡量,与节点之间的实际物理距离无关,相邻连接节点的最短距离为 1。两个节点之间所经过的节点数越多,距离越长。

节点度(node degree)是指节点所连接的边数。如图 5-34(a)所示,节点 C 共有 5 条边与其连接,故节点度为 5。节点度是对网络节点连接程度的衡量,一个节点的节点度越高,则意味着它与相邻节点的连接越多,在网络中的地位也越高。聚集系数(clustering coefficient)是描述和衡量节点周围相邻节点连接程度的参数。假设某个节点 $i(i=1,2,\cdots,N,N$ 为网络节点总数)的节点度为 k_i,可以证明它所连接的 k_i 个节点之间最多可能存在的连接数为 $k_i(k_i-1)/2$。节点实际存在的连接数 e_i 除以最多可能的连接数的比值定义为这个节点的聚集系数,其表达公式为 $C_i=2e_i/k_i(k_i-1)$。对于图 5-34(a)中的节点 C,相邻节点的实际连接数为 3,节点度为 5,故聚集系数为 $2\times3/5(5-1)=3/10$。网络中所有节点聚集系数的平均值为网络聚集系数。网络聚集系数是一个描述和衡量网络局部连接特性的参数,网络聚集系数越高,节点局部的连接则越强。网络中连接任意两个节点所需最少连接边数或者所要经过的最少节点数定义为这两个节点之间的路径长度(path length)。如图 5-34(b)所示,节点 A 和 B 之间的路径长度为 5。两个节点之间的特

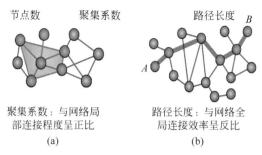

节点数　　聚集系数　　　　　路径长度

聚集系数:与网络局
部连接程度呈正比
(a)

路径长度:与网络全
局连接效率呈反比
(b)

图 5-34　描述复杂网络拓扑性质的参数

征路径长度(characteristic path length)则是路径长度除以 $N(N-1)/2$,N 是网络中节点的总数。图 5-34(b)网络共有 16 个节点,节点 A 和 B 之间的特征长度为 $5/16(16-1)/2=1/24$。网络中所有节点对的特征路径长度的平均值定义为网络的平均特征路径长度,是衡量网络全局连接特性的指标。平均特征路径长度越小,说明网络的连接效率越高。所以,我们也将特征连接路径长度的倒数定义为网络效率(network efficiency)。

对于一个复杂网络来讲,节点之间的连接不一定是确定的。我们称具有不确定连接的网络为随机网络。为了建立一个随机网络,一般可以从一个规则网络出发,在给定条件下(如节点度或平均节点度为某个常数等),根据预先设定的程序和概率对网络全部节点做重新连接。若网络中有 N 个节点,节点度为 k,则每个节点有 $N-1$ 个可能的连接。如果我们假设重新连接两个节点 i 与 j 之间的概率为 p_{ij},则 $p_{ij}=0$ 表示所选择的网络节点之间不可能发生连接。在这种情况下,网络的连接状态不会发生任何变化。若 $p_{ij}=1$,则所选择的网络节点之间一定会重新连接。在这种情况下,网络的连接状态一定会发生较大变化。若 $0<p_{ij}<1$,则只重新连接部分节点。如对于具有 N 个节点的网络,共有 $N(N-1)/2$ 种可能的连接;若连接概率为 p_{ij},则意味着只能重新连接 $p_{ij}N(N-1)/2$ 个节点。在连接过程中可以产生一组数值在 0～1 的随机数。若数值大于 p_{ij} 就连接,小于 p_{ij} 则不连。同时,还需要为连接附加一定的限制条件,如节点度为 k 等。

1999 年,美国普林斯顿大学研究生邓肯·沃茨(D. Watts,1971—)和他的导师斯蒂芬·斯托加茨(S. Strogatz,1959—)在 *Nature* 上发表了一篇论文,题为"小世界网络的集体动力学"[①],首次提出并分析了"小世界网络"(small world network)的数学模型。如图 5-35(a)所示,这个具有 16 个节点的网络节点度为 4(即每个节点有 4 个连接),其中 $L(0)$,$C(0)$ 和 $L(p)$,$C(p)$ 分别是规则网络和重新连接概率为 p 时的网络的特征长度和聚集系数。一般情况下,网络的聚集系数和特征长度之间的关系是正相关的,即聚集系数越大,特征距离也越长;反之亦然。这是因为在网络节点度不变的前提下,局部连接强度越高,则全局连接长度越大,全局网络连接效率也越低。这似乎也符合人们对规则和随机网络特征的猜测和预期。但沃茨和斯托加茨却发现,如图 5-35(d)所示,在重新连接概率 $p>0$ 之后的一段区间内,平均特征长度 $L(p)$ 迅速下降并趋于随机网络的特征长

① 原始文献:Watts D J,Strogatz S H. Collective dynamics of "small world" networks. Nature,1998,393:440-442.

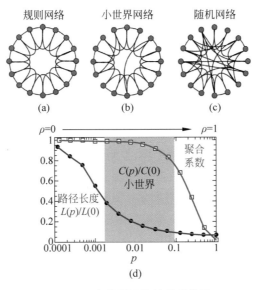

规则网络　　　小世界网络　　　随机网络

(a)　　　　　　(b)　　　　　　(c)

(d)

图 5-35　小世界网络的数学模型

度,但平均聚集系数 $C(p)$ 却变化缓慢,规则网络的聚集系数没有下降多少而远大于随机网络的聚集系数。这种 $L(p)$ 急剧变小而 $C(p)$ 基本保持不变的特殊网络拓扑是由少量连接捷径的形成所导致的。当 p 很小时,每条捷径的形成对提高节点间的全局连接效率(减少特征途径长度)带来很大影响,但却对聚集度影响不大。这意味着存在一个"小世界"网络:它的局部聚集度很高,但全局连接距离却很短[图 5-35(b)]。这的确是一个出乎意料的结果,却可以用来解释自然界和社会中的许多现象。大量的研究表明,大脑网络,无论是结构性或功能性网络还是在宏观或微观层次,均具有小世界网络的拓扑特征[1]。

以上这些关于大脑小世界的网络模型属于纯数学的拓扑理论,并没有说明和解释这种拓扑结构在大脑神经元网络中是如何实现和运行的。实际上,大脑数量巨大的神经元群体形成若干具有高聚集度区域,分别负责不同功能的信息处理工作。这些不同区域之间又通过少量超级神经元即网络枢纽(hub)实现高效的全局连接与信息交换。构建和运行这样一个巨大的复杂动态网络需要生物物质载体和能量消耗。理论和实验研究表明,大脑结构和功能网络的小世界特征可以实现网络信息处理功能性能与大脑结构物质占有及运营能量消耗的某种"最佳平衡"[2]。最新的一项研究表明,在大脑全局信息连接效率和网络构建成本的选择与平衡方面,高智力的个体更倾向于选择效率而不是成本[3]。大脑这种网络拓扑结构和生物物理机制是长期生物进化过程中,在时间、空间以及物质、

① 原始文献:Bassett D,Bullmore E. Small-World Brain Networks. The Neuroscientist,2006,12(6).

② 参考文献:Bullmorel E,Sporns O. The economy of brain network organization. Nature Reviews Neuroscience,2012.

③ 原始文献:Cao L,Liu Z. How IQ depends on the running mode of brain network? API Publishing,2020. doi:10.1063/5.0008289.

能量条件的限制下,通过应对各种自然环境和生态竞争压力不断发展和优化而形成的,这种优化的目标函数是效率,导致的最终结果是大脑最大的增长潜力和最强的适应能力。这种观点是由19世纪西班牙病理学家圣地亚哥·拉蒙-卡哈尔(Santiago Ramón y Cajal,1852—1934)最早提出的。卡哈尔幼年时是一个极端的叛逆者,以性格好斗而闻名。他曾经是一名疯狂的画家、体操运动员,还做过理发师和鞋匠,但最终选择了医学,在神经科学领域特别是大脑微观结构的研究方面做出了开创性的贡献,为大脑神经学奠定了基础,是1906年诺贝尔生理学或医学奖获得者。值得一提的是,他早年高超的绘画技能也为他后来的研究带来了独特的优势,卡哈尔关于脑细胞和神经网络描述的绘图清晰、生动和逼真,直到今天仍被用于脑科学的教学。

2007年美国心理学家理查德·海耶尔(Richard Haier)和合作者通过总结分析了37项涉及1557个样本的MRI大脑影像与智能的关联,提出了额叶-顶叶集成理论(Parietal-Frontal Integration Theory)或P-FIT[1],认为产生和决定智能的生物机制和过程并不局限于大脑的某个特定区域,而是取决于大脑不同区域的相互连接和作用。如图5-36所示,大脑信息处理过程的第一阶段,是通过枕叶和颞叶区域获取和处理视觉和听觉信息,如识别、理解和联想等。第二阶段将这些感知信息传送到顶叶进行集成和抽象。在第三阶段,额叶与顶叶区域相互作用后提出、评估和测试解决方案。在第四阶段,前扣带选择最佳方案并抑制其他可能的反应[2]。此模型强调白质在信息跨区域传输中的关键作用,并认为不同区域之间不同的互动方式可能产生相同认知表现。个体之间认知能力的区别可能是由于不同的额脑-顶脑激活方式和路径不同所导致。另外,还发现流体智力主要取决于顶叶和额叶区域,而晶体智力则主要由枕叶脑决定。影响处理速度的主要因素是白质的完整性,即不同区域之间的连接的程度和性能。额叶-顶叶集成理论表明,智能现象,特别是导致个体流体智能或一般智能差别的生理机制不仅涉及大脑皮质若干区域的

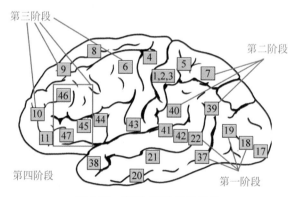

图5-36 额叶-顶叶集成理论

---

① 参见 Jung R,Haier R. The parieto-frontal integration theory (P-FIT) of intelligence:converging neuroimaging evidence. Behav. Brain Sci. 2007,30:135-154.

② 原始文献:Colom R,et al. Human intelligence and brain networks. Dialogues in Clinical Neuroscience,2010,12(4).

神经系统结构与功能，也与这些区域的连接与互动密切相关。额叶-顶叶集成理论只是对大脑不同区域在与智能密切相关的认知过程中信息处理与连接过程的一种唯象和整体的描述，极富想象力和解释力，但并不是一个严谨的网络模型。它对大脑神经网络与智力关系的宏观描述和解释非常一般但又比较模糊，使得任何进一步的实验和理论研究很难对其进行证伪，似乎只能得到与额叶-顶叶集成理论基本符合或一致的结论。

对大脑网络的分析研究，一般首先将大脑分为任务状态（on-task state）和静息状态（resting state）。任务状态是执行某些给定认知任务或对外界刺激做出反应的大脑状态，属于大脑在外部输入激发时的运行状态，呈现出与输入密切相关的规则性和规律性，特别是大脑网络不同部分之间神经元活动的相关性。静息状态则是大脑在清醒但不执行任何特定认知任务或没有任何特殊感官刺激情境下所处的状态。因为没有外部输入，大脑网络处于一种原始和自发的运行状态。过去相当一段时间内，人们以为大脑在静息状态下的自发运动状态是随机的，不同功能区域的神经元活动不会呈现较强的相关性和规律性。这种认识在1995年被美国威斯康星州立大学密尔沃基分校医学院的研究生毕思（Bharat Biswal）彻底颠覆：他意外发现大脑神经网络即使在静息情况下也会发生有规律的缓慢活动，不同大脑区域的神经活动具有明显的相关性[①]。后来，人们对静息状态下的大脑本征连接网络（Intrinsic Connectivity Network，ICN）做了大量研究，发现和识别了大约8种大规模功能性网络形态，如负责控制和执行功能的顶额网络（Fronto-parietal network，FPN）和扣带岛盖网络（Cingulo-opercular network，CON）、管理控制注意力的背侧注意网络（Dorsal attention network）和腹侧注意网络（Ventral attention）、负责感知功能的视觉（Visual 或 VIS）、听觉（Auditory）、体感（Somatosensory）网络以及预设模式网络（Default mode network，DMN）。这些功能性网络在大脑静息状态下均按一定规律动态运作，从事各种不同的自动信息处理和计算工作。因为没有外界输入和执行特定任务，所以这些工作只能依赖于内部存储的记忆数据，但的确可以产生"温故而知新"的效果。大脑静息网络中的预设模式网络（DMN）具有一种独特的性质，那就是在静息状态下很活跃，在受激状态下却被抑制，因此被看作任务负向（task-negative）网络，与其他如执行、注意和感知网络在受激状态比静息状态更加活跃的行为相反，所以这些网络被看作任务正向（task-positive）网络。

大脑在受激和静息状态下能量的消耗仅有5%的差别，两者在网络拓扑结构和功能等方面具有极大的相关性和相似性，关联系数高达0.91，能够解释约80%的受激状态下功能网络结构的变化[②]。所以，大脑静息状态下的本征连接网络的特征和表现不仅反映了大脑本身的运作方式，也与大脑受激状态下的特征和表现具有紧密的关联关系。另一项对884名年轻成年人静息状态下大脑功能网络的研究发现，个体之间网络拓扑结构的总体差别与一般智能的相关系数为0.457，能够用来解释约20%大脑功能网络差异所关

---

① 原始文献：Biswal B, et al. Functional connectivity in the motor cortex of resting human brain using echoplanar MRI. Magn Reson Med，1995，34（4）：537-541.

② 原始文献：Cole，M W，Ito T，Bassett D S，et al. Activity flow over resting-state networks shapes cognitive task activations，2016，No. biorxiv：055194v1.

联的一般智力差别①。研究发现，四个网络即顶额网络（FPN）、扣带岛盖网络（CON）、预设模式网络（DMN）和视觉网络（VIS）的作用尤为明显，这无疑与额叶-顶叶集成理论所得出的结论是一致的。

将基于心理学测试的因素模型与基于生物学大脑神经网络相结合比较系统全面的模型是由美国伊利诺伊大学教授、可塑性大脑研究中心主任阿隆·巴尔贝（Aron Barby，1977— ）提出的网络神经科学理论。他同时担任心理学、神经科学和生物工程学三个学科的教授，领导一个具有多学科人才的研究团队，是一位典型的学科交叉融合的学者。他认为功能强大而灵活的大脑神经网络节省物质与能量的策略是在小世界网络的框架下，将大脑划分为相对独立的区域性网络模块，各自负责不同的认知及其他功能与任务，可以对应 CHC 模型中最底层的特殊窄域智能因素②。这些网络模块中神经元节点聚集度高，可以在最低物质占有和能量消耗前提下实现信息连接和处理，而各个网络模块信息处理功能和任务的相对独立性、自动化和平行性提高了大脑网络整体效率。同时，这种局部的专门化组织结构与功能分工提高了大脑网络的鲁棒性，使之抵抗物理伤害的能力更强。正是各个功能模块能够相对独立运作和发展而不影响其他模块和大脑整体功能与运作这一性质带来了自然智能所具有的认知灵活性，为人类和智能物种提供了独特的进化优势。

除了直接可以测试的特殊窄域智能因素之外，经典 CHC 智力模型还引入了处于第二层的宽域智能因素，如代表学习、推理和解决问题本征认知能力的流体智力和基于经验和知识认知能力的晶体智力等。从网络神经科学的视角，这些宽域智能因素反映了大脑网络局部与全局之间资源竞争和效率优化所产生的一种妥协与平衡。通过灵活动态组织结合若干高效率、专门化的本地模块而形成更宽泛和综合的认知能力，为全局效率优化提供了更大的灵活性和更多的自由度。构成宽域智能因素的网络具有明显的"小世界"拓扑特征，代表窄域智能因素的局部网络模块更倾向于规则网络，节点之间连接较强，聚合程度较高且灵活性较差；而由窄域局部网络模块所构成的宽域全局网络却更具有随机网络的特征，边缘节点平均特征途径较短，由若干具有极强连接性的网络枢纽实现。对大脑静息状态下的本征连接网络的测量和分析表明，个体在宽域智能因素如晶体和流体智能方面的差别主要取决于所对应网络的系统动态特性，特别是在不同网络状态之间灵活过渡的能力。晶体智力所对应的网络状态变化更多依赖于由枢纽构成的强连接，这些连接是通过经验体验和知识学习而形成和强化的网络枢纽来实现的，一般发生在预设模式网络（DMN），与认知活动相对应的网络状态变化比较确定和容易。流体智力所对应的认知过程一般涉及的网络状态变化却往往没有现成的连接或连接较弱，所以更难达到预期目标网络状态。流体智力的关键是需要通过更具灵活性和适应性的网络连接的动态变化和可塑重构，建立所需的连接和消除网络状态的不确定性，主要由顶额

---

① 原始文献：Dubois J, et al. A distributed brain network predicts general intelligence from resting-state human neuroimaging data. Phil. Trans. R. Soc. B, 2018, 373: 20170284.

② 原始文献：Barbey A. Network Neuroscience Theory of Human Intelligence. Trends in Cognitive Sciences, 2018, 22(1). https://doi.org/10.1016/j.tics, 2017.

网络(FPN)和扣带岛盖网络(CON)负责推动和执行。与流体智力密切相关的一般智力也具有同样的工作机制和功能特征,即依赖于大脑本征连接网络的动态重组,包括改变网络拓扑和社区结构来服务于整个系统的灵活性和适应性,正是这种大脑网络灵活性和适应性的差别造成了个体之间智能的差别。

对于大脑功能网络的研究所得出的结论是,大脑网络全局效率与一般智能差别的相关性较强,如大脑归一化平均途径距离与智商的相关系数为$-0.54\sim-0.57$,而与局部连接和信息处理能力如总节点度和平均聚集系数的相关性较弱[①]。这说明对于自然智能,特别是一般智能来讲,大脑神经网络的全局连接效率与局部连接所起到的作用更加重要。另一项最新的研究中发现,在执行具有挑战性认知任务时,大脑负责执行与控制的顶额网络(FPN)更加活跃而预设模式网络(DMN)却更加抑制,两者的活跃程度差别与从事任务的难度呈正相关关系。同时,个体一般智力的差别的21%可以用激活程度的差别来解释,两者的相关系数高达0.44[②],这说明个体一般智能的差别与大脑神经网络的灵活性和可塑性密切相关。

前面所介绍的智力模型在 MRI 影像数据的基础上建立了大脑结构和功能的模型,揭示了大脑皮质的结构、组织以及不同区域相互关联和作用等与人类智力之间的关系。在微观层次,大脑神经网络的基本单元是神经元。大脑中神经元的种类繁多且数量巨大。在大脑皮质中存在一种锥形神经元,如图 5-37(a)所示。与其他啮齿和猕猴动物相比较,人类的锥体细胞的树突的长度大 3 倍、分支多 2 倍。同时,人类的锥形神经元激活的速度快 3 倍,传递信息的速率高 9 倍。这些差别估计是人与动物在长期进化过程中的不同适应性选择和途径。最近的一项研究发现,人类大脑皮质,特别是颞叶中锥形细胞的特性如树突的总长度和复杂性(即分支的数目)与人类智商有 0.51 和 0.46 的正相关关系[图 5-37(c)]。这说明智商高的人所具有的锥形细胞树突的结构更大和更复杂,导致更高的动作电位和更快的信息传输[③]。这种在神经元层次的功能差异最终反映到神经网络的不同表现导致智能的差别。

对双胞胎的智力测量揭示了智商的可遗传性。利用现代影像技术对同卵和异卵双胞胎的观察得出了类似的结论。大量科学研究表明,人类大脑皮质的结构和组织如大脑皮质的面积、厚度、灰质和白质的体积等,具有极高的可遗传性,高达 60%~80%[④]。如图 5-38(a)所示,第一列和第二列为同卵和异卵双胞胎的大脑灰质相似度的比较,以不同的颜色表示,可以看到,基因 100% 相同的同卵双胞胎的大脑灰质结构的相似度大大高于

① 参考文献:van den Heuvel M P,et al. Efficiency of Functional Brain Networks and Intellectual Performance. The Journal of Neuroscience,2009.

② 原始文献:Chandra Sripada,et al. Brain Network Mechanisms of General Intelligence,doi:https://doi.org/10.1101/657205.

③ 参考文献:Goriounova N,et al. Large and fast human pyramidal neurons associate with intelligence. eLife,2018.

④ 参考文献:Jansen A,et al. What Twin Studies Tell Us About the Heritability of Brain Development,Morphology,and Function:A Review,Neuropsychol Rev,2015,25:27-46.

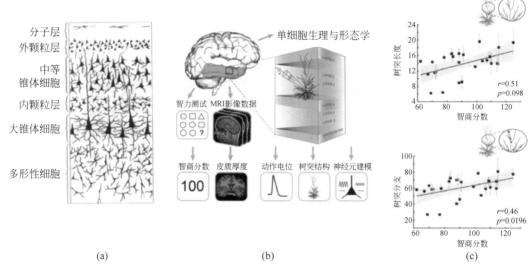

图 5-37　智力与大脑微观结构的关系

基因 50％相同的异卵双胞胎[1]。另外，利用扩散矢影像 DTI 技术对大脑白质的研究也证实了很高的遗传性[图 5-38(b)][2]。

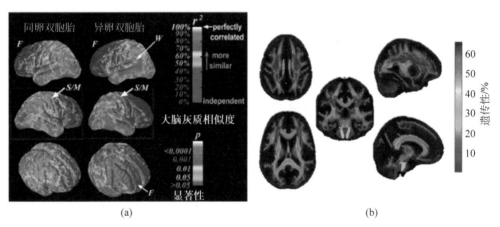

图 5-38　大脑结构与功能的遗传因素

　　既然智力测试和大脑影像数据分析均证实智商具有较强的可遗传性，也许我们能够通过对 DNA 序列的分析发现造成智力差别的片段和序列的差异。在人类基因组的层次上，最常见的基因变异是由单个碱基的变化导致的单核苷酸多态性（Single Nucleotide Polymorphism，SNP）。如果我们将 SNP 作为分子遗传标记，则可利用全基因组关联分

　　①　原始文献：Thompson P，et al. Genetic influences on brain structure，Nature Neuroscience，2001，4：1253-1258.

　　②　原始文献：Thompson P，et al. The ENIGMA Consortium：large-scale collaborative analyses of neuroimaging and genetic data，Brain Imaging and Behavior，2014，8：153-182.

析(Genome-wide association study,GWAS)方法,在全基因组水平上通过对照和相关性分析,发现智能差别与 DNA 的关联关系。早期这方面的研究因样本数量太小,未能产生可以重复和验证的结果。这是因为由 DNA 所引起的智能差异是一种"多基因"现象,由单个基因变异 SNP 所引起的智能差异太小,需要足够大的样本数量才能够显现。

2019 年最新发布对 269 867 个样本综合分析识别了与智能具有关联性的 206 个基因座,涉及 1041 个基因。但所得到的结果却令人失望:单个基因变异与智能的关联性极弱,最高也不超过 0.05%。即使将全部基因的影响加在一起,也只能解释约 20% 的遗传影响,与双胞胎研究所得出的超过 50% 的结论仍有很大距离[1]。如何弥补两者之间的差距,也许需要新的思路和方法[2]。

另一个有趣的现象是在与智能相关联的基因变化中,只有 105 个基因(占全部 SNP 的 1.4%)处于 DNA 中编码产生蛋白质的部分,其余的 98.6% 均分布在 DNA 中非编码的序列中。如图 5-39 所示,51.3% 为内含子,穿插在编码的基因之间,在生成信使 RNA 时被裁剪。另外 33.4% 出现在基因之间的 DNA 序列中,目前我们对这部分 DNA 的功能和作用了解还比较少,但知道其中一些对调节相邻近的基因表达有直接的关系和作用。虽然直接参与编码的基因数量很少,但基因表达所产生的作用最终会在大脑发展的不同阶段体现,影响神经元的生长、差异以及神经元树突的结构、功能和活动。这些基因表达也会受到外部环境、特别是胚胎发育和儿童早期成长的环境等因素的影响,所以基因对智能的贡献也会因外部环境的不同而产生变异。

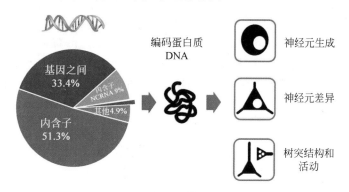

图 5-39　智力与基因的关系

5.3.4　基于情境关联的智能模型

前面所描述的传统智能模型均建立在一个科学的假设和实验基础之上,符合科学理论模型的基本要求。但这些简化的假设和局限的测量均有一定的局限性。从根本上讲,

---

① 原始文献:Savage J, et al. Genome-wide association meta-analysis in 269,867 individuals identifies new genetic and functional links to intelligence. Nat. Genet,2018,50:912-919.

② 参考文献:Plomin R,von Stumm S. The New Genetics of Intelligence. Nature Reviews,Genetics,2018.

传统智能模型所包含的内容就是心理认知和生物生理所能够测试的内容。这些模型和测试更强调个人学业和与此相关的智力因素与认知过程。如果智能的最终目的和衡量标准是拥有智能的主体是否和如何有效适应外部环境变化中达到有价值和意义的目标，那么仅考虑与学业相关的智能因素和认知过程显然是不够的。所以，需要一个更全面的智能模型，能够包括和考虑所有与适应环境所需要的因素和过程。最终决定衡量智能水平和表现的关键是主体的智力与所面对的环境相互作用的结果。适应环境的能力表现越强，智能水平便越高，这是衡量智能的最终客观判据。

美国心理学家、哈佛大学教授霍华德·加德纳（Howard Gardner，1943—　）在 1983年提出了多元智能模型（图 5-40）。他认为智力具有八个相对独立的维度。除了传统智能模型中所包含的因素，即语言智能、数学逻辑智能、视觉空间智能之外，他又引入了身体动觉智能和音乐智能。这两种分别涉及身体和听觉的智力因素在传统的智力测验中并不包括，但对于人类生存发展却十分重要。同时，他又增加了与外部环境相互作用相关的内省智能、人际智能和自然智能，强调认知过程与外部环境的相互作用。这些相对独立的智能类型在个人的现实生活和经历中会以不同方式和不同程度结合在一起，从而形成个体智能的不同功能和特征。在加德纳看来，"智能是解决问题或创造成果的能力，这种能力在某种文化情境下是具有价值的"。从这个意义上讲，智能是通过适应不断变化的环境而生存和发展的能力。更具体地讲，智能的基本特征是能够在复杂变化的世界中感知，在条件不全的前提下推理，在信息不确定的情况下决策。同时，智能还必须能够同时协调不同任务并且能够在嘈杂的环境中学习。正是这种结合使得人类具有应对不同外部环境而生存与发展的能力。从这个意义上讲，每个人的智能特点均有所不同，很难做横向的比较，也不能由一个或几个参数来描述和衡量。我们不应该简单以先天一般智力作为衡量"聪明"和"愚蠢"的标准。相反，任何人均在某个特定的方面具有独特和超常的智力！

霍华德·加德纳

图 5-40　多元智能模型

美国耶鲁大学教授罗伯特·斯滕伯格(Robert Sternberg, 1949—)1985 年出了"智力三元论"(triarchic theory of intelligence),认为个体智力上高低的差异源于个人对环境刺激信息处理的不同方式,通过测量个体在认知情境中信息处理的方式,能够鉴别和解释个体智力的差别。根据三元智力模型,人类智力由三个相互关联的成分构成[图 5-41(b)],即:①解析型智力:运用知识理性分析、判断、推理和解决问题的能力;②实践型智力:运用所学知识与经验处理日常事务的能力;③创造型智力:运用经验综合不同观念而形成顿悟或创造的能力。

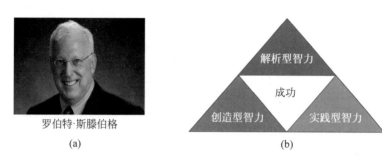

罗伯特·斯滕伯格

(a)　　　　　　　　　　　　　　　(b)

图 5-41　成功智力模型

根据这个模型,传统智力测验中的智力商数(IQ)只能代表三元论中的解析型能力,属于对"书本聪明"的衡量,主要反映一种对"内在世界"驾驭的智力因素。实践型智力则属于"街头聪明",主要代表一种对"外界世界"反应的智力因素。创造型智力则处于解析型和实践型智力之间,是一种将"内在世界"与"外在世界"相结合而适应和改变环境的能力。自智力三元论问世以来,智商是否等于智力的问题便成为心理学争论的焦点。一方面,三元智力理论似乎更符合人们对智力类型的直观认识;另一方面,如何通过科学的方法测量和衡量实践型和创造型智力,仍还没有系统和可靠的方法。

后来,斯滕伯格又进一步将他的理论推广,提出了"成功智力理论",认为智能最终的衡量即是否能够成功达到所设定的重要目标。任何一个成功的人,无论成功的标准是自己还是别人设定,均具有获取、发展和应用一系列智能因素平衡组合的独特能力,而不只是学校所追求和强调的内在智能。这些成功人士并不一定在传统的智力测验中获得高分(即高智商),却均具有一种共同的能力,即清晰意识到自己的长处和弱点,并且能够发挥自己的长处和弥补或纠正自己的弱点。

传统的智能模型强调个人学业的能力以及与此相关的智力因素和认知过程。如果智力的最终目的和衡量标准是拥有智力的主体(人类或智能物种)是否和如何有效适应外部环境的变化从而更好生存与发展,那么仅考虑与学业相关的智能因素和认知过程显然是不够的。所以,一个充分的智能模型需要包括和考虑所有与适应环境相关的智力因素和认知过程。最终决定衡量智能水平和表现的关键是主体的智力与所面对的环境相互作用的结果。适应环境的能力表现越强,智能水平便越高。

5.5 情绪智能

5.5.1 情绪概念

迄今为止,我们关于智能的讨论均忽略了一个重要的相关因素,即情绪(emotion)。情绪是人类和动物在所处环境下由某种外部和(或)内部刺激以及认知共同作用下产生的一种自然心智状态,能够通过主观感觉体验,可以通过表情、手势、体态、语言等方式表达,并且会导致对应的行为表现。现代心理学将心智能力划分为几个相互关联的组成部分,包括认知、情绪、动机和意识等。传统的智能模型假设自然智能主要与认知能力和表现相关,而认知能力影响和决定主体对外界环境的判断水平和行为表现,从而导致不同的结果(成功或失败)。但在现实中认知与情绪并不是独立的,而是相互关联和混合,共同作用,最终对思维和行为产生影响。

早在两千年前,古希腊的柏拉图就认为所有的学习都具有一定的情绪基础。达尔文在研究生物进化时就认为情绪宣泄对人类和动物的生存与进化起着重要作用[1]。人类在生存受到威胁时,交感神经系统会分泌激素,促使心跳、血压和肾上腺素升高,导致产生高度紧张的情绪,而这种情绪会以面部表情、身体姿态、语言方式等形式表现出来,并会影响甚至决定人的思维过程和行为。对于自己和他人的情绪,我们均有深刻的亲身感受,但若试图对情绪的概念做一个符合客观实际的科学定义却又极其困难。不过我们至少知道情绪包括与大脑神经系统内部状态相关的某些外部表达行为,并且产生了人类或动物所能主观感受到的一种感觉。所以,情绪本质上是中枢神经系统的一种内部状态,它由某种外部或肌体组织内部的刺激所引发,并且由它所激活的对应神经回路处理和编码之后,导致一系列外部可观察的行为以及相关的生理反应和心理表现。另一种观点认为情绪至少具有以下几个必要特征:①有所针对的发泄对象;②伴随可感觉的身体变化;③包含某种主观体验或感受;④由对某个外部事件的评估所引发;⑤对个人和(或)社会生活有一定影响作用[2]。在这里需要说明的是,本书将 emotion 翻译为"情绪",而将 affect 译为"情感",feeling 译为"感觉"。虽然在现实中人们经常将这些概念混用而不加区别,但在学术中严格来讲它们之间既有区别,也有联系。一般来讲,情感是更基本的心理概念,可以理解为情绪现象的某些维度和特性,是不可再分的基本心理因素变量。情绪是更高级的心理表达和行为表现,是某些情感特性和感觉特征以及其他心理、生理等因素的复杂综合体和动态过程。感觉则指个体实际的主观感受。情绪不等于情感,却是由情感以及其他心理因素和过程所构成的某种组合。所以,逻辑上情绪包括情感的因素,情感因素是情绪的组成部分,所有的情感和情绪因素及状态均可以通过主观的感觉来感受。

---

① 原始文献:Darwin C. Expressions of Emotion in Man and Animals,1872.

② 原始文献:Mulligan K,Scherer K. Toward a working definition of emotion. Emot. Rev. 4,345-357,2012. doi:10.1177/1754073912445818.

5.5.2 情绪模型

人类有哪些典型或基本的情绪与情感呢？这些情绪和情感有哪些显著的特征？它们所对应的外在表现和内在机理又是什么？如果我们将情绪理解为一种心理状态,则可以分为基本情绪和复杂情绪两大类。根据达尔文的理论,基本情绪是人类进化过程中适应环境而生存的产物,是人类和动物的基本心理属性,具有明确的生理机制和清晰的外显标识(如脸部表情等)。从功能上讲,基本情绪特别是恐惧和愤怒是生物体在进化过程中所产生的生态竞争优势和生存保障措施,因此也称为初级情绪(primary emotion)。复杂情绪如自豪、妒忌和羞愧等则是为协助和促使生物体之间进行社会交流,也称为次级情绪(secondary emotion)。对人类具有几种和哪些基本和复杂情绪,还存在不同的观点和解释。比较普遍采用的是美国心理学家保罗·艾克曼(Paul Ekman,1934—)提出的六种基本情绪,即快乐(happiness)、悲伤(sadness)、愤怒(anger)、恐惧(fear)、惊讶(surprise)、厌恶(disgust)(图 5-42)[①]。

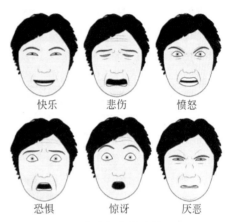

图 5-42 艾克曼的基本情绪类型

（图中标注：快乐 悲伤 愤怒 恐惧 惊讶 厌恶）

最近一项对人脸表情动态实验数据的系统分析结果表明,与人类生存安全相关最原始和最基本的情绪实际上只有四种,即快乐、悲伤、愤怒和恐惧。实验表明,受试者在受到刺激的最初阶段,厌恶与愤怒、惊讶与恐惧均对应十分相似的面部表情,如厌恶与愤怒均伴随着皱鼻子,而惊讶和恐惧则对应扬眉毛。这种纯粹的本能生理反应是人类在进化早期出于安全需要所产生的基本情绪。随着时间推移,受试者的厌恶与愤怒、惊讶与恐惧情绪的特征区别开始显现,而这些更高级的情绪主要是为了满足人类社会交流和表达的需要[②]。人类的高级情绪如复合或混合情绪(compound or mixed emotion)是指多种不同的,特别是相反的情绪的动态组合,如一个人同时感受到快乐与悲伤、兴奋与恐惧,并且在这些正负情绪之间快速转换和波动。另外,复杂情绪如自豪(pride)、羞愧(shame)和尴尬(embarrassment)等,无法用基本情绪的简单组合来描述。在最近一项研究中,受试者对 2185 段不同情绪刺激的短视频所做出各自的主观感受报告,对这些报告中数据的聚类分析识别出 27 种不同的情绪模式。除了上述的基本情绪之外,还有许多复杂情绪如钦佩(admiration)、崇拜(adoration)、审美欣赏(aesthetic appreciation)、娱乐(amusement)、焦虑(anxiety)、敬畏(awe)、尴尬

---

① 原始文献：Ekman P,et al. Universal facial expressions of emotion,California Mental Health Res. Digest,1970.

② 原始文献：Rachael E Jack,Oliver G B Garrod,Philippe G Schyns. Dynamic Facial Expressions of Emotion Transmit an Evolving Hierarchy of Signals over Time,Current Biology,2014；24(2).

(awkwardness)、无聊(boredom)、妒忌(envy)等①。人类情绪的复杂性和动态性的表现方式多种多样,既具有各种不同情绪模式之间的不同特征表现,也有不同情绪之间的相互关联和动态转化。这些现象本质上是大脑神经系统在某些特定条件下涌现出的一种复杂现象,也许可以用复杂系统理论模型来描述和分析②。

以上这种基于分立模型(discrete model)的情绪分类和定义均假设不同的基本和复杂情绪各自具有一套特定的神经系统回路和运营机制,其生理和心理表现犹如指纹一样区别于其他情绪,能够比较容易地通过一些信息表达和行为表现如脸部表情、语言表达和身体姿态等进行识别。在实际中这个假设并不一定严格成立,而在每一个情绪类别中所对应的系统参数具有较大的离散性,并且不同情绪类别之间的界限也比较模糊。大量的研究特别是实验数据与基本情绪模型的描述和预测基本一致,但对于复合和复杂情绪却没有得到比较一致的实验验证③。

另外一类情绪的模型是美国心理学家詹姆斯·拉塞尔(James Russell,1947—)等提出和发展的维度模型(dimensional model)。对大量心理测试数据分析后,他发现关于情绪的模型可以用两个独立的情感变量所构成的空间来描述,并在此基础上提出了维度情感空间模型④。他将情感分为效价度(valence)和激活度(arousal)两个维度,其中效价度表示情感状态的正、负特性,正表示有利、积极、快乐和喜欢等,负表示有害、消极、痛苦和厌恶等。效价度体现了情感最核心的本质,即动物追求快乐的自然倾向。激活度表示情绪生理激活水平和所产生的警觉性,反映了动物对生存安全的本能需要,以高和低或强与弱两个极端来衡量。这是一种化繁为简的科学方法,在自然科学如物理学中普遍采取并取得了巨大成功。将人类情绪简化为几个基本的情感维度在很大程度上抓住和反映了情绪的特征。情感的二维模型在大量的心理和生理测试中获得了验证,表明人类和动物最基本的情绪可以用效价度的正负和激活度的高低来描述和预测,虽然对效价度和激活度的概念和定义在不同的场景下可能不同。不仅如此,通过不同情感刺激下人脸表情、语言描述以及所对应的大脑脑电波和功能性核磁共振图像分析的结果,发现人类的情感空间形态呈一种"倒三角形"或"V形"的形态。如图5-43(a)所示,在激活度较低的情况下,人类情感的效价度基本处于接近于零的"中性"状态,或者说无法区别正面还是负面的情感。随着激活度的提高,情感效价敏感度和清晰度迅速增强,可以根据对外部或内部刺激的极化状态的判断产生对应的情感。激活度越高,情感效价的极化程度则越强⑤。所以,情绪与激活度具有较强的相关关系,没有激活不会产生情绪;在激活的情况

①　原始文献:Cowen A,Keltner D. Self-report captures 27 distinct categories of emotion bridged by continuous gradients,www. pnas. org/cgi/doi/10. 1073/pnas. 1702247114.

②　原始文献:Berrios R. What is complex/emotional about emotion complexity? Frontiers in Psychology,2019,10,1606.

③　原始文献:Ekman P. What Scientists Who Study Emotion Agree About,Perspectives on Psychological Science,2016,11(1):31-34.

④　原始文献:Russell J A. Affective space is bipolar,J. Personality Social Psychol,1979.

⑤　原始文献:Mattek A M,Wolford G L,Whalen P J. A mathematical model captures the structure of subjective affect. Perspectives on Psychological Science,2017,12(3),508-526.

下,情绪的取向可以有所不同。激活度越高,情绪的取向极化度则越强。与通过针对不同情感刺激所产生的人脸表情以及其他情感表达方式所产生的情感测试结果如图 5-43(b)的两幅图所示,与情感的倒三角形模型十分吻合。

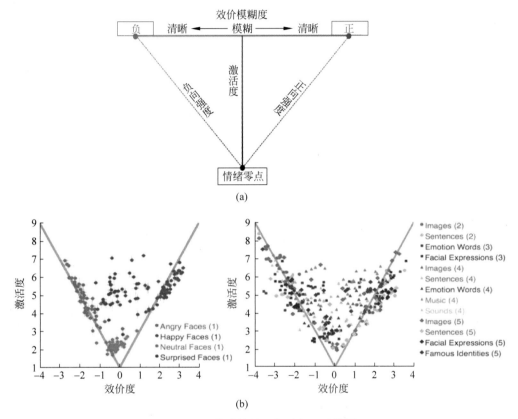

图 5-43　情感的倒三角形和 V 形模型

　　有趣的是,这种 V 形情感曲线的形态对于不同的文化和性格有所不同。如图 5-44 所示,不同国家和地区人群情感激活度的阈值(即最低激活点)有较大的差别,日本人最低,中国香港人最高,韩国人与加拿大人接近。另外,不同民族的效价度-激活度曲线的斜率或敏感度也有所不同,西方的加拿大人和西班牙人敏感度较低,情感比较稳定,而亚洲的韩国人特别是中国香港人非常多变,日本人则与西方国家比较接近。另外,研究也发现情感曲线的陡峭程度在同一族群中随着性格的外向性增加而增加[①]。

　　四川师范大学脑与心理科学研究院顾思梦教授最新对果蝇的研究成果进一步证实了人类最基本的情绪只有四种的论断。同时,利用维度情感模型,指出悲伤(sad)和愉快(happy)处于效价度维度两端,其位置取决于刺激所能产生的快乐值(hedonic value),与

---

　　① 原始文献:Peter Kuppens,1 Francis Tuerlinckx,1 Michelle Yik,2 Peter Koval,1,3 Joachim Coosemans,1 Kevin J. Zeng,2 and James A. Russell,The Relation Between Valence and Arousal in Subjective Experience Varies With Personality and Culture,Journal of Personality 85:4,August 2017 VC 2016 Wiley Periodicals,Inc. DOI:10. 1111/jopy. 12258.

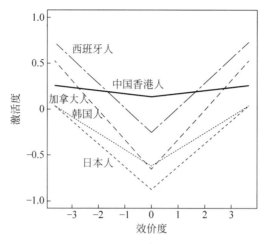

图 5-44 效价度-激活度曲线与不同种族的关系度

人类的生理需求直接相关；愤怒（anger）和愉快（joy）则处于激活度维度高端的两侧，与刺激出现方式和人类安全需求相关[图 5-45（a）]。这四种基本情绪也与所对应的刺激和所产生的行为有关，这些刺激具有两类特征：一是其效价度是否能够满足生理需求；二是其激活度是否在意料之中。所对应的反应也有两类：因为有利但意外而愤怒，因此选择"进攻"；（接近）趋利从而获得快乐或者因为有害但意外而恐惧，因此选择"逃跑"（逃避）避害[图 5-45（b）]。若避害失败，则会将恐惧变为悲伤；若成功，则可以转悲为喜。

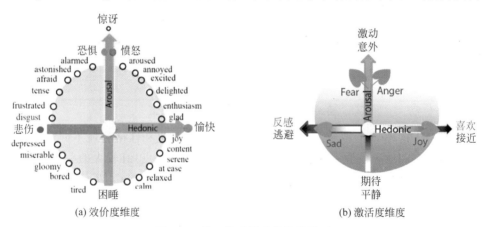

(a) 效价度维度　　　　　　　　(b) 激活度维度

图 5-45 基于情感维度的情绪模型

以上情绪和情感模型均假设情绪是一种状态，属于结构性（structural）的模型，只强调构成和决定情绪和情感的因素和模型结构，对情绪和情感产生的过程没有给出完整的描述。关于情绪的过程模型（procedural model），基本假设是情感和情绪过程本质上是一个对外部或内部刺激的心理认知、评价和反应过程，并在此基础上影响行为。美国心理学家玛格达·阿诺德（Magda Arnold，1903—2002）在 20 世纪 50 年代提出了情绪的认知评估理论（cognitive appraisal theory），认为人类不同情绪的产生和表现主要是由其对所面对的事件和环境的主观评估来决定的。当一个相关的事件发生时，人们有意或无意地首先根据个人的经验和知识对所发生事件的效价度进行评估,并产生相应的生理反应和行为倾向。所以,刺激情境本身并不直接决定情绪的性质,而是要经过大脑皮质的评估之后才会产生,虽然这种评估过程往往是以下意识的方式完成的。情绪产生的基本过程是"刺激、评价、情绪"。同一刺激情境,评价不同,所产生的情绪反应也不同。后来,美国心理学家理查德·拉扎鲁斯(Richard Lazarus,1922—2002)进一步把阿诺德的理论扩展为"刺激、评价、再评价、情绪"的过程,其中既要评价个人所处的情境,也要评估可能采取的行动。认知评价模型认为只要被评价的事物与个人安全和愿望有足够的关系,情绪的体验便会产生。如图 5-46 所示,对所发生的事件初级评估首先判断对自己是否具有效价关系。若无关,则忽略,不产生情绪;若相关且对自己有利,则会产生证明愉悦的情绪。若相关但有害,则需要对事件进行次级评估。次级评估的目的是确定自己是否具有资源和能力应付此事件,并决定采取接近还是逃避方式并产生相应的愤怒或害怕情绪。若无法应对而受到事件的伤害,则会产生悲伤的情绪。这与图 5-45 所描述的逻辑状态是一致的。

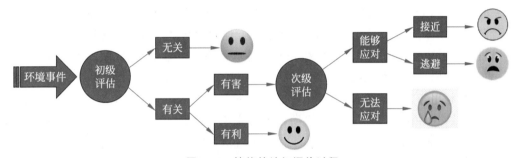

图 5-46　情绪的认知评价过程

阿诺德-拉扎鲁斯的认知评价模型能够很好地描述和解释人类基本情绪的结构和过程,但不能很好地描述人类的复杂情绪。1988 年美国心理学家安德鲁·奥托尼(Andrew Ortony)、杰拉尔德·克洛里(Gerald L. Clore)和阿伦·科林斯(Allen Collins)出版了《情绪的认知结构》一书,认为情绪实质上是对环境评估后的一种具有效价的反应,由相互关联的环境认知-解释、动机-行为和身体-生理三个分量构成,而这些分量均与主观感觉密切相连(图 5-47)。面对一个发生的事件,主体首先将对事件结果的利弊、行为规范的对错

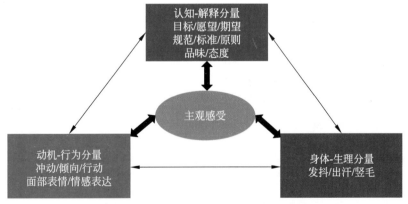

图 5-47　关于情绪认知结构的 OCC 模型

和事物本身的好恶从对本身和他人的角度进行评估和判断,然后根据其效价产生相应的情绪。根据这个模型的基本逻辑,可以推断出 22 种不同的基本和复杂情绪。这个以三位发明者命名的 OCC 情绪模型具有比较完备的逻辑结构和解释威力,是情感计算和人工智能中最为普遍采用的模型之一。

5.5.3 情绪智能

不仅认知在情绪中起到了关键的作用,情绪也对认知具有很大的影响。正如艾克曼所说的:"情绪会改变我们看待世界和理解他人行为的方式"。许多现代的心理学者也认为传统的智商定义和模型不能全面描述和解释人类的自然智能现象。如前述加德纳的多元智能理论也引入了人际智能(洞察他人的目的与动机的能力)和自我认知智能(认识并理解自我的能力)。1990 年,美国心理学家彼得·萨洛维(Peter Salovey,1962—)和约翰·梅尔(John D. Mayer,1953—)对人类的情绪和智能的关系做了系统的研究,提出了情绪智能(Emotional Intelligence,EI)的概念[①]。他们对情绪智能的定义是"一种识别、表达、理解、利用和管理自己和别人情绪并导致适应性行为的能力"[②]。在萨洛维和梅尔看来,情绪智能属于自然智能的一个组成部分,主要涉及智能系统对情绪数据(信息)的感知、处理和利用能力。具体来讲,情绪智能包括四个方面的因素:①准确感知自己、别人和其他刺激物的情绪;②利用情绪协助思考与交流;③明白情绪、情绪语言所传递的信息;④管理和控制情绪以达到某种目标。这些因素构成了人类的情绪智能系统,负责接收、处理和利用所接收的情绪信息,并利用这情绪信息与知识指导和协助思维。所以,情绪智能本质上是一种基于情绪进行精确推理,并将认知与情绪相结合来提高思维的能力,包括个人(personal)和社会(social)两个方面的内容和要求。同时,他们建立了一套测试情绪智能水平的方法,即 Mayer-Salovey-Caruso Emotional Intelligence Test (MSCEIT),针对情绪智能模型的四个方面、各两项任务共有 141 个问题,根据测试者回答的结果通过"民意统计"或"专家评估"方式最终确定受测者的情绪智能水平。

英国心理学家康斯坦丁诺斯·佩德里迪斯(Konstantinos Petrides,1972—)于 2001 年在博士论文中提出了"特质"(trait)情绪智能模型[③],认为情绪智能是一种性情倾向,包括个人性格特质或自我效能信念。情绪智能是对自己和他人情感世界的主观知觉(perception),包括对情绪的感知、理解、管理和利用,可以通过一系列问卷调查和平凡量表测量和确定。与前面所述的"能力"(ability)情绪智能模型假定情绪智能是一种适应性认知能力不同,特质模型则认为情绪智能主要是个人性格特质的反映。主要表现在:

---

① 原始文献:Salovey P,Mayer J D. Emotional intelligence. Imagination,Cognition and Personality,1990,9:185-211.

② 参考文献:Mayer J D,Salovey P. What is emotional intelligence? In P. Salovey & D. Sluyter (Eds.),Emotional development and emotional intelligence:Implications for educators,1997:3-31.

③ 原始文献:Petrides K V. A psychometric investigation into the construct of emotional intelligence. Doctoral dissertation:University College London,2001.

①幸福感（well-being）；②自控力（self-control）；③情感度（emotionality）；④社会性（sociability）；⑤适应性（adaptability）；⑥自我驱动力（self motivation）。由于性格特质是一种长期不变的行为表现，所以常用的测试方法是通过一系列调查问卷由受测者自行回答，并对结果进行评估打分来衡量。

美国哈佛大学心理学博士、时任《纽约时报》科学记者的丹尼尔·戈尔曼（Daniel Goleman，1946— ）于 1995 年出版了《情商：为什么情商比智商更重要》一书，引起全球对智商概念的追捧和讨论研究（图 5-48）。请注意戈尔曼在书名中并没有用"情商"（Emotional Quotient）这个词而是用的"情绪智能"（Emotional Intelligence）。但后来他将这两个概念混用，主要是为了将"情商"与"智商"作为等同的概念比较和讨论。实际上，情商的概念并没有像智商那样有严格的科学定义和理论基础，本质上有较大差别。所以，我们应该认为"情商＝情绪智能"。在戈尔曼看来，作为"社会人"，一个人在事业和家庭等方面的成功很大程度上取决于与他人的关系。他认为情绪智能不仅是一种认知能力，更是一种个人特质，或者说是两者的有机结合。戈尔曼的情绪智能主要由五个维度组成，即：①自我意识，即准确了解和把握个人情绪等；②自我调控，如识别、控制和将消极、负面情绪导向积极、正面情绪等；③社交技巧，如处理和管理与别人的关系等；④共情，即理解和考虑别人的感受与情绪等；⑤动机，取得成就的愿望和动力。以色列心理学家鲁文·巴尔-安（Reuven Bar-On，1944— ）于 1997 年提出了一个相似的情商模型，但包括不同的因素，即：①自身关系；②人际关系；③适应能力；④压力管理；⑤一般心情。因为这类模型包含能力和特质两方面的内容，所以被冠名"混合"（mixed）模型。混合模型的测试通常是一种能力测试和特质调查的结合。

丹尼尔·戈尔曼

 成功=80%情商+20%智商

图 5-48　情商的理论

关于这三种主流智能情绪概念与模型的比较，如图 5-49 所示，情绪智能是一种处于认知智能和个人性格之间的能力和特质。能力模型更偏向于认知智能，认为情绪智能是自然智能的组成部分和认知智能的扩展，本质上是对情感信息的感知、理解、应用和管理的能力。这种能力可以通过一系列围绕情绪信息的测验来衡量。特质模型更偏重于个人性格，认为情绪智能是个人性格的组成部分和表现。这种能力可以通过围绕个人情绪的个人问卷来测试和衡量。混合模型则是将认知智能和个人性格中与情绪相关的部分融合在一起，通过能力表现和调查问卷的结合来测试和衡量。

对于任何一种理论模型，关键的问题在于它是否能够在所设计的范围内预测和解释实际现象。传统的认知智能模型，如前所述 CHC 模型，一方面可以在统计意义上预测和

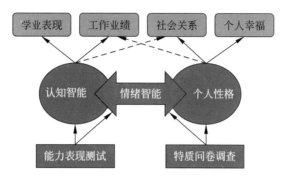

图 5-49　情绪智能的概念与模型

解释个人在学业成绩、工作表现以及社会定位等方面的差别；而另一方面，标准的个人性格模型，则可以成功地预测和解释个人在社会关系和个人幸福等方面的差别等（图 5-49）。对于情绪智能模型来讲，如果去除了认知智能的因素，并不能很好地预测和解释个人学业、工作等方面的差别；如果去除了个人特质的因素，也不能很好预测解释社会关系和个人幸福方面的差别。所以，情绪智能虽然获得了学术界的高度关注和大量研究，以及工业界和大众的认可、信赖甚至追捧，但从纯科学的角度，却似乎是一个难以捉摸的概念。情绪智能模型，如果排除认知智能和性格特质的因素，似乎不能有效预测和解释受众群体在生活表现和结果方面的差别。尽管如此，戈尔曼的"情商"概念和混合情绪智能理论通俗易懂、实际好用，很受教育界和企业人力资源人士的喜爱。由于推广情商所做出的巨大贡献和影响，戈尔曼四度获得美国心理协会最高荣誉（包括心理学终生成就奖），被誉为"情商之父"。所以，科学理论是灰色的，而生活之树却是丰富多彩的。

本篇小结

1. 智能的定义
- 智能是数据系统处理数据能力的高级功能，至少具备通过数据获取知识，利用知识做出决定和基于决定改变行为的能力，智能的衡量标准即是否能够达到所确定和预期的目标。
- 智能可以通过心理认知测试测量，其相对差异可以用智商或一般智能因子衡量。
2. 智能的法则
- 自然智能第一法则：个体和群体之间在自然智商方面存在客观的差异。
- 自然智能第二法则：自然智能与个人学业、工作、收入以及影响人生行为等方面的表现差别有较高的正与负的相关关系。
- 自然智能第三法则：自然智能的差别 50% 和 20% 分别由遗传和环境因素决定，另外 25% 取决于环境对遗传因素的放大作用，最后 5% 是测试数据中的误差。
3. 智能的模型
- 心理测量：智能是心理测量所包含的全部内容。
- 认知过程：智能是大脑处理和利用信息的过程。

- 生物科学：智能是大脑神经网络的功能和表现。
- 认知与情景：智能是认知和环境相互作用的结果。
4. 情绪智能
- 情绪：情绪是人类和动物针对某种事件所发生的一种自然心理现象，由认知评价、动机行为和身体生理三个相互关联和作用的分量构成，能够通过主观感觉感受，并对行为产生影响。
- 情感：情感是构成和描述情绪的维度和变量，可以用效价度（正负）和激活度（强弱）以及其他不同的维度来描述和衡量。
- 情绪智能：情绪智能是识别、利用、理解和管理情绪信息的能力。
- 模型：能力、特质和混合模型。

讨论课题

1. 关于自然智能的概念
- 关于智能的内涵，课程的定义为通过数据获取知识、作出决定和调节行为的能力。你对此有何看法？是否是必要条件？是否是充分条件？为什么？
- 关于智能的外显，课程的定义是能否达到有价值和意义的目标，或成功或失败。你对此有何看法？是否是必要条件？是否是充分条件？为什么？
2. 关于自然智能的模型
- 智能的差异可以用智商或一般智能因子来衡量，如何理解？你是否同意或存在异议？给出论点与论据。
- 智商与学业、工作、收入等方面的关联性很强，如何理解？你是否同意或存在异议？给出论点与论据。
- 智能与先天遗传的直接和间接关联性高达 70% 以上，如何理解？你是否同意或存在异议？给出论点与论据。
3. 关于情绪智能的概念与模型
- 关于情绪和情感的概念和关系，你是如何理解的？
- 关于情绪智能的概念，你是如何理解的？如何区别思考与情绪在认知过程中的作用？
- 在未得到充分科学验证的情况下，情商却得到了大众的相信甚至追捧。你对此有何分析和解释？

研究课题

1. 关于自然智能研究最令人吃惊和不解的结果是人类如此复杂动态的心理现象居然能够用一个单一的指标参数如智商或一般智能（即 g-factor）来描述。
- 在科学实验数据和模型架构中，支持"一般智能"的证据和逻辑是什么？

- 在人类大脑网络的研究中,一般智能的生理和物理机制是否存在? 若存在,是什么? 若没有,为什么?
- 在人类基因研究中,是否能够找到决定和解释人类一般智能差别的因素和机理?

2. 关于自然智能研究的另外一个极具争议的结果是人类智能特别是智商的差距与个人或群体之间在学业、工作业绩和社会行为表现等方面具有较强的相关性。

- 这种"相关性"的研究是否存在限制条件和(或)存在缺陷导致结论的局限或片面?
- 这种相关性,即使是客观存在的,是否也意味着一定程度的因果性? 为什么?

第

6

篇

人
工
智
能

人类是地球生物圈的主宰,智能无疑是将人类推上这个宝座的进化驱动力和制胜竞争力。我们一方面对人类自然智能的作用和成就感到惊叹和自豪,另一方面又对产生这种智能的根源和过程感到好奇和不解。DNA 双螺旋结构的发现者克里克曾经说过:"你、你的快乐与悲哀、你的记忆和梦想、你的自我感觉和自由意志只不过是一大堆神经元和相关的分子的行为表现罢了。"他讲的也许没错,但如果真正把这堆神经元和相关分子拆开观察和研究,却很难看出任何与这个智能系统功能和表现的关联关系和内在规律。科学特别是物理学研究中最成功的"还原法"(reductionist)在这里似乎失去了昔日的威力和光彩。在数学上,我们将这类系统称为复杂系统,其显著特点是这类系统虽然没有中央控制单元和简单运行规则,却能够产生极其复杂和有序的系统行为,并且具有高级的智能信息处理功能,如能够通过学习和适应而发生进化等。但这种以"涌现"(emergent)的发生所产生的系统行为,特别是人类所特有的高级智能是如何从大脑神经元网络中产生和运作的?这些复杂动态的神经元之间的连接又是如何通过遗传进行传承和表达而形成的?控制和操纵决定与智能密切相关的认知功能和过程的算法具有什么样的数学逻辑和数据结构?对这些基本但关键问题,到目前为止我们还不能很好地回答。也许我们可以说大脑作为一个智能系统的核心功能是获取、处理和运用数据和信息,并在此基础上产生、积累和利用知识来解决实际中复杂的问题和适应不确定的环境。在对人类智能缺乏足够认识的情况下,人们经常会将大脑比喻甚至理解为某种所熟悉的机器,这种比喻具有很大的近似性和局限性,却也反映了不同时代科学与技术的认知程度和发展水平。因发现神经功能而获得 1932 年诺贝尔生理学或医学奖的英国神经生理学家查尔斯·谢灵顿(Charles Sherrington,1875—1952)就曾经将大脑比喻为一个电报系统。奥地利心理学家西格蒙德·弗洛伊德(Sigmund Freud,1856—1939)则认为大脑就像一个液压或电磁系统。长期以来在持续探索大脑智能秘密的同时,人们也在不断探索设计和开发具有智能特征和功能的算法和机器,其中最典型和最具想象力的便是现代电子计算机科学和技术(图 6-1)。虽然所有这些模型与机器以及由此所做的类比均是一种简化和近似,但也是人类在探索智能奥秘的道路上不断攀登高峰的过程中所创造的标志性里程碑。

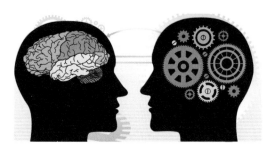

图 6-1　自然和人工智能

6.1　人工智能历史

最早对机器智能提出问题、做出思考和试图给出答案的先驱是英国数学家阿兰·图灵(Alan Turing,1912—1954,图 6-2(a))。他在计算机尚未问世之前便想象出一种虚构的智能机器即"图灵机",并将数学推理证明的功能赋予这个可编程的机器,从而模拟人类所可能进行的任何计算过程。图灵第一次提出了"机器是否会思考"的问题和机器智能的概念[图 6-2(b)]。他还设计了一个实验来判断和衡量机器的智能水平，即著名的"图灵实验"[图 6-2(c)]。图灵实验的核心思想是将被测试的人与机器看作"黑盒子"，假定在相同的测试条件下，给两者同样的问题，以两者做出答案的正确率作为衡量其智能水平的标准。如果机器回答正确的次数超过人，则证明机器的智能超过了人的智能。图灵关于机器智能的思索和预测不仅极富有科学想象力，也为技术实现和验证提供了思路和方法。他还预测机器智能有可能在 100 年内达到人类的水平。图灵论文发表的时间是 1950 年，100 年之后便是 2050 年。他的预言是否能够实现？这的确是一个对人类具有重大意义的问题，对此我们在本书的后面还会进一步深入探讨。

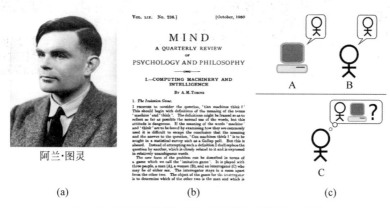

图 6-2　计算机科学和人工智能的先驱阿兰·图灵

1956 年夏末，当时由美国达特茅斯学院数学助理教授约翰·麦卡锡（John McCarthy，1927—2011）、哈佛大学数学与神经学初级研究员马文·明斯基（Marvin Minsky，1927—2016）、贝尔实验室数学家香农和 IBM 公司工程经理内森·罗切斯特（Nathan Rochester，1919—2001）共同发起的达特茅斯会议被认为是人工智能学科的标志性起点（图 6-3）。会议的中心议题就是人工智能，基本假设是"学习的任何方面或其他任何智能的特征原则上均可以被精确描述并通过机器进行模拟"。这与 6 年前图灵所提出的思想不谋而合。参加会议的还有雷·所罗门诺夫（Ray Solomonoff，1926—2009）、奥利佛·塞弗里奇（Oliver Selfridge，1926—2008）、川查德·摩尔（Trenchard More，1930—2019）、亚瑟·塞缪尔（Arthur Samuel，1901—1990）、艾伦·纽尔（Allen Newell，1927—1992）和赫伯特·西蒙（中文名：司马贺，Herbert Simon，1916—2001）。达特茅斯会议持续了一个多月，大家围绕所关心的问题畅所欲言、集思广益，最终形成了关于人工智能的研究方向和行动方案，开启了人工智能的新纪元。后来麦卡锡和明斯基加入MIT，共同创办了世界上第一个人工智能实验室。达特茅斯会议的参与者均成为人工智能领域的先驱和领军人物，各自在不同的领域内做出了许多开创性的贡献。

达特茅斯会议之后，人工智能的研究和发展取得了一些令人兴奋的成果，如机器定理证明、跳棋程序等。后来，由于项目实施的结果大大低于预期目标，人工智能的发展进入了第一次低潮。20 世纪 70 年代起，模拟人类专家知识和经验的专家系统出现，并在一些特殊领域（如医疗、化学、地质等）取得一定的成功，重新燃起了人们对人工智能的兴

1956年达特茅斯会议"七侠"

图 6-3　人工智能的诞生：达特茅斯会议

趣。但好景不长，专家系统的应用领域扩展缓慢，神经网络解决方案也遇到一些棘手的难题，人工智能又一次被打入冷宫。直到 20 世纪 90 年代中期，计算技术的发展，加速了人工智能的创新研究，促使人工智能技术进一步走向实用化。1997 年美国 IBM 公司的深蓝超级计算机战胜了国际象棋世界冠军卡斯帕罗夫是人工智能技术重返发展轨道的标志。随着大数据、云计算、互联网、物联网等信息技术的持续发展以及机器学习算法的不断创新和改进，人工智能的研究和应用均出现了爆炸性的增长（图 6-4）。当然，任何新兴技术和应用发展都不是一帆风顺的，人工智能也不例外。未来这项技术与应用仍然会

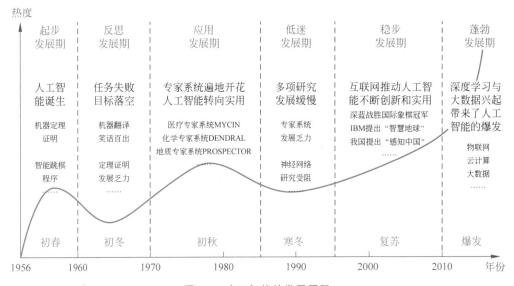

图 6-4　人工智能的发展历程

（供图：中国科学院院士谭铁牛）

以波浪式的方式持续发展和进步,给人类带来新的影响。

6.2 人工智能概念

人工智能(artificial intelligence,AI)概念和方法的产生与发展在不同程度上受到了人类自然智能的影响和启发,但其本质上并不是生物的,至少迄今为止还不是。人工智能先驱麦卡锡(达特茅斯会议发起者之一)认为人工智能是"制作智能机器特别是智能计算机程序的科学和工程。它与利用计算机理解人类智能的类似工作相关,但 AI 并不必将自己限制在那些在生物中观察到的方法"。根据麦卡锡的概念,人工智能不必与自然智能相同,但必须具备智能的功能与表现。根据目前主流的认识和理解,人工智能是一种数学模型、计算程序和执行系统,包括软件和硬件,能够胜任和完成由人类或自然智能所具有的功能和任务。由于我们对自然和人类智能产生的机制和过程算法了解甚少,所以无法直接将智能算法和机制借鉴和平移到机器上来实现,所以我们能够做的是对某些人类和自然智能的外在行为、过程和效果的模仿和替代。人工智能系统本身可被看作一个"黑盒",不管内部的结构和机制是什么,只要它的外部功能和表现在某些方面达到可以模仿人类智能特性和行为的程度,便可以认为是智能的。所以,至少在目前甚至未来一段时间内,人工智能更多是一个技术和工程的问题,即如何实现一个能够在某些领域胜任和完成人类所从事的职能和任务的系统。在现实中,最接近人类大脑的机器是计算机,所以人工智能也可以理解为计算机功能和性能的一种升级和扩展。从这个意义上讲,人工智能与人类所创造的其他技术和机器相似,均属于某种协助人类的工具。同时,这些工具的最终目的是弥补人类的短板和不足,而不是也不一定可能超过人类的长处和优势。

我们可以对人工智能首先按照专业应用领域进行分类,然后再对不同领域的系统行为表现做比较和评价。在行为表现上不及人类的为"初级智能",与人类水平相当的为"普通智能",而超过人类表现的则为"超级智能"(图 6-5)。另外一种常用的分类方法是将能够在某个狭窄领域和应用中完成人类特定任务的人工智能定义为 Artificial Narrow Intelligence(ANI),也许可以翻译成特殊人工智能;将具有人类一般智能水平并能解决通用问题的人工智能定义为 Artificial General Intelligence

图 6-5 人工智能的分类和标准

(AGI),可以翻译为一般人工智能;最终将超过人类智力水平,可以在科学发现、通识和创造力方面超过人类平均水平的人工智能为 Artificial Supper Intelligence(ASI),即超级人工智能。

人工智能的数学模型可以表述为一个能够对"输入问题"给出"输出答案"的数据处

理或计算系统(图6-6)。输入和输出的数据形式与所涉及的应用有关。我们采取了目前比较流行的信息或计算模型,假定智能系统可以由某种智能算法(软件程序)和算力(硬件架构和资源)来抽象地描述。在此模型中,我们需要回答的问题是:①对应不同输入和输出的智能算法是什么?②承载和运行这些智能算法的物理机制和资源结构是什么?

一个能够产生、拥有和运用知识的智能系统模型框架如图6-7所示。我们引用了信息科学数据系统的概念将智能系统比喻为由具有"软件"属性的智能算法和具有"硬件"属性的智能算力系统构成,它的输入和输出均为数据。这些输入数据可以来自某种传感系统对外界环境目标事物的反映,也可以来自其他智能或数据系统。输出数据可能用于其他智能或数据系统(如控制或显示系统)的输入。注意,这里关于"软件"和"硬件"功能和结构的划分只是一种为了便于讨论的简化近似模型,并不一定代表真实智能系统的结构与功能。如对于人类大脑这种复杂的高级智能系统,其软件和硬件的功能与结构是通过神经元之间复杂和动态的连接实现的,很难简单区分,与传统的计算机结构与功能具有很大的区别。

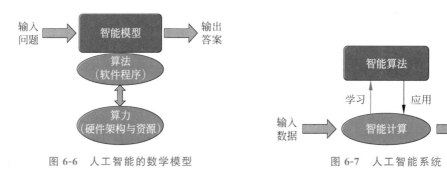

图6-6 人工智能的数学模型　　　　　图6-7 人工智能系统

智能系统有两种典型的运行模式:一种是学习模式;另一种是应用模式。机器学习是一种能从数据中学习的计算机编程科学和艺术(图6-8)。卡内基-梅隆大学计算机科学教授汤姆·米切尔(Tom Mitchell,1951—)给出的经典定义是:如果一个程序在使用既有经验(experience,E)执行某类任务(task,T)的过程中被认为"具备学习能力",那么它一定需要展现出利用既有经验(E),不断改善其完成既定任务(T)表现(performance,P)的特性。学习可以大体分为三类:一是"无监督学习"(unsupervised learning),即对没有标注的数据根据其本身的相似性进行聚类;二是"监督学习"(supervised learning),即对训练数据进行标注,通过分析和综合输入和输出关系来确定和优化系统;三是"强化学习"(re-enforcement learning),即将智能系统与外部环境相关联,提供学习过程中的"奖励"和"惩罚"来优化和确定系统参数。

智能系统的另一种工作模式是应用(图6-9)。在应用模式下,智能系统针对给定的一组输入数据,利用本身的智能算法程序和计算资源进行预测、判断、分析、综合、控制等。智能系统最常见的任务有分类(预测离散数据所属的类别)、回归(根据先前观察到的数据预测未知的数据)、异常检测(发现不符合预期的数据)、聚类(根据数据特征的相似性分类)等。智能系统的智能水平决定了它对所解决问题所做出的预测、判断、分析、综合和控制的正确性、准确性和及时性等。对于智能的衡量和评价往往受到空间和时间局限性的影响,很难做到客观、公正和被普遍接受。所以,我们强调智能的"成功"判据,即在某一个给定的应用领域和特定的任务中,人工智能系统的衡量标准是在多大程度上赶上和超过人类的平均或最高水平。人工智能在某些领域和应用中达到人类的水平和表现是人工智能的"充分条件",但不是"必要条件"。我们目前并不能确定构成智能的必要条件是什么,所以对人工智能也同样无能为力。

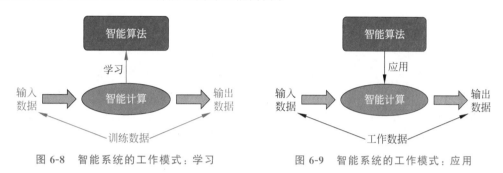

图 6-8　智能系统的工作模式:学习　　　图 6-9　智能系统的工作模式:应用

6.3　人工智能算法

智能算法是智能系统的灵魂,本质上是具有产生智能功能和完成智能任务的程序性知识。要做到这一点,智能算法需要具备能够覆盖、代表和表达所需知识的能力。同时,算法也必须具备学习能力,即能够从数据样本中获取所需要的知识。用数学的语言来描述,就是已知数据集 X 和 Y,是否能够找到函数 F 使得 $Y = F(X)$。从这个意义上讲,人工智能的问题首先是一个数学问题。即使对此问题的回答是肯定的,在实际中对于未知数据,F 是否还能奏效也完全没有保证。即使有效,也无法用逻辑推理的规则来证明和解释。这就是著名的"休谟归纳法难题"。虽然归纳法不太理性,却是人类甚至所有生命体认识和适应世界的感性本能和生存秘诀,对于人工智能的机器学习算法也是如此。另外,"天下没有免费午餐"定理告诉我们若有任意两个函数 F_1 和 F_2,其中若 F_1 对一组数据的预测比 F_2 更加准确,则一定存在另外一组数据使得 F_2 比 F_1 更准确,即使 F_2 是一个完全随机的函数。这是一个极有洞见的发现和结论。从这个意义上讲,能够涵盖和表达所有知识的算法也许是不存在的;即使存在,也可能错误百出。所以,一个有效的智能算法首先需要给自己限定一定的适用范围。如图 6-10(a)所示,一个高度专门化的算法针对某些特定问题可能产生卓越的表现,但超出一定范围则会变差。而一般性的算法可能有较大的适应范围,但表现平平。

在机器学习中,我们首先需要将数据样本分为训练集和测试集,前者用来训练模型,一般占整个数据集的 80%,其学习能力和效果可以用训练的效率和误差(training error)来衡量。后者用来对训练后的模型进行测试,占数据集的 20%,其应用能力和效果可以

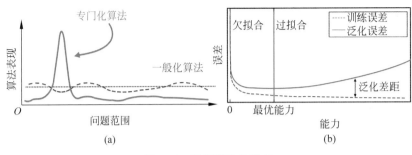

图 6-10　智能算法的特点

用预测效率和泛化误差(generalization error)来描述。训练误差越小,则说明算法的表达能力越强,学习的效果便越好,但这不等于模型的泛化能力和效果。这就好像一个学生的某门课程考试成绩很好并不等于他在这个领域做其他相关的事情也一定出色。训练误差和泛化误差的差别称为泛化差距(generalization gap)。一般来讲,模型的表达能力与其本身和训练数据的复杂度呈正比。若能力不足,则训练和泛化误差均较大,我们称这类情况为"拟合不足"(欠拟合)(underfitting)。若能力过强,虽然训练误差很小,但泛化误差却较大,则称为"拟合过度"(过拟合)(overfitting),如图 6-10(b)所示。在实际中拟合不足容易被发现,但拟合过度却不容易察觉和验证。用同样的比喻:一个学生对一门课所学的知识掌握的程度,也许很容易通过考试成绩来衡量。但对他或她是否能够将这门课所学到的知识正确用于考试之外的内容,却很难预测。应对这个难题的诀窍之一是在选择算法模型时尽量使用相对简单的模型。这就是著名的奥卡姆剃刀(Occam's Razor)定律。它是由 14 世纪英国哲学家、神学家奥卡姆(William of Occam,约 1287—1347)提出的。这个原理强调"简单即有效"的原则,认为简单的东西往往也是最有效的东西。也就是说,在学习过程中,在同样的训练误差条件下,一般应该选择更为简单的模型。虽然我们很难证明,甚至不能很好解释奥卡姆剃刀定律的正确性和适用范围,但基于对自然界事物的观察也许可以从概率统计的观点出发,认为事情发生原因简单的概率也许大于复杂的概率。所以,在建立模型时,应该使用思维的剃刀削减掉那些不必要的假设条件。

6.3.1　生物进化算法

在生命进化过程中,生物 DNA 以及细胞中所包含的程序性知识又是如何产生的呢?换句话说,什么样的学习算法能够在漫长的生物进化过程中从与周围环境相互作用所产生的数据中不断获得、记录和更新产生和维持生命所需要的知识?很显然这个问题等同于回答生命起源的问题,不可避免又会陷入"鸡生蛋"还是"蛋生鸡"的死循环。但如果我们假定在进化的某个阶段,最简单但完整的生命架构和机理已经形成,并且按照"中心法则"开始运行。有关生命的信息是通过 DNA 到 RNA,然后产生不同结构和功能的蛋白质,由蛋白质在不同的地点和时间形成不同的细胞,最终建成了能够在自然环境中生存的生物体(图 6-11)。生命基因有一个极其自私的自然能力和倾向,那就是通过大量复制和不断繁衍得以延续和实现永生。从这个意义上讲,由它所创造和驾驭的生物体仅仅是基因繁衍持续的载体。根据达尔文的进化理论,决定生物体生存还是灭绝的唯一条件是自然选择,即具有能够更好适应所处环境特征和能力的生物得以生存和延续,否则被淘汰,遭受死亡和灭绝的命运。而能够在这种自然选择下进化的唯一可能就是基因在复制、转录和翻译过程中出现的"错误"即变异。请注意这些错误同时具备随机和多样两种特性,其所产生的生物体特征变化也是不确定和多样化的。结果是适应环境者因进化优势而生存、繁衍和延续,不能适应者被淘汰而灭绝。这种通过"犯错误赌生死"的方法进行学习和获取知识对个体来说的确十分壮烈和残酷,但对于群体来说却不失为一个有效的生存进化策略。根据这个生物进化算法,即使开始时只有一个物种(如单细胞生物),若数量足够大、时间足够长,在地球生物圈极其多样和动态的环境内,经过许多代变异遗传和自然选择,也可能最终产生出许多不同的物种以及物种中不同的形态。这种"物竞天择,适者生存"的"外卷化"(evolution)的结果是多样化而不是同质化,与"内卷化"(involution)所导致的同质化形成了鲜明的对比。

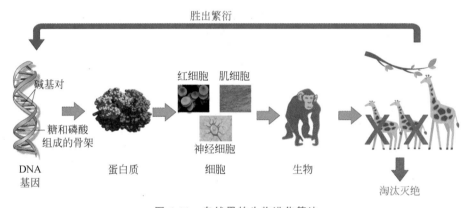

图 6-11 自然界的生物进化算法

正是基于进化论的思想,美国密歇根大学的心理学和电子与计算机教授约翰·霍兰德(John Holland,1929—2015)在 1975 年出版的《自然和人工系统中的自适应》中第一次全面系统地提出和展示了遗传算法(genetic algorithm,GA)。如图 6-12(a)所示,遗传算法首先假设一个生物群由有限数目的个体构成,个体可以是基因或其他可以在进化中记录、存储和处理数据的功能单元。单元由所表达的特性描述,所对应的数据结构与形式可以根据不同问题的性质和要求确定。这些特性参数按事先确定的函数关系形成了该个体的适应度函数。算法启动时,首先假定在最原始的群体中不同个体特性参数具有一定的随机分布。然后根据事先确定的适应度函数计算个体的适应度,并根据适应度的高低按某种规则选出可以产生后代的父母。这些父母将自己的部分个性参数(遗传基因数据)与随机选出的配偶交叉互换,模拟自然界中生物体交配繁衍的机制。同时,在复制和交叉过程中引入一定概率的错误,模拟自然界生物遗传繁衍中的突变。经过交叉和突变所繁衍出的后代单独或与父母同时计算和比较特性参数所产生的适应度,并由此决定哪些个体被选择或淘汰。被选择的后代(和父母)将成为新的父母再一次进行具有交叉和

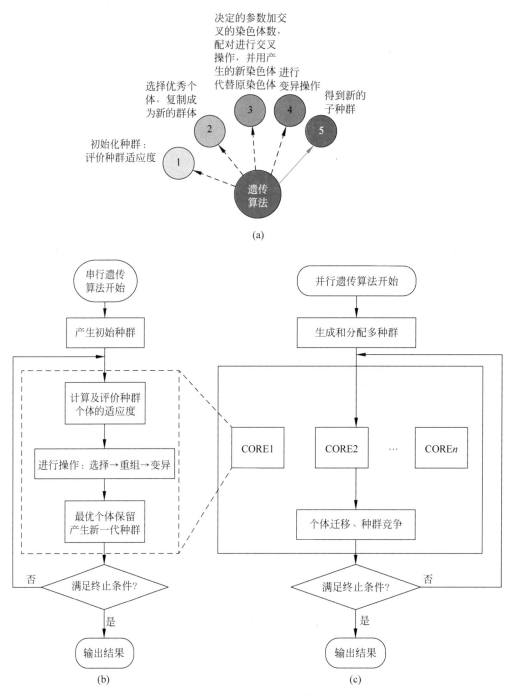

图 6-12 人工基因遗传算法

变异的遗传繁衍。一代接一代,直到群体特性参数的优化导致其适应度达到某个预期的水平[图 6-12(b)]。进化算法具有天然的并行性,它可以并行地模拟不同群组的遗传进化和相互竞争,最终形成一个更加宏观的生物进化图像。如图 6-12(c)所示,我们可以将进化的个体分为若干的子群体,对不同群体建立不同的适应度函数,分别进行选择、遗传和进化,并在此基础上进一步引入群体之间的竞争和整体进化。

从数学的角度,遗传算法实质上是一种全局优化算法。通过对原始群组进行随机交叉繁殖和突变,使得生物体最终达到适应函数的全局优化。图 6-13 形象展示了这个优化过程。图中的黑点表示种群中的个体。平面上的两个方向分别为个体的两个个性特征参数,垂直方向则是以这两个特性参数为变量所得到的适应度(参见图 6-13 上图)。遗传算法的目的是通过进化最终使得群体整体适应度达到"全局"最大值。在优化过程中,群体开始由适应度的低谷[图 6-13(a)]开始寻找高地。在优化的初期,群组登上离初始位置最近的山峰,但这只是一个"局部"最大值[图 6-13(b)]。所以,算法需要越过此山峰,向更高的山峰攀登。经过进一步探索和优化,群体最终攀登全局最高峰[图 6-13(c)、(d)]。实际中使用遗传算法进行全局优化最关键的问题是如何不被复杂且带有欺骗性的局部最大值所迷惑,最终准确无误地找到全局最大值。另外,如何在算法的鲁棒性和效率方面取得平衡也是十分重要的事情。通过基因遗传算法进行学习的人工智能被称为"进化学派"。

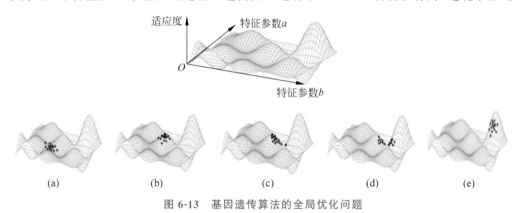

图 6-13　基因遗传算法的全局优化问题

6.3.2　神经网络算法

对于自然智能来讲,更重要的智能算法存在于大脑神经网络之中。人的大脑通过脊椎与身体其他器官相连接,形成一个巨大而复杂的数据/信息处理和行为控制系统,负责管理所有心智、神经和其他活动与任务。在宏观的层次,负责学习、预测、决定和控制等算法程序均以某种特定的连接方式存在于大脑复杂动态的连接网络之中[图 6-14(a)]。在微观层次,大脑神经元由输入端树突、细胞体和输出端轴突构成[图 6-14(b)]。神经元的输入端从其他神经元得到电和化学信号并叠加。当输入信号的强度超过一定阈值时,神经元便发出脉冲信号,此信号通过轴突传到相邻的神经元或其他的接收器。正是受大脑神经元工作原理的启发,美国神经学家沃伦·麦卡洛克(Warren McCulloch,1898—1969)和逻辑学家沃尔特·皮茨(Walter Pitts,1923—1969)于 1943 年发表了《神经活动中思想内在性的逻辑演算》,第一次建立了人工神经元的数学模型,并将之用于逻辑推演。当时麦卡洛克博士是美国芝加哥大学的精神病学教授,而皮茨则是一个对数学充满疯狂想法和热情却窘困潦倒、无家可归的小混混，但共同的爱好和历史的巧遇使他们在一起研究并作出了开创性的贡献。如图 6-14(c)所示，人工神经元的输入信号经过加权求和及偏置后再经过某种非线性变换即激活函数输出。自然的神经网络极其复杂，估计有多种网络结构和大量的可变参数。同时，许多不同的局部神经网络相互连接，形成了一个高度连接的动态复杂网络。学习算法极有可能就是一个不断优化的连接算法。正因如此，基于神经网络的学习方法也被称为"连接学派"。

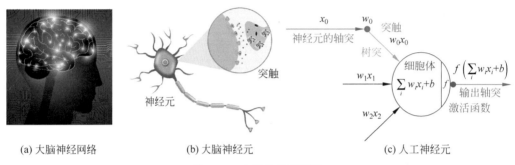

(a) 大脑神经网络　　　　(b) 大脑神经元　　　　(c) 人工神经元

图 6-14　大脑的神经网络

　　人工神经网络是一种基于神经元连接的学习算法模型。它由输入层、隐藏层和输出层三个部分构成[图 6-15(a)]。输入和输出的变量数目和性质均由所针对的具体问题决定。对于图像中的物体检测和分类，输入是图像的像素函数在二维空间的分布，而输出则是图像中不同物体类别所对应的概率。隐藏层的数量决定了神经网络的深度，每层的变量数决定了神经网络的宽度。网络隐藏层和各层神经元的数量以及神经元激活函数的形态决定了神经网络对数据特征的描述和表达的能力。网络神经元和隐藏层的数量越多，所代表和描述知识的能力便越强。我们将多层的神经网络称为"深度学习"(deep learning，DL)网络。目前有几种常用的激活函数，如经典的 Sigmoid 和 tanh 非线性函数以及深度学习中常用的修正线性函数(ReLU)等[图 6-15(b)]。正是激活函数所具有的非线性阈值效应赋予了神经网络学习和表达数据中知识(特征)的能力。神经网络中的知识可以分为两类，一类是决定网络架构和特征的"超参数"，如网络的类型、深度(隐藏层的数目)和宽度(每层神经元的个数)以及成本函数的形式等，需要网络的设计者根据目标任务事先选择和确定。另一类是神经元参数，即存在于隐藏层中各个节点的"权重"和"偏置"参数。这些参数的确定需要神经网络模型从给定的训练数据通过优化程序即学习确定。很显然，学习的效果如何，取决于原始数据的质量、神经网络的结构和优化算法的能力等。1989 年，美国数学家乔治·塞班克(George Cybenko)证明一个具有 Sigmoid 激活函数的单隐藏层神经网络，只要具有足够多的神经元，任何连续的函数均可以所期望的精度来表达，这就是著名的普遍近似定理[①]。后来，此定律又推广到任意激活函数，以及给定深度但任意宽度或给定宽度但任意深度的神经网络等。

---

　　①　原始文献：Cybenko G. Approximation by Superpositions of a Sigmoidal Function，Math. Control Signals Systems，1989，2：303-314.

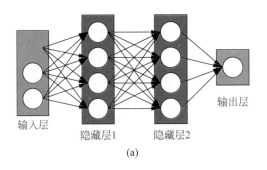

(a)

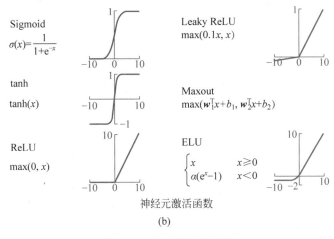

(b)

图 6-15　人工的神经网络

　　前述神经网络也称为多层感知器(multilayer perceptron,MLP),本质上是一种前馈神经网络,其基本功能是将一组输入数据通过网络传播映射到一组输出数据,可以用函数 $y=f(x;\theta)$ 表示,其中 x 和 y 分别表示输入和输出的矩阵(或向量),$\theta=(w_1,w_2,\cdots,w_n)$,$w_i(i=1,2,\cdots,n)$ 为第 i 层的神经元参数及权重和偏置参数矩阵。神经网络的学习算法可以分为数据正向传播和误差反向传播两个过程(图 6-16)。正向传播通过训练数据输入得到网络输出数据,将结果与训练数据所对应标签比较,产生关于两者差别的目标函数(object function)。在机器学习中,一般定义两类优化算法的目标函数,即只是针对一组训练数据的"损失函数"(loss function)和涵盖所有训练数据的"成本函数"(cost function)。损失函数和成本函数的选取和设计是监督学习中重要环节之一,对学习算法的精度和效率均会产生巨大影响。所谓监督学习,实质上是对于给定的训练数据集,通过调节和优化网络神经元参数使得整体目标损失或成本达到最小。因为神经网络本身是一个维度极高的非线性模型,通过求解全局成本最小化对多层网络的大量参数进行优化训练是一项极具挑战性的工作,也是长期以来困扰神经网络学习模型实际应用的主要障碍之一。目前最流行的优化算法是梯度下降法(Gradient Descending,GD),其基本思想是自某初始网络状态起,首先计算成本函数对网络神经元参数的斜率(梯度),若梯度为正,则向参数增大方向调整参数;若梯度为负,则向参数减小的方向调整,如图 6-17(a)

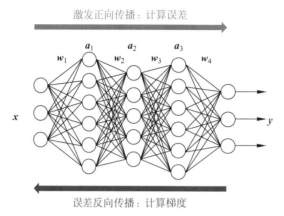

图 6-16 神经网络正向与反向传播算法

所示。每次参数调整的幅度称为学习率(learning rate,LR),取值可以归一化为 0~1,是网络训练中一个十分关键的超参数,其作用和意义下面再做进一步讨论。假定学习率选择合理,通过不断计算梯度并对模型参数进行修正,最终可以达到所期望的最小值。此基本原理也同样适用于二维及更高维度的模型[图 6-17(b)]。这种方法有点类似于下山,要找到山谷的最低点(最优化位置),只要沿着山坡走就可以了。当然,对于一个具有许多局部最优点的全局优化问题,是否能够在有效的时间内准确地找到全局最优解,仍然有许多实际问题需要解决。

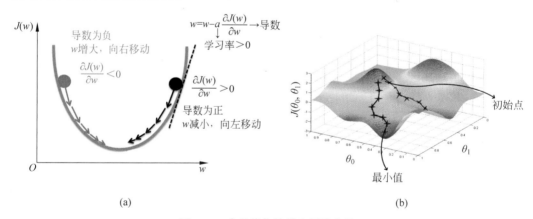

(a)   (b)

图 6-17 全局优化的梯度下降方法

首先,在迭代学习的过程中计算成本函数对网络神经元参数的梯度本身便具有极大挑战。1986 年,美国心理学家大卫·鲁梅尔哈特(David Rumelhart,1942—2011)、加拿大计算机学家杰弗里·辛顿(Geoffrey Hinton,1947—)和美国计算机学家罗纳德·威廉姆斯(Ronald Williams)共同发表了通过链式法则自后往前计算目标函数对各层神经元权重参数的梯度的著名论文[1],这种简单的反向传播算法可以直接导出目标函数对神经元梯度的解析表达式,避免了纯数值计算带来的误差。其次,对于一个典型的机器学习

---

① 原始文献:Learning representations by back-propagating errors. Nature,1986,323:533-536.

问题,训练数据集一般较大,在每次训练迭代中采用传统的梯度下降算法,需要计算全部训练数据所对应的网络参数的梯度,对计算资源(如计算内存和时间)的要求太高。为此,人们引入了随机梯度下降法(Stochastic Gradient Decent,SGD),在每次迭代中,仅随机选取一组训练数据,计算其目标损失函数对网络参数的梯度,大大降低了对计算资源的要求。在使用全部训练数据的"批量"(batch)梯度下降法和随机使用一组训练数据的"随机"(stochastic)梯度下降法之间,还有使用若干组训练数据的"小批量"(mini-batch)梯度下降法。如图 6-18 所示,批量梯度下降法的优化迭代过程最为简捷鲁棒,但效率最低;随机梯度下降法的迭代过程最为曲折脆弱,但效率最高。相比而言,采取小批量梯度下降法可以较好地达到训练精度和效率的平衡。

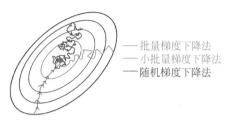

—— 批量梯度下降法
—— 小批量梯度下降法
—— 随机梯度下降法

图 6-18 批量、小批量和随机梯度下降法优化过程比较

当然,对于一个具有许多局部最优点的全局优化问题,是否能够在有效的时间内准确地找到全局最优解,仍然存在许多实际问题需要解决。除了梯度之外,对网络参数进行修正还需要确定网络的超参数学习率。神经元参数的改变等于误差函数对神经元参数的梯度乘以学习率。一般来讲,较低的学习率会增加训练的时间,但会提高训练过程的鲁棒性,如在损耗不再降低或发生振荡的情况下改善收敛趋势。较高的学习率会加速训练的进程,特别是在迭代过程中训练损耗不断下降的情况下更为有利。但学习率过高也会导致训练陷入局部最小点,影响学习精度甚至训练过程收敛。在理想情况下,合理的学习率应该帮助改善模型和带来更高精度。但在实际中,很难选择和确定最佳的学习率,往往用一个较低的学习率如 0.001~0.01 也许是一个不错的起点。关于如何选择和评价不同的学习率参数和函数,有兴趣的读者可以参考原始论文[①]。

在实际应用中,机器学习特别是深度神经网络的一个最棘手的问题是过度拟合。给定一组训练数据,具有大量神经元的深度网络在训练过程中很容易在捕捉到数据中所包含的一些特殊的特征细节后便产生了固定的记忆。继续对网络进行训练很难消除这种记忆,从而陷入训练误差小但泛化误差大的过度拟合陷阱。谷歌研究者为解决此问题提出了"随机失活"(Dropout)方法,基本策略是训练过程中,在每个网络层和每次迭代中按给定概率 p 人为随机丢弃(即忽略)部分神经单元而只对剩余的神经元的参数进行优化。Dropout 每次只有部分网络结构的参数得到更新,因而是一种高效的神经网络模型平均化的方法[图 6-19(a)][②]。Dropout 有效的原因是它能够避免在训练数据上产生复杂的相互依赖和适应。虽然训练的迭代次数较原始网络有所增加,但每次迭代所需训练时间减少。由于每次训练所涉及的网络样本数量大大增加,减少了由于相互依赖记忆带来的

① Wu Y,et al. Demystifying Learning Rate Policies for High Accuracy Training of Deep Neural Networks,IEEE Big Data. ,2019,arXiv:1908.06477v2 [cs. LG] 26 Oct.

② 原始文献:Srivastava N,et al. Dropout:a simple way to prevent neural networks from overfitting. Journal of Machine Learning Research 2014,15,1929-1958.

过度拟合。正因如此,采用这种方法可以提高神经网络的泛化能力。如图 6-19(c)所示,模型的泛化误差采用 Dropout 较标准的网络明显减少。

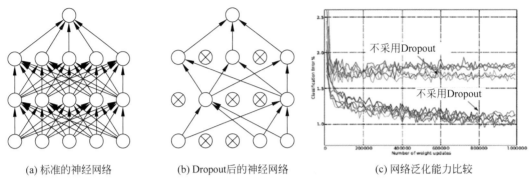

(a) 标准的神经网络　　　　(b) Dropout后的神经网络　　　　(c) 网络泛化能力比较

图 6-19　神经网络学习过程中的 Dropout 方法

　　神经网络深度学习的另一个棘手问题是训练过程本身的困难,如收敛慢、训练和测试误差产生饱和甚至变坏等。对于标准的机器学习模型来讲,一个基本的假设是训练和测试数据满足相同的概率分布,即满足"独立同分布"(Independent and identically distributed,IID)。只有在满足此条件下,才能够通过训练数据在测试中取得好的效果。但实际情况并非如此。在训练过程中,神经网络各层的数据分布会发生偏移和变动。若数据分布逐渐向激活非线性函数取值区间的上下限两端靠近,则会导致反向传播时神经网络"梯度消失或爆炸",导致收敛变慢甚至发散。针对这一问题,谷歌的研究者于 2015 年提出了"批归一化"(batch normalization,BN)方法[①],基本思想是通过一定规范手段,将每层神经网络任意神经元输入值的分布强行拉回到均值为 0、方差为 1 的标准正态分布,使得激活输入值落在非线性函数对输入比较敏感的区域。经过正规化的输入数据微小的变化就会导致目标函数较大的变化,从而使梯度增大,防止梯度消失现象,加快训练的收敛。如图 6-20 所示,采用 BN 方法的确可以加速学习收敛的过程。另外,在学习率较小的情况下,BN 所带来的效果不太明显,如图 6-20(a)所示。若学习率较高,BN 产生的效果则愈加明显,而传统的方法则可能完全失效,如图 6-20(b)所示[②]。

　　在网络从"浅"到"深"演化的过程中,训练精度最初也会不断提高。当层数达到了一定数量时,模型的精度则出现饱和,之后开始变差。这种网络退化现象如图 6-21 所示,其中纵轴代表模型的训练或测试误差,横轴为模型的迭代次数。实验结果表明,56 层网络的训练和测试误差均高于 20 层网络,说明深度网络在层数增加时出现精度饱和退化问题。为什么增加网络层数不能提高,反而降低神经网络模型对数据中特征的表达能力呢?首先,这不是一个过度拟合问题,因为 56 层网络的训练和测试误差均高于 20 层。其次,为了防止和避免反向传播过程中可能出现的梯度消失或爆炸,BN 等方法也已经在

①　原始论文,Ioffe S,Szegedy C. Batch Normalization:Accelerating Deep Network Training by Reducing Internal Covariate Shift,2015,arXiv:1502.03167v3〔cs. LG〕2.

②　数据来源:Andrew Ilyas,et al. How does Batch Normalization Help Optimization?,2018.

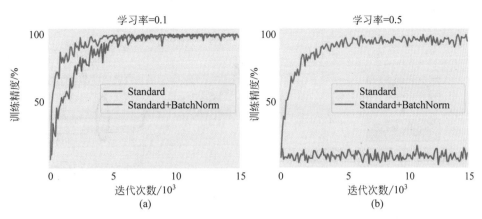

图 6-20　神经网络学习过程中的 Batch Normalization 方法

神经网络中被采用。是归一化方法失效，还是有其他原因导致网络学习能力随着网络深度的增加而退化呢？

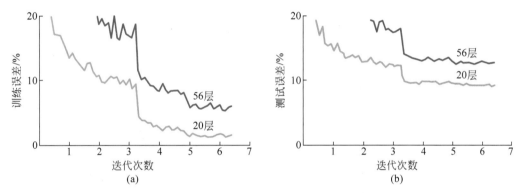

图 6-21　标准神经网络学习过程中的网络退化问题

　　假定神经网络在第 N 层对于给定数据集已经达到最优点，进一步增加网络层数不应该对训练精度有任何贡献。换句话讲，在 N 层之后所增加的网络层均应该是"恒等映射"(identity mapping)。但实际结果却是层数增加导致网络学习能力退化。这意味着深度网络对恒等变换的能力和效果欠佳。正是基于对此问题的这种洞见，微软研究员何恺明等引入了残差网络单元的概念[①]。如图 6-22(a)所示，残差单元的基本思想是在一层或多层神经元网络输出和输入之间引入一个恒等映射途径。从数学上讲，这种网络单元架构等于标准网络与恒等网络之差，称为"残差网络"(Residual Network，ResNet)。如图 6-22(b)所示，采用这种结构增加网络层数可以得到更优的结果。

　　原始的残差算法在网络层数达到更高时便开始失效。导致此现象的主要原因估计是在反向转播算法实施过程中产生了梯度消失的现象。后来，何博士又提出了"先激活再叠加"的残差网络单元替代原来的"叠加后再激活"的结构[图 6-23(a)]，从根本上避免

① He K，et al. Deep Residual Learning for Image Recognition，2015，arXiv：1512.03385v1.

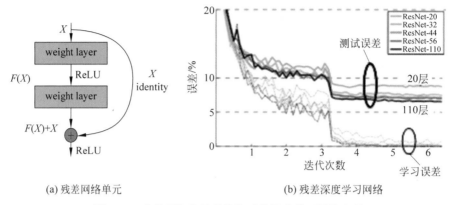

(a) 残差网络单元 　　　　　　　　(b) 残差深度学习网络

图 6-22　残差网络单元结构和残差深度学习网络表现

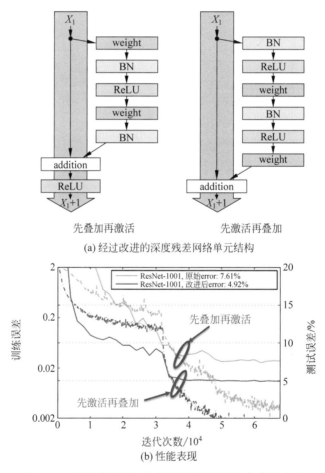

(a) 经过改进的深度残差网络单元结构

(b) 性能表现

图 6-23　经过改进的深度残差网络单元结构和性能表现

了梯度为零的现象。如图 6-23(b)所示,改进后的 1001 层的残差网络所产生的测试误差可以达到 4.92%,较原始残差网络 7.61% 的测试误差减少了 2.69 个百分点[①]。

自 20 世纪 80 年代反向传播算法发明之后,人工智能特别是深度神经网络算法的创新层出不穷,不断突破知识的前沿,产生了一系列具有重大实用价值的成果,大大推动了人工智能科技进步和应用创新。

6.4 图像识别与物体感知

对于人类和动物的自然智能来讲,对周围世界中的物体感知是最基本的功能和能力,其中视觉是外界数据的主要来源,约占全部数据的 80%。人类和动物通过视觉感知外界物体的尺寸、亮度、颜色、结构、动态等对机体生存发展具有重要意义的信息。人类平均能够辨识近 3000 种初级物体和 30 000 个视觉种类,而各种专业领域所能识别的物体种类则高达数十万[②]。相比之下,目前学术界常用的机器学习标准数据集如 PASCAL VOC[③]、ILSVRC[④] 和 MS COCO[⑤] 分别仅具有 20、200 和 91 个物体种类,与人类普通和专业水平相差甚远。即使对于同一类的物体,也存在品类中间的差异化以及同一物体图像因照明条件、干扰噪声、物体遮挡和变形等因素带来的变化。所以,在实际应用中如何通过算法和计算准确无误地检测和感知物体仍是一项极具挑战性的工作,也是目前人工智能技术研究与开发最活跃的前沿领域。

长期令人不解和好奇的现象是一个从未见过飞机和飞鸟的幼儿,只需经过几次目睹经历,便可以在下一次见到时准确辨识[图 6-24(a)]。同样简单的问题,对传统的机器(计算机)来说却变得极其困难。如何使机器能够通过图像数据感知识别不同物体以及特性,长期以来一直是人工智能关注和研究的领域之一。用数学的语言来描述,基于视觉自然感知与识别能力相当于将极高维度的图像数据空间中某些特征或模式信息经过感官和大脑处理后转化为知识映射到一个低维度的特征空间,在数学上可以用流型空间模型描述。如图 6-24(b)所示,假定只有三个单色的图像感知器,一个物体(如人脸)在三维流型空间则对应一个点。当面孔发生转动时,所对应的点将沿一条曲线移动。同一面孔在不同条件下(如光照、表情、姿态等)变化对应不同曲线,最终形成了对应的曲面。从高维像素空间到低维特征空间的变换不是线性的,对生物神经系统的奥秘,我们还不完全清楚,所对应的数学模型也不够完善和有效。对于人工智能系统来讲,目前比较成功的是基于神经网络的算法。近几年机器深度学习算法方面的突破,使得人工智能算法和系统在物体检测和环境感知领域取得了前所未有的巨大进步,推动了图像、人脸、表情、

① 原始文献: He K, et al. Identity Mappings in Deep Residual Networks, 2016, arXiv: 1603.05027v3.

② 原始文献: Biederman I. Recognition-by-Components: A Theory of Human Image Understanding. Psychological Review, 1987, 94(2): 115.

③ 原始文献: Everingham M, et al. The pascal visual object classes(voc)challenge. IJCV, 2010, 88(2): 303-338.

④ 原始文献: Russakovsky O, et al. ImageNet large scale visual recognition challenge. IJCV, 2015, 115(3): 211-252.

⑤ 原始文献: Lin T, et al. Microsoft COCO: Common objects in context. ECCV, 2014: 740-755.

手势、体态、语音以及环境物体检测、分类、标志和描述等方面的实际应用。

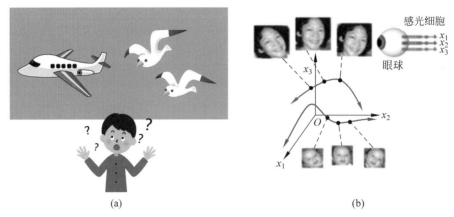

(a)　　　　　　　　　　　　　　　　(b)

图 6-24　物体感知与识别

6.4.1　图像识别算法

最早期的图像识别应用是文字(如手写数字)自动识别。如图 6-25(a)所示,一幅二维图像的数字形式(如数字"8")是由分布在二维空间的像素构成的。对于黑白图像,不同像素可以根据所对应的图像灰度分为若干等级(一般为 256 级)。对于彩色图像,可以先将图像分解为红、蓝、绿三个原色,再按灰度对每种颜色分级,生成三幅代表不同原色的数字化的图像。虽然这种数据表示方式保持了原始图像的全部信息,但图像像素与特征以及内容之间的关系却十分复杂,如同一个数字"8"可以有不同的表现方式,从而对应完全不同的像素分布。用来训练和测试手写数字的标准数据集 MINIST 包含 60 000 张训练图片和 10 000 张测试图片,这些图片是 0～9 的手写数字,分辨率为 28×28 像素,见图 6-25(b)。图像识别首先需要大量物体正面和负面的标注样本数据,然后通过监督学习的方法利用选定的神经网络和损失函数模型进行训练,确定网络中不同神经元的权重。这是典型的"感性学派"的算法,学习过程中见多识广是成功的关键。用于识别图像的人工神经网络如图 6-25(c)所示,其输入层的维度等于所识别的原始图像的像素数,输出层则是所需识别物体类别的数量。在本例中,输入层单元为 784 个,对应图像中的每一像素;输出为 10 个,分别代表 0～9 个数字所对应的概率。图像识别首先需要大量物体正面和负面的标注样本数据,然后通过监督学习的方法利用选定的神经网络和损失函数模型进行训练,确定网络中不同神经元的权重。为了增强网络的表达能力,需要足够多的神经网络中隐藏层的层数和神经元个数。由于一般图像所包含的像素数量极大,故所对应的神经网络的参数量也巨大。虽然理论上全连接的神经网络能够将包含图像的高纬度像素空间映射到代表类别的低纬度特征空间,但实际应用中所需要的神经元参数空间巨大,特别是随隐藏层增加,训练成本和难度也大幅度增大,很难产生预期的结果。正因如此,长期以来对实际中大量的图像识别的准确率不高,大大低于人类的平均水平。

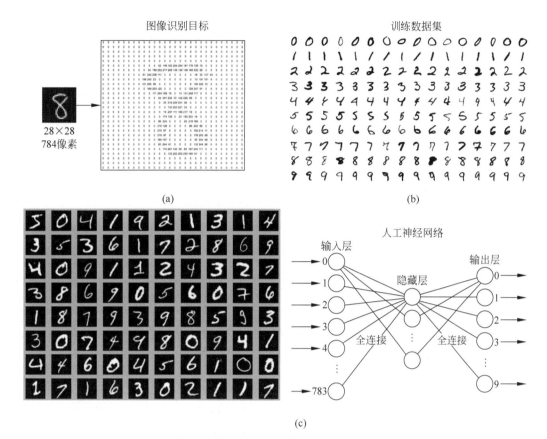

图 6-25　手写数字图像识别

　　为了解决传统深度神经网络的问题,法裔美国计算机学家杨立昆(Yann LeCun,1962—)于 1989 年发明了卷积神经网络(convolution neural network,CNN)[①]。这项研究成果是人工智能深度学习历史上划时代的里程碑,其核心思想得益于美国神经学家大卫·休伯尔(David Hubel,1926—2013)和托斯坦·威泽尔(Torsten Wiesel,1924—)对动物视觉神经感知过程的研究成果(注:两人因对视觉系统中视觉信息处理研究的贡献共同获得 1981 年诺贝尔生理学或医学奖),也受到日本计算机科学家福岛邦彦(K. Fukushima,1936—)新认知子(Neocognitron)理论模型的启发[②]。卷积神经网络通过使用低维度卷积核(kernel)或滤波器(filter)对图像的局部像素空间(局部感知区域,receptive field)进行卷积(convolution),然后进入神经元激活来提取图像的特征,所产生图像称为特征图(feature map)。假定图像的像素空间的维度为 $W \times H$,滤波器的维度为 $F \times F$。卷积计算即滤波器在图像像素空间中依次移动,每次移动的步长(stride)为 S 像素,与同等大小的局部感知区域进行点乘后再求和作为该区域的特征值。可以证明,卷

---

　　① 原始文献:LeCunn Y, et al. Backpropagation applied to handwritten zip code recognition,Neural Computation,1989,1(4).

　　② 原始文献:Fukushima K. Neocognitron:A self-organizing neural network model for a mechanism of pattern recognition unaffected by shift in position,Biological Cybernetics,1980.

积后所产生的特征图的像素空间宽度为$(W-F)/S+1$、长度为$(H-F)/S+1$。在这里为了简化叙述,我们忽略了"补零"(padding)的操作。图 6-26 给出了用于识别手写数字的 LeNet-5 算法,输入图像的像素空间为 32×32 像素(注:在原 MINIST 数据集基础上,采用了更多的像素),滤波器为 3×3,卷积步长为 1,激活后所生成的特征图的像素空间为 28×28 像素。为了提取更多的特征,对一幅图像可以采用多个滤波器,LetNet-5 第一卷积层共采用 6 个滤波器,产生 6 幅 28×28 像素的特征图。滤波器的尺寸和数量均属于卷积神经网络的超参数,需要网络设计者针对所要解决的问题基于经验和通过实验来确定,但滤波器的权重参数则需要通过网络训练学习来确定。接下来可以对卷积后的特征图进行池化(pooling),即首先用滤波器在特征图按给定步长移动,每次对每个区域的元素通过"平均"或"最大化"操作进行数据压缩,从而产生一组维度更低的特征图。如图 6-26 所示,经过 2×2 滤波器、$S=2$ 步长的池化压缩后的特征图 C_1 的像素空间减少到 14×14 像素。与传统的全连接网络相比,卷积神经网络具有"局部连接"和"参数共享"的特点和优势。如 LeNet-5 输入像素数为 32×32 像素$=1024$ 像素,卷积后隐藏层 C_1 的神经元数为 $28\times28\times6$ 个$=4704$ 个。若采用全连接,连接数$=$输入像素数$\times$隐藏层神经元数,即 1024×4704 个$=4\,816\,896$ 个。而卷积神经网络与图像像素的连接却仅限于与滤波器同样大小的局部感知区域,为 $5\times5\times4704$ 个$=117\,600$ 个,仅为全连接网络连接数的 2.44%。对于全连接网络,C_1 层的网络参数等于(输入变量数$+1$)$\times$隐藏层神经元数,即 $(1024+1)\times4704$ 个$=4\,821\,600$ 个。对于卷积神经网络,由于每个特征图共享同一个滤波器,故网络参数数量$=$(滤波器像素数$+1$)$\times$滤波器数,即$(5\times5+1)\times6$ 个$=156$ 个,仅为全连接网络的 0.0032%。卷积网络相邻连接的局部性导致整体连接的稀疏性,有助于减少训练过程中的过度拟合,提高的网络的泛化能力。使用同一滤波器以实现参数共享,不仅大大减少了网络的参数空间,也在一定程度上确保了特征对位移、拉伸和旋转的相对不变性,从而提高了算法的鲁棒性。在深度学习神经网络中,一般均采取多个"卷积-激活-池化"层分级提取图像的特征信息,不断对原始图像数据进行压缩编码,最终通过完全连接网络实现图像分类与识别。图 6-27 给出了 LeNet-5 不同卷积、池化和全连接层的特征图,可以看到卷积神经网络由浅到深、从局部到全局,通过不断提取和压缩图像的特征数据,最终实现对图像中数字识别的过程。

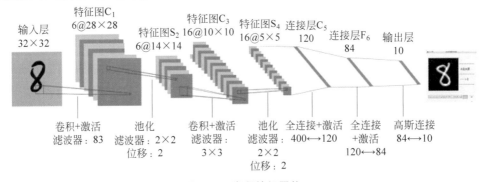

图 6-26 卷积神经网络

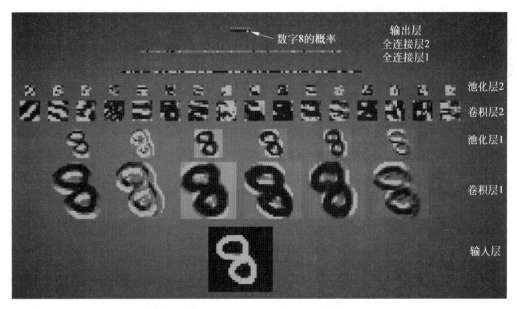

图 6-27　卷积神经网络 LeNet-5 的可视化显示

关于卷积运算,我们讨论两个极端的情况。一个是我们采取的滤波器尺寸与原始图像相同,则卷积运算(即将所有的像素分别乘以滤波器的参数后加)产生一个 1×1 的特征图(即数字)再激活。这显然就是全连接网络,网络变量数就是像素数(与滤波器参数数量相同),网络隐藏层的宽度等于滤波器的数量。另一个极端是采用 1×1 的滤波器,即将原始图中的元素乘以滤波器参数后再激活,产生与原始图像同样大小的特征图(假定步长 $S=1$)。通过这种对原始图元素一对一的加权后的非线性变化映射,改变了网络对图像特征的表达,同时可以通过调节滤波器的数量调节神经网络的深度,为设计和优化神经网络提供了一个有效的工具,在许多实际的深度 CNN 网络设计如 Inception 和 ResNet 等中得到应用。

ImageNet 是一个大型觉数据库,由斯坦福大学计算机教授李飞飞(Feifei Li,1976—)于 2007 开始创立,用于视觉目标识别算法和软件的研究与开发[图 6-28(a)]。通过亚马逊的众筹,2009 年 ImageNet 数据库就包含了 1500 万张标注好的照片,涵盖了 20 000 多种物品[1]。李飞飞将 ImageNet 免费开放,供全球计算机视觉识别研究开发者获取数据和试题,用来训练测其算法的准确率,ImageNet 成为学术界和工业界人工智能图像识别的权威数据库平台。2010 年以来每年举办一次大规模视觉识别挑战赛(ImageNet Large Scale Visual Recognition Challenge,ILSVRC),使用 1000 个图像类别,供参赛团队在给定的数据集和识别任务上评估他们的算法。为了评价不同算法图像分类的表现,对给定一类图像做 1 次猜测所出的错误率为 Top-1 错误率(即分类器仅考虑概率最大的输出,若与真实标注不符,则被判定为出错),而 5 次猜测出错的错误率定义为 Top-5 错误率(即分类器考虑前 5 个概率最大的输出,若均与真实标注不符,则被判定为出错)。对于

① 原始文献:Deng J,et al. ImageNet:A Large-Scale Hierarchical Image Database,2009 IEEE Conference on Computer Vision and Pattern Recognition,2009.

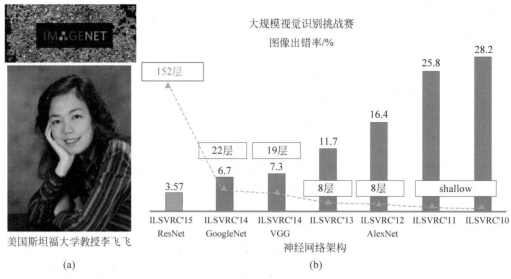

美国斯坦福大学教授李飞飞

(a)　　　　　　　　　　(b)

图 6-28　ImageNet 和 ILSVRC 人工智能图像识别出错率

同一算法,显然 Top-1 错误率高于 Top-5 错误率。最初参赛者所取得的图像识别 Top-5 错误率均高于 25%。2012 年,AlexNet 首次参赛便取得了 15.3% 的成绩,比第二名低 10.8%。 AlexNet 与 LeNet 的网络架构基本相同,但采用了 5 个卷积层和 3 个最大池化层,同时 使用 ReLU、Dropout 等算法技巧,展示了深度卷积神经网络的学习和泛化能力,拉开了 在计算机视觉等领域应用的序幕①。2014 年,牛津大学的研究者设计的 VGGNet,将网 络卷积层级增加到 16 层(VGG-16)和 19 层(VGG-19),大大提高了网络的学习能力,取 得了 7.32% 的 Top-5 错误率。VGGNet 的网络的结构均匀,全部使用 3×3 的卷积和 2×2 的池化②。同年,谷歌的研究者设计了基于 Inception 模型的 GoogleNet,取得了与 VGG-Net 同等的准确度(6.67% 的 Top-5 错误率)。他们在同一卷积层使用几个不同尺 寸的滤波器,如将 1×1,3×3,5×5 的卷积和 3×3 的池化堆叠在一起,增加了网络的宽 度和对图像不同尺度的适应性③。2015 年,微软亚洲研究院的何凯明等人提出了残差网 络 ResNet,构建深度更高的神经网络参赛,以 3.57% 的 Top-5 错误率取得冠军④。后来 谷歌团队又将其 Inception 结构与 ResNet 融合,设计开发了 InceptionV4＋Residual 网 络,取得了 3.1% 的 Top-5 错误率⑤。2017 年的比赛中,38 个参赛团队中有 29 个的错误

---

① 原始文献:Alex K,et al. Imagenet classification with deep convolutional neural networks. Advances in neural information processing systems,2012.

② 原始文献:Simonyan K. et al. Very deep convolutional networks for large-scale image recognition,2014, arXiv:1409.1556.

③ 原始文献:Szegedy C,et al. Going deeper with convolutions,Proceedings of IEEE Conference on Computer Vision and Pattern Recognition,2015.

④ 原始文献:He K. et al. Convolutional neural networks at constrained time cost,Proceedings of the IEEE Conference on Computer Vision and Pattern Recognition,2015.

⑤ 原始文献:Szegedy C,et al. Inception-V4,Incetion-ResNet and the impact of residual connections on learning,arXiv:1602.07261v2 [cs. CV],2016.

率低于 5%,其中最低的达到 2.25%[①],均低于人眼识别错误率平均水平。如图 6-28(b)所示,图像识别精度提高的主要驱动因素是神经网络深度的增加,如 AlexNet 仅有 8 层,VGG 和 GoogleNet 分别为 19 层和 22 层,最后 ResNet 达到了 152 层。

后来的研究方向主要是通过增加神经网络规模如深度、宽度以及输入图像分辨率来提高图像识别的精度。但不同算法模型随网络规模增大精度提高的斜率不同,决定网络规模的深度、宽度和分辨率不同维度对精度提高所做出的贡献也有所不同。谷歌团队的研究发现了一种按固定比例同时增大网络深度与宽度以及图像分辨率来提高识别精度的方法,并在此基础上开发出了 EfficientNet,不仅在 Top-1 精度超过了传统的深度学习网络,在效率(以识别精度与网络参数量之比来衡量)方面也具有更佳的表现[②]。最近,谷歌 AI 团队又发明了一种新型的半监督学习的算法,基于 EfficientNet-L2 取得了 Top-5 精度 98.8% 和 Top-1 精度 90.2% 的最佳成绩[③]。图 6-29 的纵轴为图像识别的 Top-1 精度,横轴为算法模型所包含的神经网络参数。可以看到,一般来说增大神经网路规模有助于提高识别精度,如早期卷积神经网络 AlexNet 有 6000 万参数,后来的深度网络 VGG19 有 1.44 亿参数,而目前最高精度的 EfficientNet-L2 有高达 4.80 亿参数,而另外一个基于 ResNet 的算法 Bit-M(Top-5 精度 97.7% 和 Top-1 精度 85.4%)的参数竟高达 9.28 亿! 但不同的算法的精度/规模比(效率)有较大的不同。如图 6-29 所示,原始的

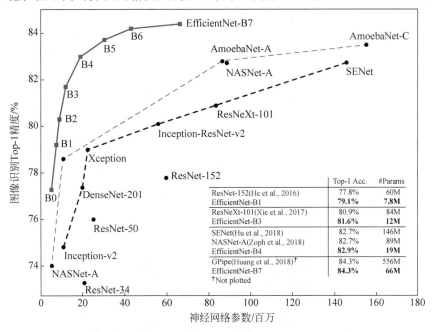

图 6-29　人工智能算法图像识别精确性与网络规模的关系

---

① Hu J,et al. Squeeze-and-excitation networks,arXiv:1709.01507v4 [cs. CV],2019.

② 原始文献:Tan M,et al. EfficientNet:Rethinking Model Scaling for Convolutional Neural Networks,arXiv:1905.11946v5 [cs. LG] 11 Sep 2020.

③ 原始文献:Pham H,et al. Meta Pseudo Labels,arXiv:2003.10580v3 [cs. LG],2021.

ResNet 与优化的 EfficientNet-B7 具有差不多的规模,但精度却有巨大差别。

6.4.2　物体检测算法

基于人工智能的计算机视觉使得智能机器具有了"眼睛",可以通过对周围环境的视觉感知实时实地得到所需要的信息,并在此基础上做出相关的判断、决定和反应。具体来讲,在获得图像或视频数据之后,计算机视觉的关键任务是识别和理解图像和视频中所关心的内容,如物体类别、位置、过程以及各种关系和含义等。这是一个典型的从数据到信息的抽象推理过程,既需要足够的外部信息数据,又需要必要的系统先验知识,同时还必须能够将新鲜的信息与原有的知识有机结合最终做出正确和及时的推理和判断。对于人工智能系统来讲,先验知识是通过神经网络对大量相关的数据进行训练学习而获得的。经过训练后的网络便可以对图像和视频中的物体进行自动识别、分类与定位等。

如图 6-30 所示,我们一般将计算机视觉的任务分为两大类:①物体检测(object detection),即确定包含目标物体边框的大小与位置并识别其所属类别;②实例分割(instance segmentation),即确定包含目标物体的像素空间并识别其所属类别。与单纯的物体检测分类不同,物体检测或实例分割既需要识别目标物体的类别,又需要确定被识别物体的定位边框或所占据的像素空间。分类只需要提取像素的全局含义信息,不需要像素的局部位置信息;而定位则相反,只需图像局部像素位置分辨信息,不需全局含义信息。假定图像中只有一个物体,通过神经网络卷积与池化之后产生了一组特征图,通过两个完全连接网络,我们既可以对图像中的物体进行分类(产生所包含物体类别的概率),也可以对物体所处的边框参数进行回归(产生边框的尺寸和坐标)。如图 6-31 所示,图像中的一只猫经过神经网络之后,最终得出对应的分类类别概率和回归边框参数。由于分类与回归本质上是两类不同的推理,所以在网络训练时需要针对这两类任务定义两类不同的损失函数,如分类用 SoftMax 损失函数,回归用 L2 损失函数。这两类损失函数按某种方式叠加之后形成网络的最终损失函数,作为反向传播的起点[①]。两类任务损失函数的相对权重属于神经网络的超参数,需要设计者根据经验和实际问题需要进行调节。

物体检测　　　　　　　　　　实例分割

图 6-30　物体检测和实例分割

---

① 原始图像:Fei-Fei Li & Justin Johnson & Serena Yeung,斯坦福大学讲义。

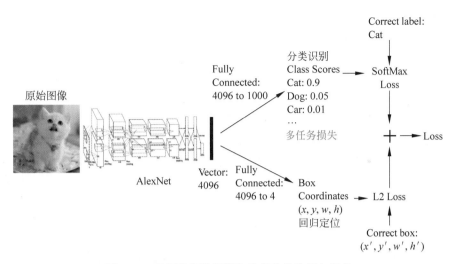

图 6-31　利用卷积神经网络进行物体检测与定位

对于多物体检测,前述的方法则不再奏效。这是因为不同的物体会有不同的损失函数,目标物体数量的增加给网络训练带来很大挑战。为了解决这一问题,基本方法之一是先设法确定图像中可能包含不同物体的边框,再对每一个边框中的单一物体进行分类。这种先分割、再分类的策略关键问题是如何找到这些可以包含被识别物体的边框。由于现实中图像中的物体呈现的情形非常复杂,如尺寸差别大、形态变化多、图像相互重叠和成像干扰噪声等,在分类之前识别和定位这些物体本身也是一个极具挑战性的问题。虽然理论上可以先将图像按某种方式分为不同尺寸的边框,希望这些边框能够以最小边框最大限度覆盖图像中包含的物体。但若真正做到完全覆盖,则需要穷举以任意两个像素为对角所形成的全部边框。即使仅限于规正的矩形边框,对实际中的图像也意味着天文数量级的边框数量! 所以实际中不得不利用图像中物体的特征信息人工设计一种选择搜索的算法,对一幅给定图像产生若干个可能覆盖物体的边框(如 2000 个)。美国加州大学伯克利分校的博士后研究员 Girshick 及合作者提出了“区域卷积网络”(Regional Convolutional Neural Network,R-CNN),将这些边框经过重整标准化之后,分别输入神经网络进行训练后对目标物体进行分类和回归取得不同边框中包含不同物体的概率和边框对应的坐标和尺寸[①]。经典的 R-CNN 算法由于对每个兴趣区域均需要经过 CNN 提取特征,所以训练和预测过程比较复杂,所需要的计算资源(时间、内存和存储)要求也较高。后来,同一作者提出了改进模型的“快速 R-CNN”(Fast R-CNN),在骨干网络产生特征图之后再用选择搜索算法产生定位边框,从而大大减少了图像分类的重复计算[②]。不过选择搜索算法属于基于经验和知识设计的工程算法,所以 R-CNN 和 Fast R-CNN 中定位边框的生成并不是神经网络的功能,也不能通过学习进行训练。为

———————————

　①　原始文献:Girshick R,et al. Rich feature hierarchies for accurate object detection and semantic segmentation,Proceedings of the IEEE conference on computer vision and pattern recognition,arXiv:1311. 2524v5 [cs. CV] ,2014.

　②　原始文献:Girshick R. Fast R-CNN,arXiv:1504. 08083v2 [cs. CV] ,2015.

此,微软亚洲研究院的任少卿等又在卷积网络产生特征图之后,以特征图上的像素作为原始图像对应区域的坐标,产生若干个不同尺寸可能包含物体的锚定边框(anchor box),将这些边框的数据输入另外一个神经网络即区域建议网络(Region Proposal Network,RPN)进行是否包含物体的"物体"与"背景"的分类,同时对包含物体的边框进行回归获得物体的坐标与尺寸[图 6-32(a)]。锚定边框的数量、长宽比以及尺寸需要根据所解决的实际问题人为确定,属于神经网络的超参数。若采用 k 个边框,特征图的每个像素对应区域建议网络的变量则为 $2k$ 个分类参数和 $4k$ 个坐标参数[图 6-32(b)]。这种算法全部使用 CNN 网络,预测速度大大高于选择搜索,所以此方法称为"更快 R-CNN"(Faster R-CNN)[①]。

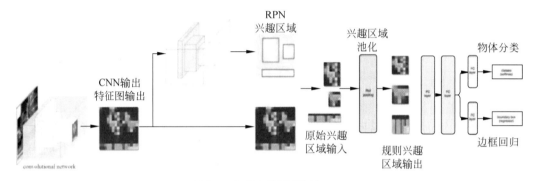

(a) Faster R-CNN端到端演示

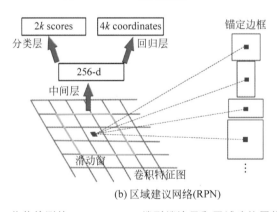

(b) 区域建议网络(RPN)

图 6-32 物体检测的 Faster R-CNN 端到端演示和区域建议网络(RPN)

将定位和分类分开处理的二步法虽然可以共享提取图像特征的骨干神经网络,但仍需要对区域建议网络和物体分类网络分别训练。这种方法可以取得比较高的精度,但网络训练过程复杂且效率低。另外一类方法是将区域建议网络直接融入特征提取的卷积网络之中,从而构成一个同时学习和提取物体位置和类别特征的能力的"端到端"的物体检测网络。最初的单步法算法是美国华盛顿大学博士研究生 Joseph Redmon 等提出的

---

① 原始文献:Ren S. et al. Faster R-CNN:Towards Real-Time Object Detection with Region Proposal Networks,arXiv:1506.01497v3 [cs.CV],2016.

"你只看一次"(You only look once, YOLO)算法,基本思想是将物体检测问题视为针对不同定位边框和分类概率的回归问题[①]。如图 6-33 所示,与区域建议网络 RPN 的思想相似,但 YOLO 首先将输入图像划分为网格,然后以每个网格为中心定义若干个不同比例和尺寸的锚定边框,作为卷积神经网络的输入。在卷积神经网络的输出端对每个网格输出所有锚定边框与基础真相边框的相对位置和尺寸参数以及对应边框中不同类别的概率。假定将一幅像素为 $H \times W$ 的图像划分为 $S \times S$ 个网格,对于每个网格选择 B 个锚定边框,每个锚定边框有相对于网格中心坐标的位移(dx、dy)、锚定边框长宽尺寸的变化(dh、dw)和边框中是否存在目标物体的信心系数(conf)5 个参数。卷积神经网络的输出参数为 $S \times S \times (5 \times B + C)$ 个,其中 C 是对应网格包含目标物体类别数。我们只考虑信心系数大于一定阈值的锚定边框,最终只输出包含目标物体的边框,否则认为边框所对应的是背景。即使这样,还会有同一物体具有若干个边框。所以还需采用合适的算法,即最终消除这些冗余预测,产生一个边框包含一个物体预测。可见 YOLO 和 FAST R-CNN 的区别在于将边框定义和划分提前到在输入图像上进行,从而巧妙地将区域建议网络与特征提取 CNN 融为一体。

输出结果
$S \times S \times (5 \times B + C)$

$S \times S$：网格数
B：锚定边框数
C：物体类别数
边框参数
坐标：dx、dy
尺寸：dh、dw
信心系数：conf

输入图像
$3 \times H \times W$

图像网格
$S \times S$

图 6-33　物体检测的"单步法"

以上所描述的物体检测算法仍存在一个问题,那就是 CNN 最终输出的特征图虽然包含了丰富的物体语义信息,但损失了空间分辨率。因此,对于物体尺寸差别较大的图像,这种方法很难甚至无法检测到尺寸较小的物体。为了解决多尺度物体检测问题,脸书(Facebook)的研究者提出了"特征金字塔网络"(Feature Pyramid Network, FPN)。如图 6-34 所示,金字塔网络分为"自下而上"(bottom-up)和"自上而下"(top-down)两个结构对称、相互连接的部分。前者是骨干卷积神经网络的特征提取的"下采样"层,所输出的特征图的尺寸逐级递减(如缩减系数为 2)。后者则相反,通过"上采样"逐级放大特征图的尺寸(如放大系数为 2),最简单的方法是在原有图像基础上采取某种差值算法引入新的像素。同时,前后两个部分对应的网络层之间采用了"跨越"(skip)连接,将下采样和上采样产生的相同尺寸的特征图相加融合。在物体探测的头端,可以在不同的金字塔

① 原始文献：Redmon J, et al. You only look once: Unified, real-time object detection, Proceedings of the IEEE conference on computer vision and pattern recognition, 2016, 779-788, arXiv: 1506.02640v5 [cs. CV].

层输出不同尺寸的特征图,针对应原始图像中尺寸不同的物体分别进行分类和回归[①]。

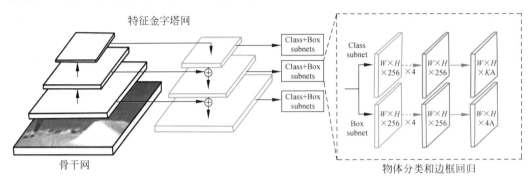

图 6-34　物体检测的特征金字塔网络(FPN)

6.4.3　实例分割算法

物体检测通过边框定位的精度仍然有一定局限,在一些需要精确定位的应用(如自动驾驶、机器人视觉、安全视频监控等)中不能满足要求。一般来讲,一幅包含目标物体的图像所占据的像素空间是确定的,所以终极的定位应该是确定所识别的物体所对应的像素。我们将此类算法定义为"实例分割"(instance segmentation)。微软研究院何凯明等于 2017 年发明了"掩膜 R-CNN"(Mask R-CNN)。如图 6-35(a)所示,在原 Faster R-CNN 的基础上引入一个与物体检测平行的卷积神经网络对区域建议网络产生的物体区域提取掩膜。为了克服原来物体检测网络"关注区域池化"(ROI pooling)中输入图像与特征图像像素之间产生的偏移误差,采用了线性插值方法进行校准,并以"关注区域对准"(ROI align)取而代之。这种在包含物体的定位边框内生成物体所对应的像素空间的方法是一种"先检测再区分"的策略。Mask R-CNN 在做物体检测的同时生成物体对应的像素的掩膜,取得了很好的效果[图 6-35(b)]。由于共享物体检测部分以及特征提取和区域推荐,所增加的部分计算量不大,成为实例分割的主流算法之一。

实例分割的另一种方法是"先分割后分类",即先将输入图像的像素分割再进行分类的算法。卷积神经网络的基本功能是通过不断卷积和池化编码提取图像的宏观特征和语义,但同时会损失图像的空间分辨率和局部特征。所以,虽然理论上可以使用全卷积网络(Fully Convolutional Network,FCN)通过像素标注的图像进行训练实现语义分割,但最终得到的空间分辨率较低,不能满足语义和实例分割的要求。所以,问题的关键是如何平衡全局物体分类和局部物体定位之间的矛盾。数学上讲,卷积池化本质上是一种数据压缩的"下采样",所以解决上述矛盾的基本思路是通过数据扩展的"上采样"提高图像的分辨率和获取图像的局部特征。2014 年,美国加州大学伯克利分校的博士研究生

---

① 原始文献:Lin T-Y,et al. Feature Pyramid Network for Object Detection,arXiv:1612.03144v2 [cs.CV],2017.

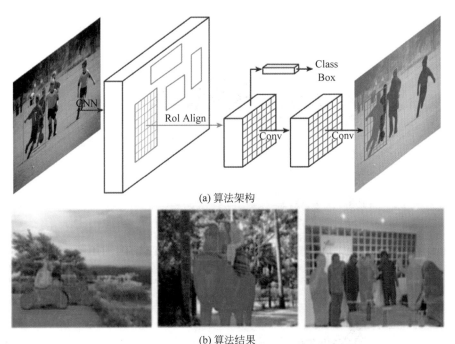

(a) 算法架构

(b) 算法结果

图 6-35 实例分割的 Mask R-CNN 算法

Long 和他的导师将卷积网络最后的全连接层改为卷积层,并通过内插上采样算法成功输出原始图像的语义分割图[图 6-36(a)、(b)]。为了平衡卷积网络全局特征和局部精度的矛盾,他们将不同卷积层的特征图上采样之后相加融合,产生了良好的效果[图 6-36(c)][①]。

2015 年,韩国浦项科技大学的研究者在标准卷积网络上附加一个对称的"反卷积"(Deconvolution)网络,对卷积网络产生的特征图进行对应的上采样,最终输出与输入图像同样尺寸和分辨率的语义分割图像[图 6-37(a)]。与全卷积网络(FCN)不同的是,这种端到端"编码-解码"(encoder-decoder)神经网络的下采样和上采样参数均是通过训练学习获得的,能够取得更高的语义分割精度[图 6-37(b)]。同时,在卷积和反卷积网络对应的卷积层之间增加了"残差连接"(skip connection),既可以将卷积浅层的空间信息分享给对应的反卷积层以提高上采样的精度,又可以在一定程度上克服深度网络的饱和问题。这种算法所需的网络参数较全连接网络增加一倍,需要付出更多计算资源并且训练更加复杂、预测效率更低[②]。

需要指出的是,由于图像分类只区别物体的种类,不能分辨事物的事件,所以只能做语义分割(semantic segmentation)。为了进一步区别同类物体的不同事件,人们发明了

① 原始文献:Long J, et al. Fully Convolutional Networks for Semantic Segmentation, arXiv: 1411. 4038v2 [cs. CV],2015.

② 原始文献:Noh H, et al. Learning Deconvolution Network for Semantic Segmentation, arXiv: 1505. 04366v1 [cs. CV],2015.

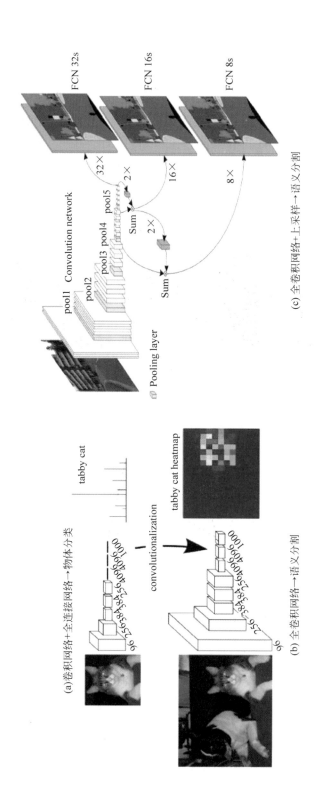

图 6-36　语义分割的全卷积网络

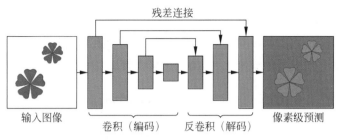

残差连接

输入图像　　卷积（编码）　反卷积（解码）　像素级预测

(a) 语义分割的编码-解码全卷积网络

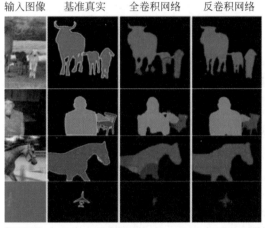

输入图像　　基准真实　　全卷积网络　　反卷积网络

(b) 全卷积网络（FCN）与反卷积网络（DeconvNet）语义分割结果比较

图 6-37　语义分割的 FCN 和 DeconvNet

许多不同的方法,其中比较有创意的工作是澳大利亚阿德莱德大学博士研究生王鑫龙及导师提出的 Segmentation Object by Location(SOLO)算法[①],其核心思想是在语义分割的基础上进一步将物体所处的中心位置和空间面积作为区别实例的参数,即对于同一类别的物体,如果其中心位置和像素面积不同,则被认定为不同的实例。这样的定义虽然不够严格,却十分接近实际情况,同时将原始问题大大简化,无疑是一个非常巧妙的主意。如图 6-38 所示,首先将输入图像划分为 $S \times S$ 网格,既作为物体像素的中心参考,也作为物体实物分割的基本单位,故实例分割的通道数为 S^2。卷积网络输出两个分支,其中负责对网格中的物体进行分类的网络产生各个网格所对应的实例概率($S \times S \times M$,M 为图像中实例的数量)。另一个分支则负责产生对应每一个网格的全局掩膜(global mask),掩膜的数量与网格数相同,其空间分辨率则与原始图像相同。

6.4.4　评价方法与指标

以上我们介绍了物体检测和实例分割的不同算法,但没有给出和讨论评价这些分类

---

① 原始文献：Wang X,et al. SOLO：Segmentation Object by Location,arXiv：1912.04488v3〔cs.CV〕,2020.

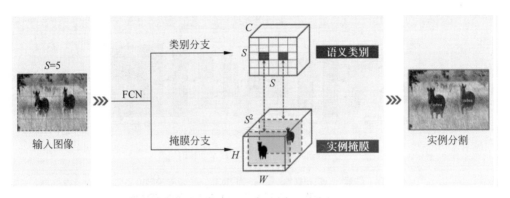

图 6-38 实例分割的 SOLO 算法

算法的衡量指标和方法。物体检测网络的输入是包含所要检测物体的图像,输出则是物体出现的类别标量 C_j(对不同物体类别的标注)、所对应的可能位置向量 $\boldsymbol{B}_j$(指包含被检测物体矩形边框的中心坐标和长宽尺寸的向量,一般为 4 个参数)和可信度 P_j(所检测到的边框中物体对应类别 C_j 的概率),其中 $j=1,2,\cdots,M$,M 为已知物体类型的数量。实例分割网络输出的位置信息不再是边框参数,而是物体所对应的像素空间。为了衡量算法模型的准确性,首先需要在标注的测试集中确定关于物体类别和位置的"标准答案"或基准真相(ground truth)。如果一次检测的结果满足以下条件,即:①所预测的类别与基准真相标注符合;②所预测的边框或像素空间与基准真相的边框或像素空间重合度超过事先给定的阈值 ε,则这次检测的结果被认定为真阳性(true positive,TP),如图 6-39(a)所示。若不满足①或②中任何一个条件,则被认定为假阳性(false positive,FP)或"误报",这包括虽然预测类别与标注符合,但边框/像素重合度低于阈值,或者虽然边框/像素重合度高于阈值,但所测类别与标签不符两种情形,如图 6-39(b)和(c)所示。在这里,所谓"重合度"是用预测和基准框图/像素重叠面积与两者共同面积之比,即"交并比"(Intersection Over Union,IOU)来衡量。交并比 IOU=1 意味着两者边框/像素完全重合;IOU=0 则表明没有重合。实际中,我们常选择边框/像素交并比的阈值为 IOU=0.5,或者以更高的交并比(如 IOU=0.7)作为阈值。另外还有一种情形是以上两个条件①和②均不满足,既没有检测到已知类别的物体,边框/像素交并比也低于给定的阈值,

(a) 物体真实存在,并且被模型在IOU高于给定的阈值条件下检测到　(b) 物体真实存在,但预测边框的IOU低于阈值　(c) 物体并不存在,模型却得出了正向的结果　(d) 物体真实存在,但模型没有检测到,没有关于基准真相的预测

图 6-39 真阳性、假阳性和假阴性的定义和说明

但实际上图像中却存在此类物体。我们将此种情形称为假阴性(false negative,FN)或"漏报",如图 6-39(d)所示。最后还有一种情况:真阴性(True negative,TN),即物体不存在,检测的结果也是如此。除此之外,我们还需要引入一个衡量测试结果可信度的主观指标,即置信度(confidence level)β($0 \leqslant \beta \leqslant 1$),只有所得到的可信度 P_j 高于置信度时,才认定所得到的类别 C_j 可靠即阳性,否则则认定为阴性。

基于以上所定义的 4 种情形,我们可以进一步给出描述检测算法表现的参数。最直截了当的指标似乎是准确率(accuracy),即在给定一定置信度 β 条件下,全部正确测试数与全部样本数之比,其数学表达式为:准确度=(真阳性数+真阴性数)/(真阳性数+假阳性数+假阴性数)。这种衡量指标看起来合理,但存在一个问题,那就是在样本中不同类别物体数量严重不平衡时会出现较大偏差。如假设图像中两类物体狗与猫的比例为 100 比 1,即使检测完全忽略猫而认为所有的结果都是狗,准确度仍高达 99%,但这样的准确度对检测小样本的猫却是不够的。

为了比较全面地评估物体检测算法的性能,我们引入了衡量物体检测的两个核心指标,即精确率(precision)和召回率(recall),两者均与置信度 β 相关。精确率 $P(\beta)$ 定义为在分类概率大于或等于置信度 β 的条件下,测试所得到真阳性的样本数与全部测试样本数之比,其数学表达式为:精确率=真阳性数/(真阳性数+假阳性数),故精确率衡量物体检测算法本身的准确性,即在所选择的样本中多少是正确的。召回率 $R(\beta)$ 定义为在分类概率大于或等于置信度 β 的条件下,测试所得到的真阳性样本数与全部同类物体数之比,即召回率=真阳性数/(真阳性数+假阴性数),故召回率衡量基准真相所对应的物体被正确检测的概率,即在所对应的实际物体多少被选中了。高精确率、低召回率意味着所有检测的样本均是正确的,但大多数基准真相物体被忽略了,这往往对应被检测的物体在所检测的样本中所占比例较低的情形。高召回率、低精确率则说明所有的基准真相物体均被检测到了,但大多数的检测却是错误的,这对应被检测的物体在所有检测样本中所占比例较大,但检测本身准确度却较低的情况。只有同时满足高精确率和高召回率的物体检测,才能正确检测大多数基准真相所对应的物体。所以,精确率和召回率从两个不同的侧面反映和衡量物体检测算法的表现。对于给定的一类物体,在给定的交并比(IOU)阈值下,精确率和召回率均是置信度 β 的函数。置信度 β 越高,检测的精确率越高,但会错过许多基准真实的样本,导致召回率降低;相反,可信度低则精确率降低,但可能正确探测到更多的基准真实样本,从而提高召回率。所以,如图 6-40(a)所示,两者之间通常呈某种"反向"的关系。同时,精确率和召回率两者关系的曲线形状与被检测的物体分布特性以及所假定的 IOU 值相关[图 6-40(b)]。我们通常用一定的 IOU 阈值不同召回率条件下的平均值,即平均精确率(average precision,AP)来作为算法模型对此类物体检测精度的衡量。以图 6-40(a)为例,平均精确率实际上就是精确率-召回率(P-R)曲线下所代表的面积,其大小不仅与曲线的形状(即被测样本的概率分布)相关,也依赖于所设置的交并比阈值。如图 6-40(b)所示,IOU 值越高,曲线所占据的面积越小,平均准确率则越低。在 COCO 数据集的测试中,将不同 IOU 下的平均准确率再作平均,如 IOU 为 0.5 和 0.95 条件下平均精确率的平均。物体检测的 AP 为 BOX AP,实例分割的 AP

则为 MASK AP。若图像中存在 M 种不同的物体类型，则需进一步用所有类型的平均精确率的平均，即全类平均精度（mean average precision，mAP）作为最终的衡量参数。

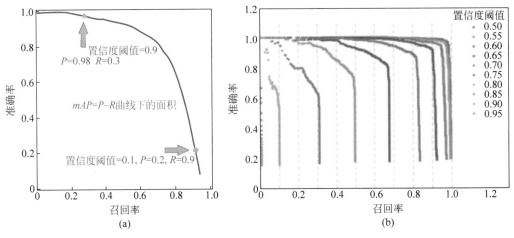

图 6-40　精确率与召回率曲线

将深度神经网络引入物体检测和实例分割，特别是端到端的卷积神经网络的不断改进、扩展和升级，大大提高了图像物体检测和实例分割的精度和效率。目前物体检测和实例分割仍是学术界和产业界研究最活跃的领域之一，新的智能算法和数据平台不断涌现，识别精度和效率的纪录也不断突破刷新。著名机器学习网站 www. paperswithcode. com 搜集了截至 2021 年 5 月 27 日物体检测领域的 1341 篇论文、136 个数据集和 40 个基准。图 6-41 给出了在 MSCOCO 数据集上不同算法平均精确度（BOX AP）的最佳水平。早期的算法精度较低，BOX AP 低于 40，后来在图像分类骨干网络的优化扩展、多尺度数据融合、训练数据增强等方面不断创新改进的推动下，算法的精度大大提高。最近机器学习领域最大的惊喜来自谷歌研究团队的 Transformer。这种基于"自注意力"的算法最初应用于自然语言处理，如机器翻译、语音识别等领域，获得了极大的成功。后来又推广应用到图像和物体检测以及实例分割等领域，也取得了出人意料的优异表现。最近，微软亚洲研究院的团队设计了一种多尺度滑窗式的自注意力算法，在物体检测和实

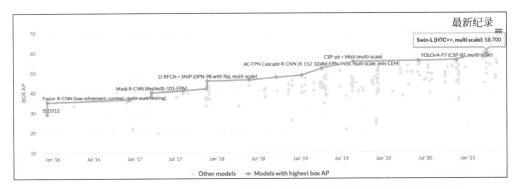

图 6-41　物体检测算法在 MSCCCO 数据集上的测试精确度最佳水平的历史演变

例分割 MSCOCO 数据集上取得 BOX AP 58.7 和 MASK AP 51.1 的历史最高水平[①]。关于注意力机制和 Transformer 的工作原理,我们将在自然语音处理部分再做系统的介绍和讨论。

对于一个从事物体检测的系统来讲,其性能指标不仅包括精度(以 AP 衡量),还有效率(以运算量、效率或者计算延迟时间等指标来衡量)以及对内存资源的需求等,而这些指标之间的关系经常是矛盾的,需要根据实际应用的系统要求和资源条件进行平衡和优化。影响精度和效率的因素很多,如检测物体所对应图像的质量(如清晰度等)、检测物体的特征(如相对尺寸、数量比例的差别等)、特征提取的骨干(如 VGG、ResNet 等)和主体(如 RCNN、SSD 等)神经网络的架构以及定位区域的数量等。谷歌团队在优化扩展的图像分类算法 EfficientNet 的基础上,进一步设计开发了 EfficientDet 算法,在识别精度和效率的平衡优化方面取得了很好的效果。如图 6-42(a)所示,扩展优化后的算法 EfficientDet-D7 较原先的最高评价精确度提高了近 5 个百分点(BOX AP=55.1),但所需的网络模型参数仅为对比模型的 1.8%,计算量仅为 31.1%[②]。这项纪录很快又被中国台湾团队用 YOLOv4 的扩展算法突破。如图 6-42(b)所示,Scaled YOLOv4 不仅在识别精度方面达到了 BOX AP=56.0,模型参数和预测时延仅为 EfficientDet-D7 的 1/3。

6.4.5 人脸识别和检测

图像识别和物体检测的直接应用之一是人脸识别与检测。人脸是人类交流的重要媒介,既是身份独特的标志,又是情感表达的窗口。机器获取人脸数据的方式和方法很多,但最终形式是二维或三维的图像,这些图像是由黑白或彩色像素或体素构成的。人工智能系统的人脸识别过程包括:①人脸检测:在所获的图像数据空间中确定人脸所占据的图像的边框或像素子空间;②人脸对准:确定了人脸所占据的子空间后,进一步确定人脸特征部位的坐标,同时,对人脸图像做光线补偿、灰度调整以及去噪声、均衡化、归一化处理等,最终获得尺寸一致、灰度取值范围相同的标准化人脸图像;③特征提取:建立和确定人脸的特征模型,并对选定的模型采用相应的数据进行训练以确定模型参数;④人脸识别或验证:利用模型的特征参数对对应数据库做匹配,最终找到或验证某一个特定的个体。假定人脸数据已经过预处理变为标准化的人脸图像,人脸识别与认证的问题便转化为前面已经讨论过的图像识别问题。但是,人脸识别同时具有问题本身的特殊性。不同的个人人脸之间的基本特征具有很大的相似性,但同一人脸却又因图像产生的条件不同而呈现巨大的差别。计算机识别人脸的关键问题是如何发掘和捕捉在不同表情、姿态、光照和遮挡等干扰条件下不变的人脸形状和纹理特征,并以此建立数学模型来区别和辨认不同的人脸。模型的基本思想是将人脸的高维度像素空间映射到一个低度

① 原始文献:Liu Z,et al. Swin Transformer:Hierarchical Vision Transformer using Shifted Windows,arXiv:2103.14030v1[cs.CV],2021.

② 原始文献:Tan M,et al. EfficientDet:Scalable and Efficient Object Detection,arXiv:1911.09070v7[cs.CV],2020.

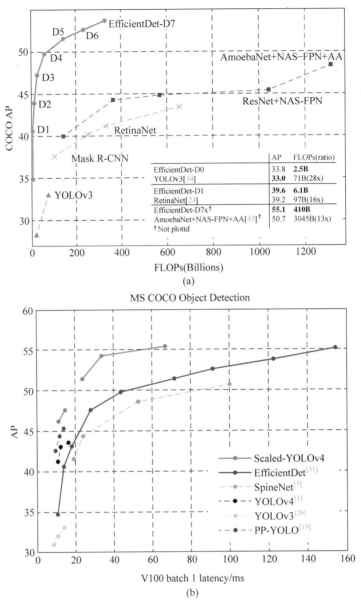

图 6-42　物体检测算法的精确度与效率之间的关系

的特征空间。此变换的关键是既要捕捉和描述区别不同人脸的主要特征,又要确保此特征在不同姿态、表情和光照的阻挡情况下保持不变。早期的模型属于整体学习(holistic learning)方法,如本征脸、渔夫脸等,在标准人脸识别数据集 Labeled Faces in the Wild,或 LFW 上训练和测试所得到的识别准确度仅有 60% 左右。后来,手工制作的局部特征提取方法开始流行,将准确度提高到 70% 以上。2014 年,脸书的研究者开发出基于深度卷积神经网络的算法 DeepFace,采用了约 400 万张照片训练,经过多层卷积-池化层之后,通过全连接进行高达 4000 类人脸分类[图 6-43(a)],在开放环境人脸数据集 LFW

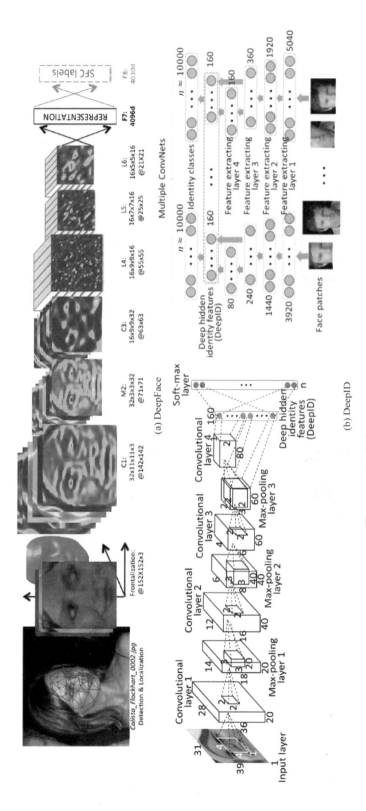

图 6-43　用于人脸识别和认证的深度学习算法

上取得了准确率 97.35% 的优异成绩,较前期的最高纪录提高了 27 个百分点,达到了可以与人类水平媲美的程度[①]。同年,香港中文大学的博士研究生孙祎与导师汤晓鸥教授的 DeepID 算法,在深度卷积网络中引入额外的优化函数设计,将优化目标从单独的分类变成了分类与比对相结合的方案,进一步提高了模型的表达能力,取得了 97.45% 的准确率[②]。如图 6-43(b)所示,DeepID 与 DeepFace 具有相似的网络结构,但为了弥补数据量的不足,DeepID 将人脸划分成不同的区域、尺度,通过尺度和区域特征的融合,在训练数据的数量大大低于 DeepFace 的前提下,取得了更佳的结果。

2015 年谷歌团队开发了著名的 FaceNet 算法,根据人脸比对来设计更加优化的目标函数,即"三重态损失函数"(triplet loss)。如图 6-44 所示,假设我们有某个人脸的基准锚点,如果我们同时也有同一个人脸不同姿态的另外一些样本以及不属于此人的样本,便可以通过学习构建一种特殊的损失函数,使得同类之间的样本距离足够小,不同类的样本距离足够大。这种类内距离和类间距离同时优化的思路,为人脸特征比对定制了一个特定的目标函数。FaceNet 在 LFW 数据集上取得了 99.63% 的精度,创造了人脸识别领域人工智能超过人类智能的又一个里程碑[③]。之后,人脸识别算法的主要改进是不断设计和优化更具有差异和歧视性的损失函数,进一步增大人脸在同一类别、不同形态和不同形态但相似形态的对比。据 paperwithcode 网站 2021 年 5 月 27 日的最新统计,在 LFW 数据集上人脸识别的精度可以达到 99.85%！不仅如此,与传统的算法相比,新的算法运算速度更高、所需资源更少[④]。

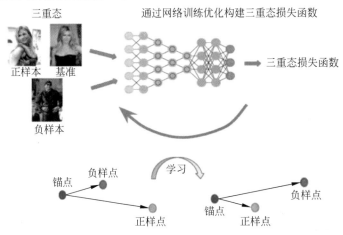

图 6-44　FaceNet 的三重态损失函数(triplet loss)

①　原始文献：Taigm Y, et al. DeepFace: Closing the Gap to Human-Level Performance in Face Verification, CVPR '14: Proceedings of the 2014 IEEE Conference on Computer Vision and Pattern Recognition,2014.

②　原始文献：Sun Y, Wang X, Tang X. Deep Learning Face Representation from Predicting 10,000 Classes [C]//IEEE Conference on Computer Vision and Pattern Recognition. IEEE,2014: 1891-1898.

③　原始文献：Schroff F, et al. FaceNet: A Unified Embedding for Face Recognition and Clustering, arXiv: 1503.03832v3 [cs. CV],2015.

④　原始文献：Yan M, et al. VarGFaceNet: An Efficient Variable Group Convolutional Neural Network for Lightweight Face Recognition, arXiv: 1910.04985v4 [cs. CV],2019.

在实际应用中,需要在复杂的环境中检测并识别多个人脸的检测算法。人脸检测只是物体检测的一个特殊应用领域,在使用前述人脸图像识别网络作为骨干网络的前提下,可以使用通用的物体检测程序进行人脸检测。目前业内比较流行的是香港中文大学于 2016 年建立的人脸检测数据集 WIDER Face,共包含 32 203 张图像和 393 703 个人脸标注,其中 40% 的数据为训练集,10% 的数据为验证集,50% 的数据为测试集。每个集合中的数据根据人脸检测的难易程度分为"容易"(Easy)、"一般"(Medium)和"困难"(Hard)三个等级。图 6-45 上图给出了自 2014 年 7 月以来人脸检测的平均精确度的变化,其中成立于 2019 年的中国公司创新奇智设计开发的算法 TinaFace 在 2021 年 WIDER Face 测试中"Hard"数据集上取得了 AP=92.4 的历史最高水平[①]。此公司的算法在极具挑战的"世界上人数最多的自拍合影"照片中检测到 918 个人脸,刷新了历史最高纪录(图 6-45 下图)。

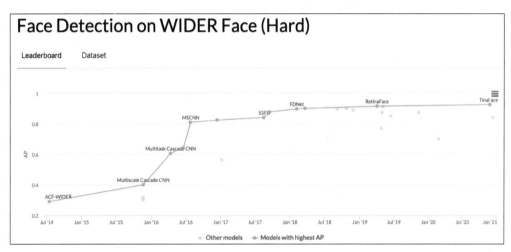

图 6-45　人脸检测 WIDER Face 测试集表现

---

① 原始文献:Zhu Y,et al. TinaFace:Strong but Simple Baseline for Face Detection,arXiv:2011.13183v3 [cs. CV],2021.

6.4.6　医学影像识别与疾病检测

图像识别与分类的专业应用的另一个重要领域是基于医学影像的疾病检测与诊断。医疗领域是目前信息技术与应用发展最迅速的垂直领域之一，各种影像技术如肠镜（Colonoscopy）、CT（computer tomography）、MRI（magnetic resonance image）等成为疾病检测和诊断的主要辅助技术和工具。到目前为止，这些技术与工具均属于非智能的功能性信息系统，对图像数据和信息的识别、分析和判定仍需要具有专门知识和技能的影像科专家。培养这类专家需要多年的专业教育和实际经验，属于行业稀缺资源。人工智能特别是深度学习算法在通过影像数据进行自动疾病特别是各种癌症检测与诊断方面获得了突破性进展。肠癌（Colorectal Cancer）或结直肠癌是近年来全球癌症死亡率排名第三的癌症，每年新增病例约280万、死亡180万，5年成活率约为68%。研究表明，高达95%以上的肠癌与直肠腺瘤性息肉（adenomatous polyps）相关。因此，及早发现和及时处理（如切除）这种息肉是预防和避免肠癌最有效的方法。继无疼肠镜技术问世以来，定期经常的肠镜检查成为防治肠癌疾病的流行方法。但检查和治疗过程需要专家实时观察分析医学图像，对可能存在的息肉做出及时判定和处理。这不仅是一项十分耗费精力和时间的工作，也极大依赖于专业人员的个人技能、经验及工作状态等。通过计算机视觉技术实现肠镜检查过程中腺瘤性息肉的精确和实时监测可以大大减少人工干预的负担和局限。为此，需要精度和效率满足要求的人工智能算法，并且需要专业数据集进行网络训练和测试。Kvasir数据集由挪威Vestre Viken健康信托旗下4所医院通过内窥镜程序从胃肠道获得的图像所建造。数据集由医生注解和验证的图像组成，捕获8个不同的病例类型，包含8000个内窥镜图像，每个类有1000个图像。Kvasir-SEG从原始的数据中选取1000幅图像进一步进行像素空间标注。图6-46（a）给出了不同算法进行息肉实例分割的结果，衡量指标为平均DICE，定义为监测到的物体像素空间与真实基准像素空间的交集与两个像素空间的合集面积平均值之比。将所有实例分割的结果进行平均，则得到平均DICE。最初在医学影像分割取得显著效果的算法是2015年德国弗莱堡大学设计的U-Net[①]，本质上是一种对称的全卷积网络，但更适合于医学图像语义分割。早期的算法取得了平均DICE=0.818的成绩。2020年，针对肠镜检查中相同类型息肉具有不同尺寸、色彩和质地以及息肉与周围黏膜之间边界模糊等问题，阿联酋人工智能研究院的Fan及合作者发明了PraNet算法[②]，采用反向注意网络（PraNet）在结肠镜检查图像中进行精确的息肉分割，取得了DICE=0.8999的新纪录，实时分割效率达到每秒50帧图像（50fps）。2021年，中国台湾清华大学的研究团队采用一种内存优化的CNN神经网

---

①　原始文献：Ronneberger O，et al. U-Net：Convolutional Networks for Biomedical Image Segmentation，arXiv：1505.04597v1［cs. CV］.2015.

②　原始文献：Fan D-P，et al. PraNet：Parallel Reverse Attention Network for Polyp Segmentation，arXiv：2006.11392v4［eess. IV］.2020.

络 HarDNet-MSEG，达到了平均 DICE＝0.904 和效率 86.7fps 的成绩[1]。如图 6-46(b)所示，HarDnet-MSEG 比 PraNet 的息肉分割的结果更接近基准真相。

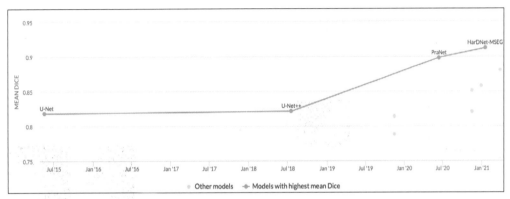

(a) 不同算法的平均DICE分数

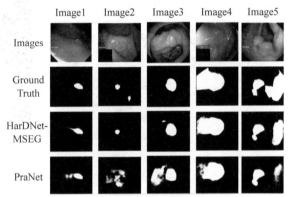

(b) 图像语义分割效果

图 6-46　大肠息肉检查

人工智能在医学图像分割和疾病诊断方面的应用十分广泛。2018 年，谷歌研究者利用深度学习 CNN 开发了一套能够根据癌症活组织样本图像判定前列腺癌恶性程度的系统，用格里森分数(Gleason grading)来分级衡量系统的性能表现[2]。他们使用取自 1226 个活体样本中 1.12 亿张由病理学家标注的图像对算法进行训练后，对另外独立的 331 个样本做了测试，达到了 70％ 的准确度，高于 29 位病理学家 61％ 的平均水平[图 6-47(a)]。2019 年，谷歌将深度学习算法用于肺癌检测与诊断，利用患者 CT 图像数据检测和估计肺癌的风险[图 6-47(b)]。在对 6716 个全国普查试验和 1139 个临床测试案例上取得了

①　原始文献：Huang C-H，et al. HarDNet-MSEG：A Simple Encoder-Decoder Polyp Segmentation Neural Network that Achieves over 0.9 Mean Dice and 86 FPS，arXiv：2101.07172v2［cs.CV］，2021.

②　原始文献：Napal K，et al. Development and validation of a deep learning algorithm for improving Gleason scoring of prostate cancer. npj Digital Medicine，2019，2：48.

94.4％的 AUC 值（area under the curve），达到了专业病理学家的水准[①]。2020 年，谷歌又在 *Nature* 发表了深度学习人工智能在乳腺癌诊断方面的研究成果[②]，针对美国和英国数据库中的诊断结果与专家诊断结果相比，在伪阳率（false positive rate）方面分别减少 5.7％（美国）和 1.2％（英国）；在伪阴率（false negative rate）方面减少 9.45％（美国）和 2.7％（英国），均超过了人类专家的水平[图 6-47(c)]。

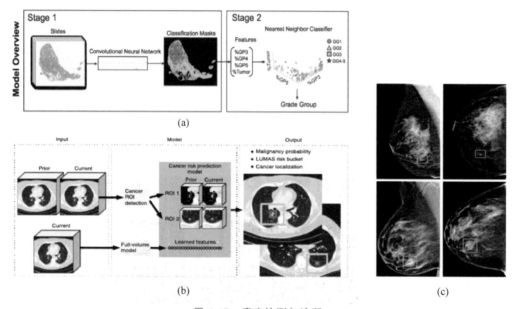

图 6-47　癌症检测与诊断

6.4.7　车辆自动驾驶

动力汽车是工业革命时期最伟大的发明之一，为人类社会中的人与物的移动带来了极大的便利。传统汽车的动力依赖于石油和天然气等化石燃料，驾驶则完全由人来进行。近期新能源电动汽车迅速崛起，彻底改变了传统的汽车产业。同时，人工智能特别是计算机视觉在汽车中的应用，不仅为人为驾驶带来辅助功能，也将在不远的未来完全代替人实现自动驾驶（autonomous driving）。人工智能在自动驾驶中应用领域包括自动感知、导航和控制等汽车驾驶的全过程。首先，视频图像传感器获取周围路况、环境等动态信息。然后，车载和云端计算设备及资源对这些数据进行实时分析、判断并对车辆驾驶做出正确的控制和导航。

行人检测（pedestrian detection）是指计算机视觉系统在环境中及时发现并准确定位

---

① 原始文献：Ardila D，et al. End-to-end lung cancer screening with three-dimensional deep learning on low-dose chest computed tomography. Nature medicine，2019，25(5)：1.

② 原始文献：Mayer S，et al. International evaluation of an AI system for breast cancer screening，Nature，2020，577，89-94.

所有存在的行人,在辅助和自动驾驶、安防视频监控和智能机器人等应用中均具有关键作用。作为物体检测的一种特殊应用,行人检测必须解决被检测的人外观差异大、背景复杂和遮挡等难题,同时还必须具有足够高的检测速度,才能用于实际场景。因此,行人检测的算法需要考虑以上问题做适当的调整和优化。同时,算法需要在反映实际场景的数据集上进行训练和测试。Caltech Pedestrian Detection Benchmark Dataset 是美国加州理工学院开发的一个用于检测行人的数据集,包含约 10 小时分辨率 640×480、30Hz 的视频,主要由行驶在城街道上的汽车拍摄,视频共计约 250 000 帧,包含 350 000 个边界框和 2300 个行人的注释,其中注释包括边框与遮挡物之间的对应关系(数据网站:http://www.vision.caltech.edu/Image_Datasets/CaltechPedestrians/)。CityPersons 和 EuroCityPersons 是另外两个目前比较流行的数据集,其中 CityPersons 的数据来源于德国及周围 27 个城市的 5000 幅图像,2975 幅图像用来训练,500 和 1575 幅用来做验证和测试,每幅图中平均有 7 个行人[①]。EuroCityPersons 的数据来自欧洲的 12 个国家 31 个城市中行驶汽车所获得的图像,对 47 300 幅图像中的 238 200 个行人做了手工标注[②]。图 6-48(a)给出了自 2012 年以来不同人工智能算法在上述三个数据集上的性能表现,MR(Missing Rate)即错失率。可以看到,算法在各个数据集上的性能不断提高。根据 paperwithcode 网站 2021 年 6 月的统计,最新算法在 Caltech 数据集上取得了 1.76% 的合理错失率(reasonable missing rate),接近人类水平;在 CityPerson 数据集上也取得了 7.50% 的成绩。但如图 6-48(b)所示,目前大多数人工智能算法的泛化能力有限,在一个数据集上训练的算法在另一个数据集上预测的表现会变差,只有 Cascade R-CNN 算法的泛化表现还算不错[③]。

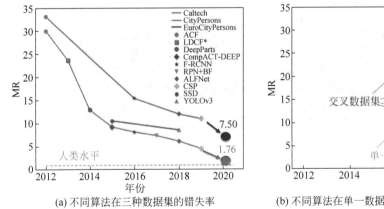

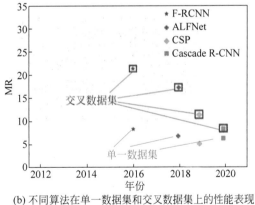

(a) 不同算法在三种数据集的错失率   (b) 不同算法在单一数据集和交叉数据集上的性能表现

图 6-48 行人检测算法的表现

① 原始文献:Zhang S, et al. CityPersons:A Diverse Dataset for Pedestrian Detection, arXiv:1702.05693v1 [cs.CV]. 2017.

② 原始文献:Braun M, et al. The EuroCity Persons Dataset:A Novel Benchmark for Object Detection, arXiv:1805.07193v2 [cs.CV]. 2018.

③ 原始文献:Hasan I, et al. Generalizable Pedestrian Detection:The Elephant In The Room, arXiv:2003.08799v7 [cs.CV]. 2020.

　　当然,行人检测只是自动驾驶视觉感知的任务之一,除此之外还有车道检测(lane detection)、交通信号灯识别(traffic sign recognition)、高速车辆检测(fast vehicle detection)等,为安全、及时和灵活的车辆驾驶进行判断、决策和控制提供准确和有效的输入信息。同时,这些算法的效率,如预测的延迟时间等必须满足车辆正常驾驶的实时性要求。所以,自动驾驶的算法和算力必须能够满足准确性和及时性的条件才能在实际中得到应用。基于视觉传感器和人工智能视觉的自动驾驶的运行可以分为四个不同的阶段,如图 6-49 所示。首先,自动驾驶的车辆本身携带的数字地图实时定位和显示周围的道路情况,如图 6-49(a)中的车辆来到一个十字路口。同时,如图 6-49(b)所示,车辆的视觉感知系统准确定位和识别了出现在此交叉路口的车辆(以绿色和紫色边框表示)、行人(黄色)和自行车(红色),并且发现前方的一个施工区域。接下来,车载的计算系统根据这些信息对交叉路口这些物体的运动趋势做出判断[图 6-49(c)]。最后,如图 6-49(d)所示,绿色的通道是自动驾驶系统最终给出的车辆行驶路线。图中绿色的篱笆标志给出了系统根据周围车辆和行人等的运动轨迹和速度分析得出的安全边界,确保自动驾驶车辆有足够的提前裕量驶过此交叉路口[①]。

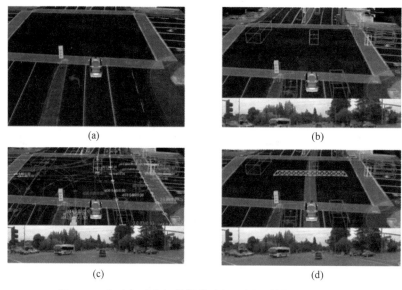

(a)　　　　　　　　　　　　　　　　(b)

(c)　　　　　　　　　　　　　　　　(d)

图 6-49　自动驾驶车辆的视觉感知、分析、判断和预测过程

　　关于基于视觉摄像头及其他传感器(如毫米波和激光雷达等)和人工智能算法与算力的全自动驾驶汽车技术与应用的成熟度,目前行业和社会中仍存在争议。谷歌是第一家将机器人汽车开上公共道路的公司,2016 年正式成立了全资 Waymo LLC,专注于无人驾驶汽车的产品服务开发和商业化。截至 2019 年 7 月,谷歌自动驾驶汽车已经在虚拟世界驾驶达到 100 亿英里[②],在现实世界驾驶达到 1000 多万英里。2020 年发布的安全

---

① 原始文献:Waymo Safety Report,2020.

② 1 英里(mi)≈1.6093 千米(km)。

报告统计了 Waymo 在美国凤凰城 2019 年全年和 2020 年前 9 个月的自动驾驶运营,报告共发生了 18 起碰撞事故,包括追尾、车辆刮擦等,但几乎所有责任均在对方而不是自动驾驶车辆。2016 年,新兴电动汽车公司特斯拉宣布所生产的全部电动车将均具有自动驾驶功能,其安全性能将大大超过人类司机的平均水平。2016 年 10 月,特斯拉自动驾驶里程达到 2.2 亿英里,2018 年 11 月则突破了 10 亿英里。截至 2020 年 1 月 16 日,特斯拉的所有汽车行驶里程达到 191 亿英里,其中自动驾驶里程为 22 亿英里,远远高于排名第二的 Waymo。当然,在特斯拉车辆行驶总里程数中,自动驾驶仅占 11.5%,显然人们对此仍保持谨慎态度。

传统汽车公司如福特、捷豹路虎、通用汽车、宝马和大众以及中国互联网公司如百度、设备商如华为等也已经开发了自己的自动驾驶系统并在模拟和现实世界中进行尝试和优化。2020 年美、中两国的统计数据结果表明,美国通用汽车、谷歌和中国百度均达到每年百万千米的自动驾驶里程。根据不同的分析,到 2030 年,全美将有 40%~95% 的汽车出行由无人驾驶汽车承担完成。这将是被人工智能革命所彻底改变和颠覆的一个典型的传统产业。

6.5　自然语言处理

自然语言处理(natural language processing,NLP)是人工智能与语言学交叉融合的学术研究和技术应用领域。语言是人类自然智能中最独特的功能和现象,既可以表达和传递思想,也能够展现和交流情感。同时,语言的表达更是大脑思维、心理和情感的直接反映,与人类自然智能具有天然的联系。长期以来,计算机等数据和信息系统均具有各自的机器语言,能够通过这种语言交换和处理数据,但这些数字的机器语言与人类的自然语言相比具有极大的区别。人工智能中的自然语言处理主要是研究和解决机器如何处理及运用人类自然语言的问题,包括对人类语言的认知、理解、生成和表达等。自然语言认知和理解是让机器能够接收、理解和处理人类语言(包括语音和文字等),将之转换为机器能够识别和理解的符号和关系并进行处理。自然语言生成和表达系统则是把机器数据转化为自然语言,使得人类能够接受和理解。所以,自然语言处理的过程实质上是一个信息编码和解码的过程,即机器将输入的自然语言数据中结构、含义和效用的不确定性消除,转化为它能够识别、理解和执行的信息进行处理。智能系统再将处理后的机器语言信息通过解码转化为人类能够理解和反应的数据形式和内容。

6.5.1　自动语音识别

自然语言处理应用领域之一是自动语音识别(automatic speech recognition,ASR),即将承载语言信息的语音信号通过算法进行计算处理后转换为表达对应语言的文字信息,如图 6-50 所示。一个典型的自动语音识别系统由两部分构成,即将原始语音信号转换为音素符号的声学模型(Acoustic Model,AM)和将音素符号转换为语言文字的语言模型(Language Model,LM)。从数学上讲,声学模型是根据接收的语音信号,找出最有可能出现的音素符号,语言模型则是根据不同的音素符号,选出最有可能出现的语言文字。两者均可以被模拟为不同数据序列的随机过程并转化为求解一定条件下某种概率最大化的数学问题。

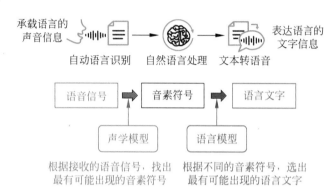

图 6-50　自动语音识别

　　语音信号是由发声系统产生的、承载语言内容的声波,数学上可以表示为随时间变化的一维连续模拟信号。一般我们不会直接将接收到的原始语音数据作为神经网络的输入,而是先对语音信号做数字化处理后提取其中的音素特征。人类语音信号在足够短的时间内可被近似为准周期性函数,所以我们可将连续的语音信号采样之后裁剪为时长较短(如 20ms)的片段,然后对每个片段按一定频率间隔(如 50Hz)做离散傅里叶变换,转换为不同频率的能量分布图即时频谱(spectrogram)(图 6-51)。

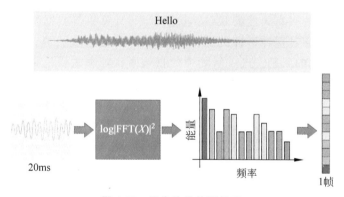

图 6-51　语音信号的预处理

　　代表自然语言的语音数据是一个时间序列,数据之间存在较强的“上下文”关联关系。若将这样一组数据输入神经网络,可以想象若要考虑数据之间的相关性,则意味着神经网络中的神经元必须具有一定“记忆”功能,即某一个时刻的状态不仅与此状态下的输入有关,也与其他时刻的状态有关。循环神经网络(recurrent neural network,RNN)便是这样一类能够联系数据上下文的神经网络,其典型的结构如图 6-52(a)所示。隐藏层的神经元除了接收向量加权 U 的输入 x 之外,其神经元状态参数向量 s 还通过加权函数向量 W 与上一时刻同一网络层的神经元状态相关联。神经元将这两个方面的贡献叠加之后激发产生输出向量 O。若将这样一个重叠单元沿时间轴展开,便得到图 6-52(b) 所示的时序结构。可以看出,在时刻 t 神经元的输出 s_t 不仅与同一时刻的 U 加权输入相关,也与加权 W 后的前一时刻神经元参数 s_{t-1} 相关。这说明此神经网络具有记忆功能,记忆的强度由加权因子 W 确定。请注意对于同一个神经元,不同时刻的加权 W 和 U 参数是不变的。另外,需要说明的是,如图 6-52(c) 所示,RNN 的输入、输出和神经元隐藏变量均可以是不同维度的向量,如输入向量 x 的维数为 m,神经元隐藏状态 s_t 的维度为 n,而输出向量的维数为 2。

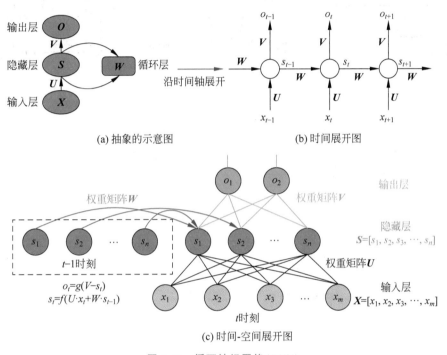

(a) 抽象的示意图　　　　　　　　(b) 时间展开图

(c) 时间-空间展开图

图 6-52　循环神经网络(RNN)

虽然传统 RNN 网络的记忆功能理论上可以关联过去任意时间内的历史,但实际上越接近当前时刻的历史数据对当前状态的影响也越大,而距当前状态较远的相关历史数据的贡献则往往被忘记,从而导致训练过程中出现梯度饱和或爆炸问题。针对此问题,德国计算机科学家赛普·霍克赖特(Sepp Hochreiter,1967—)于 1997 年发明了长短时记忆[Long short-term memory,LSTM,图 6-53(b)]。他在 RNN 基础上增加了记忆的选择性,以解决网络长期记忆依赖的问题[①]。LSTM 的核心思想是引入了"细胞状态",通过某种逻辑单元即"输入门"(input gate)、"遗忘门"(forget gate)和"输出门"(output gate)控制神经元的信息写入、擦除或读出,从而赋予网络读、写、重置等操作功能。在训练过程中,网络可以通过学习确定什么时间需要记住或遗忘,处理通过经验学习的时间序列,尤其是对重要事件以及具有不定长的时间间隔特征的事件。由于增加了新的网络

---

① 原始文献:Hochreiter S,Schmidhuber S J. Long short-term memory. Neural Comput,9:1735—1780.

变量,LSTM 网络训练的复杂度也随之增加,容易产生过度拟合。后来,加拿大蒙特利尔大学的 Cho 及合作者提出了门控循环单元[Gated Recurrent Unit,GRU,图 6-53(c)],将忘记门和输入门合成为"更新门",同时将细胞状态和隐藏状态混合。GRU 模型比标准的 LSTM 模型简单,参数减少 1/3,有助于减少过度拟合,但预测效果相似[①]。关于 LSTM 和 GRU 单元的详细工作原理,读者可以参考相关的专业书籍和文献。

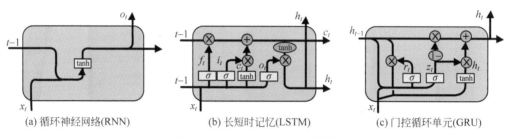

(a) 循环神经网络(RNN)   (b) 长短时记忆(LSTM)   (c) 门控循环单元(GRU)

图 6-53　RNN、LSTM、GRU 网络

以上所描述的循环神经网络是单向的,即在一个时间序列中,网络当前时刻的状态只与之前的状态相关,而与之后的状态无关。在实际中,时间序列中的输出可能不仅受到历史状态的影响,也需要根据未来状态进行修正。于是,将两个相反方向的循环神经网络叠加便形成了双向的循环神经网络。如图 6-54 所示,双向神经网络隐藏层状态不仅依赖于历史状态,也与未来的状态相关。在网络学习中,我们需要将同一输入数据序列分别以正向和反向顺序输入到网络进行训练,才能最终确定网络神经单元的参数。与单向的循环神经网络相比,双向神经网络可以更全面和准确地代表和描述序列变量的上下文关联关系。

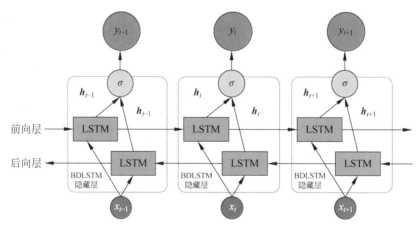

图 6-54　双向循环神经网络

利用 RNN,我们可以建立一个将连续的语音信号转换为分立的音素符号的神经网络。如图 6-55 所示,对应一段语音信号的时频谱由若干个不同时帧段的频谱向量构成,

---

① 原始文献:Cho K,et al. Learning Phrase Representations using RNN Encoder-Decoder for Statistical Machine Translation,arXiv:1406.1078v3 [cs.CL]. 2014.

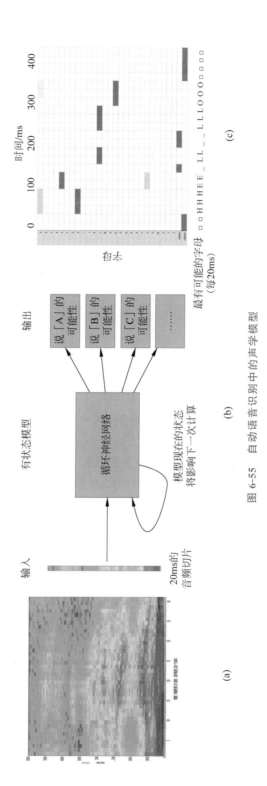

图 6-55　自动语音识别中的声学模型

这些向量作为一个序列依次输入到 RNN 神经网络,最终得到所对应的音素(phoneme)符号出现的概率。对于英文语音,音素符号为 26 个字母以及若干个事先定义的特殊符号如空格和起始或终止符号等。在自动语音识别的算法中,这种将声音信号转化为所对应的音素符号的模型称为"声学模型"(acoustic model)。用数学语言来讲,声学模型的核心问题是在输入语音信号序列已知的条件下,求解对应自然语言中出现概率最大的语音因素序列。如图 6-55(c)所示,输入序列为代表"Hello"语音的时频谱向量序列,输出则是英文字母以及特殊符号在每个语音时间片段中出现的概率。

在实际中,对应同一段输出语言文字的输入语音信号可能因为语速、节奏变化等因素的影响而具有较大的差异。所以,输入语音数据很难与输出的对应音素符号完全对齐,导致在监督学习中难以对语音信号每帧音素符号进行输出因素符号的标注和定义有效的损失目标函数。所以,需要知道哪几帧输入对应输出的字符并且知道如何分割不同输出字符对应的输入帧的边界。虽然我们可以将输入语音数据与输出音素符号做手工的整理对齐,但在训练数据量较大的情况下成本过高,难以实现。所以,RNN 输出端还需要附加一个能够将输入语音信号与输出音素符号动态对准的算法,并在此基础上建立更加有效的目标损失函数。为了解决 RNN 音素符号输出与语音信号输入的自动对准问题,加拿大多伦多大学的研究者 F. Graves 等在 2006 年提出了连接时序分类(Connectionist Temporal Classification,CTC)算法[①]。CTC 算法首先基于输出序列长度总是小于输入序列的基本假设,引入了"空格"符号对输入数据序列进行整理。然后,通过一种统计优化的算法建立了输入语音信号序列 $x_t = (x_1, x_2, \cdots, x_M)$ 和输出音素符号序列 $y_t = (y_1, y_2, \cdots, y_N, N < M)$ 之间的映射关系,从而使之在时间序列上对齐。因为输出音素符号和输入语音时频谱之间的对应关系并不是唯一的,即对应同一个音素符号组合的输出,可能存在多个可能的从输入到输出的映射路径。CTC 的基本思想是计算所有可能的路径,然后根据所得到的路径分布计算得到最有可能的分布,从而建立输入语音与输出音素的一组最佳映射使之在时间上对齐。对于一段语音,CTC 最后输出的是"尖峰"的序列,尖峰的位置对应建模单元的标签,而其他位置都是空格,如图 6-56 所示。

不过对于自动语音识别来讲,通过 RNN+CTC 将语音时频谱转换为对应的音素符号并不等于对应的语言文字。这是因为 CTC 算法中假设输出因素符号是完全相互独立的,音素之间没有任何上下文关系。实际上对于已经通过 CTC 算法对齐之后产生音素序列,也可能有若干种可能出现的不同组合。如对应"Hello"的语音文字序列,经过 CTC 裁剪对准处理后,仍有可能出现"Hello""Hullo"和"Aullo"不同的组合。如果考虑发音者的口音、声调、语气以及环境等各种因素带来的影响,可能出现的组合更多样和复杂。如何解决这种对应同一语音序列存在多种因素符号组合序列的问题呢?经典的方法是引入"语言模型"(language model)来判断和确定这些不同的文字序列哪一个最合理和可能。用数学语言来讲,所谓语言模型就是给定一个语言文字序列 $y = (y_1, y_2, \cdots, y_N)$,

---

①　原始文献：Graves F，et al. Connectionist Temporal Classification：Labelling Unsegmented Sequence Data with Recurrent Neural Networks. Proceedings of the 23rd international conference on Machine Learning，2006：369-376.

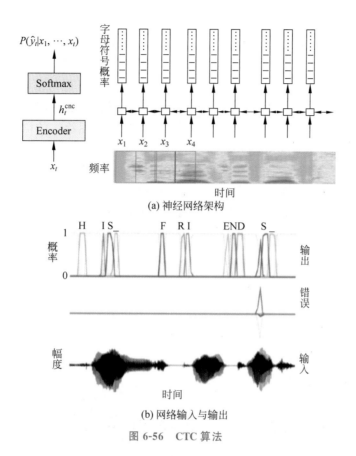

图 6-56　CTC 算法

在 $y_1, y_2, \cdots, y_{t-1}$ 已知的条件下,求解下一个出现概率最高的文字 y_t。语音模型一般需要首先建立一个包含对应自然语音所有可能文字序列的样本字典,然后计算和预测可能出现文字序列的条件概率,对所得到的不同音素序列组合进行评估,最终选出对应语言模型认为最合理和可能的文字组合,如从以上三种可能的组合中最终选定"Hello"。

2012 年,Graves 巧妙地将 RNN＋CTC 与语言模型相结合,发明了 RNN-T 算法[①]。如图 6-57 所示,RNN-T 模型的声学模型将输入的语音信号 x_t 转换为 RNN 网络的隐藏状态 h_t^{enc},可以用单向或双向的 RNN 实现;另外一个模块"语言模型"将上一个文字输出的标签 y_{u-1} 作为输入预测下一个 $y_{t,u}$,标签,也可以使用单向的 RNN 来构建。RNN-T 模型中最关键的部分是"联合网络",其作用就是将语言模型的输出 p_u 和声学模型的状态 h_t^{enc} 通过某种方式结合(如拼接操作、直接相加等)并优化产生输出 h_t^{enc},最终通过 Softmax 函数输出给定语音和音素序列最合理和可能的文字序列,从而真正实现了端到端(end-to-end)的自动语音识别系统。另外,RNN-T 是针对每帧输入特征进行预测输出,输出相对于输入的时间延迟较小,更适合用于流识别。

---

① 原始文献：Graves A. Sequence Transduction With Recurrent Neural Networks,arXiv：1211. 3711v1 ［cs. NE］. 2012.

我们也可以将自然语音处理的系统和过程分为"编码器"（encoder）和"解码器"（decoder）两个相互关联的子系统，如图 6-58 所示。编码的功能就是将输入的语音数据序列 $x_t = (x_1, x_2, \cdots, x_M)$ 转变为编码系统的一系列隐藏状态 $h_t = (h_1, h_2, \cdots, h_N)$（如音素符号数据序列等），而这些隐藏状态既是输入 x_t 的函数，也与编码器其他时刻的状态相关。在获得了各个时刻的隐藏层状态后，编码器还会把这些隐藏层的状态进行汇总，最后生成一组语义编码向量 C。在解码阶段，我们要根据给定的语义向量 C 和之前已经生成的输出序列 $y_1, y_2, \cdots, y_{t-1}$ 来预测下一个输出的单词 y_t。这种经典的自然语言处理模型的最大局限性就在于解码过程中预测每一个不同的输出序列时，只能使用同一个固定的语义向量 C。对于类似语音识别等顺序输入或输出的应用，采用双向长短时间记忆 LSTM 网络能够在一定程度上利用输入/输出数据上下文中的相关性从而减少数据中的冗余并抓住与目标输出的关联，但随着数据序列长度的增加则会遇到限制性能提高的瓶颈。

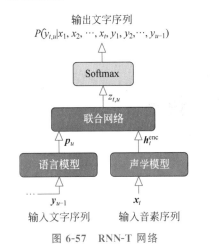

图 6-57　RNN-T 网络

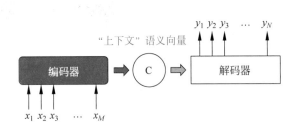

图 6-58　自然语言处理经典的编码-解码网络架构

实际上，解码生成不同序列时对编码输入序列中不同的元素的关联关系一般是不同的。为了克服经典神经网络对上下文关联的局限性，加拿大蒙特利尔大学的 Chrostowski 及合作者将"注意力"（attention）机制引入了语音识别算法模型[①]。注意力的基本思想是通过监督学习建立解码与编码之间更全面的联系，使得解码过程中能够更好地关注输入数据中最相关的上下文联系。如图 6-59（a）所示，在解码的每个时刻，注意力机制会将解码器前一个时刻的隐藏状态与编码器所产生的所有隐藏状态相关联，动态计算每个隐状态的权重，并通过加权线性组合得到当前状态的注意力语义增强向量 C_t（$t = 1, 2, \cdots, N$），而不是仅限于一个单一固定的语义向量 C。具体来讲，在解码过程的某一时刻 t，首先通过计算编码器各个隐藏状态 $h_1, h_2, \cdots, h_M$ 与解码器前一个时刻状态 s_{t-1} 之间的相关性得到两者之间的关联矩阵元 $\alpha_{t,1}, \alpha_{t,2}, \cdots, \alpha_{t,M}$，然后通过某种加权平

① 原始文献：Chrostowski J. et al. Attention-Based Model for Speech Recognition，arXiv：1506. 07503v1［cs. CL］，2015.

均获得时刻 t 的语义向量 C_t, 如图 6-59(b)所示。所谓注意力,也就是指对于解码器不同时刻的隐藏状态或输出序列,所关注的编码器产生的隐藏状态的序列中不同元素的权重是不同的,分别对应不同的语义向量。当然,注意力机制中语义向量中这项开创性的工作最初仅限于语音识别中的声学模型部分,后来谷歌的 Chan 及合作者则将注意力机制应用到端到端的语音识别系统,从而实现了循环神经网络在语音识别等自然语言处理领域的完胜[①]。

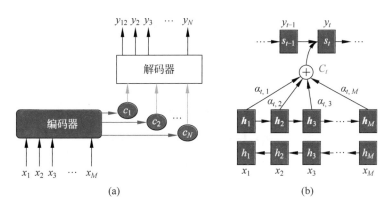

图 6-59　具有注意力机制的自然语言处理的编码-解码网络架构

但故事到此为止并没有结束。2017 年谷歌研究团队发表了一篇题为《你只需要注意力》的文章[②],提出并设计了一种全新的、完全基于注意力机制的神经网络,称为 Transformer,彻底颠覆了长期以来统治时序数据模型的循环神经网络,在自然语言处理(如机器翻译)等领域表现出了出人意料的优异性能和强大威力。作者在 Transformer 模型中,首次引入了"自注意力"(self-attention)概念,建立了不同网络层次中数据本身存在的上下文相关关系,在此基础上将原始数据按照每个数据与其他数据的相关性生成不同数据之间的加权数据,再通过加权组合从而产生具有自注意力的新数据。如图 6-60 所示,我们可以将注意力机制抽象为一个数据查询过程:首先在目标数据中选择一个数据元素如英文词作为 Query,然后将此 Query 与 Source 原始数据中称为 Key 的数据做相关性分析,根据两者之间的相似性确定加权系数 s_i,最后将这些权重系数归一化得到 a_i 后与原始数据中不同的 $Value_i$ 加权平均之后产生与目标数据 Query 的注意力数据 (Attention Value)。用一个数学公式来描述,则是

$$注意力(Query,Source) = \sum_{i=1}^{L_x} 相似性(Query,Key_i) \cdot Value_i$$

需要指出的是,相似性计算的方式根据需要,可以有不同的方式,如 Query 和 Key 对应向量的某种数学运算,一般需要通过网络训练来确定。

　　所谓"自注意力"则是目标数据与原始数据为同一数据集,即 Query 为原始数据中的

---

① 原始文献:Chan W,et al. Listen,Attend and Spell,arXiv:1508.01211v2 [cs.CL].2015.

② 原始文献:Vaswani A,et al. Attention is All You Need,arXiv:1706.03762v5 [cs.CL].2017.

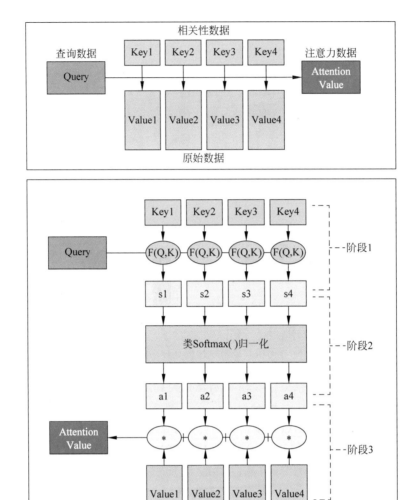

图 6-60 注意力机制的数据查询模型

某一个数据,将其他数据和本身作为 Key 计算相关系数,归一化后产生权重系数。最后,将这些权重系数与原始数据加权平均后产生 Query 数据的注意力数据 Attention Value。这种自注意机制可以在神经网络中串行或并行使用。前者是将一层自注意产生的数据输出作为下一层自注意层的输入,后者则是在同一层数据中的目标数据采用多个自注意运算后再叠加,称为"多头注意力"(multi-head attention)。图 6-61 给出了自注意力机制处理自然语言的例子。左边一段英文 The cat drank the milk because it was hungry 中的名词"it"一般与其他名词的关联性高于句子中其他的动词和副词等,但指的是"cat"而不是"milk",所以与前者的关联更强。右边的句子 The cat drank the milk because it was sweet 中的"it"则指"milk"而不是"cat"。通过自注意力机制变换之后,这两个句子中不同单词与其他单词的关联性得到更好的体现。

自动语音识别算法从经典的声学和语音模型及算法到近期的循环神经网络 RNN、

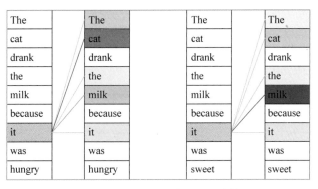

图 6-61　注意力机制的数据查询模型

注意力机制以及基于自注意力的 Transformer 模型,性能表现不断实现突破,词错误率(word error rate,WER)持续降低,由 2000 年初期高于 20% 到 2010 年后的 10%,再到目前低于 5% 的水平,可以与人类的水平媲美。这里 WER 是衡量自动语音识别算法系统最核心的性能指标,定义为识别全部出错的字数与识别文字总数的百分比,其中出错的类型为添字(insertion)、漏字(deletion)和错字(substitution)三种。2019 年日本 NTT 公司的研究人员对基于 RNN 和 Transformer 两大类算法的端到端自动语音识别系统做了评估和比较,发现在 9 种不同语音数据集上后者整体性能均高于前者,其中 8 种语言 Transformer 较 RNN 性能改善超过 10%,对意大利语的性能改善高达 28%(图 6-62)[①]。

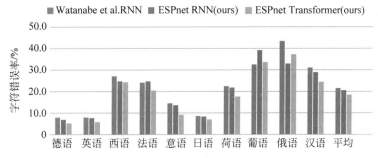

图 6-62　基于 RNN 和 Transformer 模型的端到端语音识别算法性能比较

2020 年谷歌研究团队又将卷积神经网络 CNN 用于语音处理的输入端,与 Transformer 模型有机结合设计发明了 Conformer,迅速成为自动语音识别算法的新宠[②]。基于自注意力的 Transformer 擅长捕捉全局特征,而 CNN 则更善于对局部特征建模,将两者巧妙结合在英文语音数据集 Libirispeech 的两类测试中分别取得了 2.1%(纯净,clean)和 4.3%(其他,other)的单词出错率(WER)(图 6-63)。英文语音数据集 Libirispeech 是目

---

① 原始文献:Karita S,et al. A Comparative Study on Transformer VS RNN in Speech Applications,arXiv:1909.06317v2 [cs. CL]. 2019.

② 原始文献:Gulati A,et al. Conformer:Convolution-augmented Transformer for Speech Recognition,2005.08100v1 [eess. AS]. 2020.

前比较流行的一个公共领域的阅读有声书的语料库,具有纯净的训练语音库 100 小时,300 小时以及其他包含一些噪声的 500 小时的语料库。后来 Conformer 算法的升级和强化版不断实现突破,将语音识别的最高水平(The-State-Of-Art)提高到了 1.4%(纯净,clean)和 2.6%(其他,other)[①]。

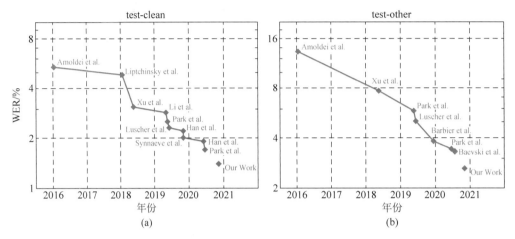

图 6-63 自动语音识别算法性能水平进步趋势

6.5.2 词嵌入和语义理解

语音识别只是将语言从语音形式转为文本形式,并不是计算机容易操作和处理的数学形式,也无法用来对自然语言信息的结构、含义和效用等做出分析、理解和执行。自然语音文本处理的任务包括对原始文本进行分词、清洗和标准化之后,最关键的环节是通过特征提取转换为计算机容易处理的数学形式,也就是将原始的语言文字中的基本单元编码映射到一个有限维度的空间用某种向量来表示。对于语言文本,基本单元是词,这些词来自某个词汇即词典或词库。假若词典中词的总数为 V,那么首先将句子中的词编码为一个 V 维的"独热"(one hot)向量,其中所对应词的分量数值为 1,其余分量为 0。由于语言中所使用的词汇量巨大,独热向量维数 V 极高,同时具有正交性和稀疏性的特点。另外,这种简单直接的编码方法完全忽略了语言中词与词之间的关联关系,如同义词、近义词、反义词、类比词等。基于这种观察,自然语言处理的一个重要步骤是根据这些语言中不同词所代表的含义特征抽象出若干独立特征维度,将每个词由原先的高维空间的独热向量通过编码转换到这个低维度的特征空间,从而通过向量运算操作提取关于结构(语法)和含义(语意)的知识。这种方法和过程也称为词嵌入(word embedding)。

词嵌入的算法有很多种,如基于语言模型的分布式表示,基本假设是具有相同语境(上下文)的词具有相同或相似的语义。这类方法的基本思路是通过训练一个语言模型

---

① 原始文献:Zhang Y, et al. Pushing the Limits of Semi-Supervised Learning for Automatic Speech Recognition,arXiv:2010.10504v1 [eess.AS],2020.

获取词的特征向量，而不在语言模型本身。谷歌研究团队的 T. Mikolov 及合作者在 2013 年提出了 word2Vec 算法[①]。如图 6-64(a)所示，Word2Vec 的训练模型本质上是一个只包含单一隐藏层的神经元网络，输入和输出均是独热编码的词汇表向量。经过样本训练此神经元网络收敛之后，从输入层到隐含层的权重矩阵便对应每一个词在新的特征空间的向量。假定样本空间的维度为 V，对应第 i 个独热向量的单词通过词嵌入后的向量便是权重矩阵第 i 行的转置。于是这种词嵌入算法将原本高维稀疏的独热词向量变成了低维密集的特征词向量，其中特征词向量的维度等于隐藏层的神经元个数 N。请注意 N 是一个需要人为确定的超参数，与网络的精度有关。N 越大，精度越高；N 足够大时精度收敛达到，但一般远小于 V。实际的网络训练模型可以分为两类，即根据目标单词上

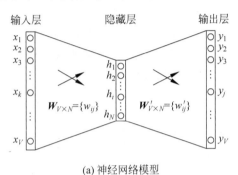

(a) 神经网络模型

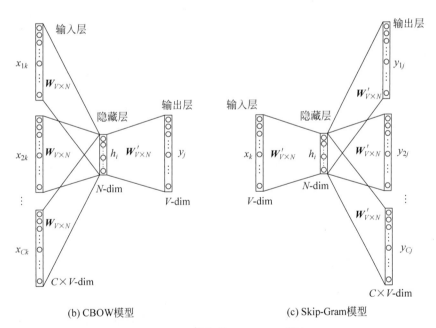

(b) CBOW模型　　　　　　　　(c) Skip-Gram模型

图 6-64　词嵌入的 Word2Vec 算法

---

①　原始文献：Mikolov T，et al. Efficient Estimation of Word Representations in Vector Space，arXiv：1301.3781v3，2013.

下文的其他单词(语境),通过训练预测目标单词的 CBOW(Continuous Bag of Words)模型和使用目标单词预测其上下文单词的 Skip-Gram 模型,分别如图 6-64(b)、(c)所示。比如句子"I love this book"为一组训练数据,使用 CBOW 模型的输入为"I,this,book",输出为"love",而使用 Skip-Gram 则是"love"为输入,"I,this,book"为输出。关于这两类模型算法的理论和实操,读者可以阅读原始文献或相关资料。一般来讲,前者更适用于较小的数据集,而后者在大型语料中表现更好。

　　词嵌入在生成的词向量中保留了代表不同语义的词之间一定的相关关系。在特征向量空间,词与词之间的各种关系按照不同的特征可以在高达数百个的维度建立相关,如同义词、反义词、近义词、类比词等。图 6-65 所示为男女性别、动词时态和国家首都等之间的对应关联关系。基于这些关系,可以对词向量做一些数学运算,产生一些很有趣的结果,比如女人减去男人的结果应该与阿姨减去叔叔的结果最接近,国王减去男性加上女性应该是王后,法国减去巴黎等于中国等。这种语言特征的建立,使得我们可以用数学运算的方式,对自然语言进行结构分析和语义理解。

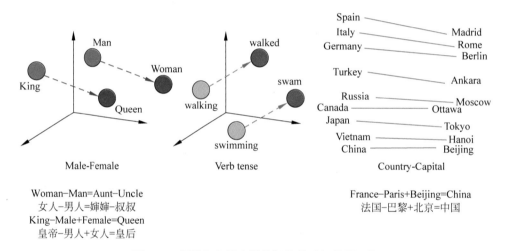

图 6-65　词嵌入向量之间的相关关系与数学运算

　　Word2Vec 算法通过词出现的上下文训练提取其结构和语义信息,但所能关联的语境信息受到窗口长度的限制,仅限于局部语料。另外,算法假定一个单词对应一个特征向量,忽视了不同应用场合下同一单词的不同含义。2018 年,美国艾伦人工智能研究所和华盛顿大学的研究者提出了一种更好关联语境信息的深度网络算法——Embedding from Language Model(ELMo)[①]。ELMo 可以对同一单词在不同应用场合的语境下提取产生不同的语义特征向量,从而从根本上解决了一词多义的问题。另外,ELMo 采用双向循环神经网络 LSTM 关联围绕目标单词的语境数据,可以不受句子长度限制提取单词的上下文特征信息。EMLo 的模型在高达 55 亿(大型模型)和 10 亿(小型模型)单词的语

---

　　① 原始文献:Peters M E, et al. Deep contextualized word representations, arXiv:1802.05365v2 [cs.CL], 2018.

料库上进行预训练完成词嵌入后在各项自然语言处理方面取得了更佳的效果。2019 年，谷歌研究团队推出了基于双向 Transformer 模型的 BERT 算法[①]。与仅有单一隐藏层的双向 LSTM 循环网络的 ELMo 不同，基于自注意力 Transformer 编码机制的 BERT 模型采用深度的神经网络，它的基础模型具有 12 个编码层、768 隐藏元、12 个注意头和 1.1 亿个模型参数，而大型模型则有 24 个编码层、1024 个隐藏元、16 个注意头和 3.4 亿个模型参数。这些模型均在 Wikipedia(25 亿单词)和 Book Corpus (8 亿单词)等无标注数据集上进行了预训练，分别在 4 个和 16 个云 TPU 上运行了 4 天。经过这种预训练的 BERT 算法模型在自然语言处理的多项任务中均刷新了业界的最佳纪录，成为新宠。以上词嵌入模型的作者均将自己所发明和开发的预训练后的算法开源，提供给从事自然语言处理研究和开发的人员，大大促进了这些技术的应用普及。特别是谷歌威力无比的 BERT 的问世，成为人工智能在自然语言处理领域最具影响力的事件。

6.5.3 机器翻译

人类有 5000～7000 种不同的语言，随着全球化进程的发展，跨语言交流的必要性和重要性日益增加，同时催生和促进了语言翻译的工作职位和相关产业。长期以来，通过计算机进行自动机器翻译一直是学术界和信息行业研究和发展的热点之一。早在 1949 年，信息论研究的先驱之一、时任洛克菲勒基金会研究员的韦弗（Weaver）在他发表的"翻译"备忘录中，就提出了第一个机器翻译的构想。后来，机器翻译经过了基于规则、统计和神经网络三个不同方法的发展阶段。基于规则的翻译方法需要语言学家根据不同语言的结构和含义等制定规则，准确率高，所需的数据量小，但成本高、开发周期长。由于语言本身的复杂性，不同规则之间的关系经常发生矛盾，且灵活性差。基于统计的模型不需要任何语言学知识，但需要大量数据来建立不同语言的数据库，如关联两种不同语言的平行或双料语料库和只有一种语言的单料语料库。前者用来提供两种语言之间的联系，后者用来建立目标语言的关系，最终达到从起始语言向目标语言的翻译，如图 6-66(a)所示。基于神经网络的机器翻译由两个部分构成[图 6-66(b)]：一个编码器把源语言经过一系列神经网络的变换表示成一个高维的向量；一个解码器负责把这个高维向量再重新解码(翻译)成目标语言。实现这种神经网络的架构初期主要是不同类型的循环神经网络如 LSTM 等，后来基于自注意力的 Transformer 和 BERT 的崛起，已经成为目前机器翻译的主流算法。

评价机器翻译的译文质量的方法可以分为两类，一是人工评价，即由一组专业翻译对机器产生的译稿进行评价；二是自动评价，即由一个机器程序进行评价。目前采用的方法是基于 n 元语法（n-gram）的 BLEU（bilingual evaluation understudy）评价方法，其标准是在多个句子构成的集合（由 1000 或 2000 个句子构成的测试集）上计算出来的

---

① 原始文献：Devlin J, et al. BERT: Pre-Training of Deep Bidirectional Transformers for Language Understanding, arXiv: 1810.04805v2 [cs.CL], 2019.

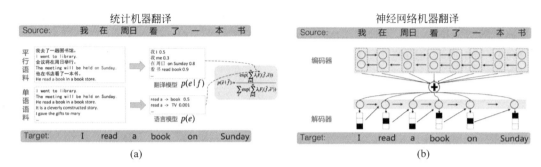

图 6-66　机器翻译技术

BLEU 值,取值在 $0\sim1$(或 $0\sim100$)。但这种方法仍需要提供由专家准备的参考答案对程序得到的结果进行最终评价。所以,BLEU 作为评价机器翻译水平的方法其绝对意义可能需要慎重理解和对待,但用于比较不同算法的相对优劣却是比较准确和可靠的方法。如图 6-67 所示,基于 WMT2014 数据集的英语-德语机器翻译的 BLUE 分数从 2015 年 12 月的 20.90 提高到 2021 年 1 月的 35.14,所采用的算法模型也由 RNN 转为 Transformer[1]。2018 年 3 月,微软亚洲研究院与雷德蒙研究院研发的机器翻译系统在通用新闻报道测试集 Newstest2017 的中英测试集上,达到了可与人工翻译媲美的水平[2]。

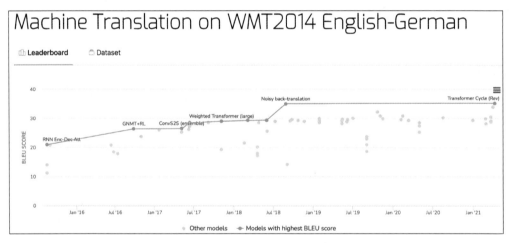

图 6-67　机器翻译算法的进步

6.5.4　机器问答

自然语言处理领域不仅限于机器翻译,另一个应用领域是机器问答,即给定一个语

---

① 数据来源:https://paperswithcode.com/sota/machine-translation-on-wmt2014-english-german.

② 原始文献:Hassan H,et al. Achieving Human Parity on Automatic Chinese to English News Translation,arXiv:1803.05567v2,2018.

言片段和一个相关问题,机器根据对语言片段内容的理解进行回答。2018 年 1 月,在由斯坦福大学发起的 SQuAD(Stanford Question Answering Dataset)文本理解挑战赛中,微软亚洲研究院自然语言计算组基于循环神经网络的 R-NET 模型[①]在 EM 值(Exact Match,表示预测答案和真实答案完全匹配)上以 82.650 的最高分率先超越人类分数 82.304。如图 6-68 所示,机器问答的 EM 分数从 2016 年 9 月 67.90 上升到 2020 年 5 月的 90.20,所采用的算法模型也由早期的 LSTM 变为 BERT[②]。

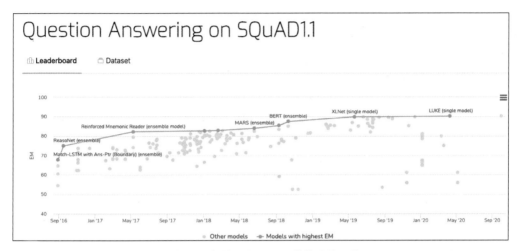

图 6-68 自然语言机器问答算法的进步

自然语言处理的一个比较成功的应用是语音助手,其功能是通过语音进行人机交互,用来操控设备、获取信息与服务等。自 2011 年苹果推出语音助手 Siri 之后,语音助手不仅在智能手机,也在其他设备如汽车、智能音响和耳机等设备上得到了广泛的应用。根据美国 2019 年的一项市场调研报告(VoiceBot,2019),智能手机仍是语音助手的主要应用场景,但智能音箱特别是亚马逊的 Alexa 产品系列已经成为美国消费者最喜爱的平台,截至 2018 年底在美国市场的占有率达到 30%。语音助手应用比例最高的场合是车上,为 62%;其次是家中,占 38%。同时,语音助手的实用化和拟人化水平有了较大的提高。如谷歌的语音助手能够在 80 个国家支持 30 种不同语言,并且对于具有较重外国口音(如印度和中国等)的英语识别率仍保持很高的水平。2019 年,谷歌发布了最新版本的语音助手 Google Assistant,在拟人化交互和服务方面取得了极高的水平。

语音助手的一个延伸应用是智能聊天机器人(chatbot),其功能是能够与人类进行不受限制的谈话交流。与局限于特定领域和一定深度的语音助手相比,聊天机器人的难度更大。长期以来,聊天机器人最明显的问题是针对一些"开放性"和"任意性"的话题"胡言乱语",给出一些不着边际的回答。为了解决这些问题,2020 年 1 月,谷歌研发了一个新

---

① 原始文献:R-NET:MACHINE READING COMPREHENSION WITH SELF-MATCHING NETWORKS,Microsoft Research Report,2017.

② 数据来源:https://paperswithcode.com/sota/question-answering-on-squad11.

的聊天机器人,名为 Meena[①]。它的算法模型中有 26 亿个参数,利用 400 亿字的数据集通过 2048 个张量处理单元训练了 30 天才完成。在测评中,谷歌提出了名为 "Sensibleness and Specificity Average"(SSA)的人性化评价指标,认为能够捕捉对于人类对话重要的属性。测试的结果表明,Meena 的 SSA 分数高达 79%,接近人类 86% 的水平,大大高于其他公司的聊天机器人[图 6-69(a)]。有趣的是,同年 4 月脸书推出了另外一款"开源"的聊天机器人,取名 Blender[图 6-69(b)]。它的算法模型经过了 15 亿公共对话数据训练,并针对带有某种感情的对话、具有高密度信息的对话和发生个性明显个人之间的对话三种情景进行了微调优化,使得对话系统具有"共情"(empathy)、"专家"(expert)和"个性"(personality)的能力,最终得到的模型的参数竟然是谷歌 Meena 模型的 3.6 倍!脸书对 Blender 和 Meena 对比测试的结果是 75% 的评价者认为前者比后者更具有参与感,67% 发现 Blender 比 Meena 更像人类。脸书的聊天机器人在 49% 的测试中骗过了测试者,误导他们认为是人类所为。尽管如此,从实际出发,即使谷歌和脸书如此强大的人工智能仍不能与人类自然的智能相比。对于聊天机器人来讲,对话超过 14 个转折话题便开始露出马脚:目前的算法模型很难记住前面对话的细节,也很难察觉对话中隐含的背景知识和隐含动机等。难怪脸书聊天机器人项目的共同领导者 Stephen Roller 声称:"对话好像是一个'AI 完全'问题。你不得不解决所有 AI 的问题,才能最终解决对话的问题。如果你攻克了对话,那意味着你已经攻克了整个 AI"。

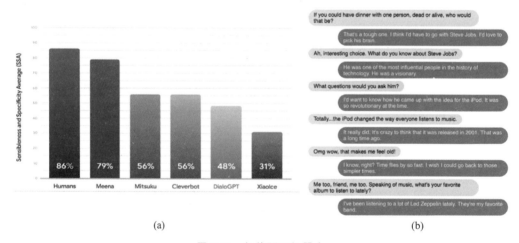

(a)   (b)

图 6-69 智能聊天机器人

6.6 棋类博弈游戏

以上所讨论的图像识别、物体检测和实例检测等智能系统的视觉感知功能,对于自然智能来讲,均属于相对初级的功能。人类自然语言则属于自然智能的一般功能,不仅

---

① 原始文献:Adiwardana D, et al. Towards a human-like open-domain chatbot, arXiv:2001.09977v3.

是智能系统自然表达与交流的基本功能,也与智能系统的思维方法和机制密切相关。但这些仍被认为是"一般"而不是"高级"的智能。相比之下,人类发明的各种棋牌博弈游戏所需要的思维能力和博弈技能似乎更高,所以在公众认知中是人类高级智能的表现(图6-70)。早在1945年,图灵就对机器下棋做了深入的思考,认为这是机器可以从事的一项智能活动。1948年香农发表了一篇关于国际象棋的论文,提出和分析了计算机自动下棋的策略[①]。根据博弈论的理论,国际象棋和围棋等均属于"完美信息的零和游戏"。游戏双方在任何阶段都可以得到所有(包括对方)游戏状态及未来步骤的全部信息,所以理论上讲可以通过有限穷举方式列出游戏双方所有可能的步骤与结果,并在此基础上判断和预测任何博弈状态下胜负的可能性和下一步棋的最佳策略。不同棋牌的游戏规则所产生的自由度和复杂性不同,我们可以用游戏状态空间复杂度(State-Space Complexity,SSC)和游戏树复杂度(Game-Tree Complexity,GTC)来描述和衡量其复杂度和难易程度。状态空间复杂度是指从游戏初始状态开始,每移动或捕获一枚棋子可以达到的所有符合规则的状态总数,如国际象棋状态空间复杂度为10^{46},围棋则高达10^{172}等。游戏树复杂度则表示一个游戏所有不同游戏路径的数目。因同一游戏状态可以对应不同博弈顺序,游戏树复杂度一般大大高于状态空间复杂度。我们可以将游戏树复杂度下限表述为b^p,其中b为每步可用平均合法移动数目(搜索的宽度),p为平均游戏的步数(搜索的深度)。国际象棋和围棋每步搜索平均宽度为43和250,深度为80和150,所对应的游戏树复杂度为10^{123}(即$35^{80} \approx 10^{123}$)和10^{360}(即$250^{150} \approx 10^{360}$)!

图6-70 棋类游戏博弈的挑战

---

① 原始论文:Shannon C. Programming a computer for playing chess,Philosophical Magazine,Ser. 7,1950,41(314).

对于国际象棋、围棋等来讲,胜负的关键是在规则允许的条件下,如何针对博弈的当前状态判断胜负的可能性和下一步行动的策略,以确保最终战胜对手取得胜利(图 6-71)。为此,香农提出了两个基本的策略:在任何一个给定状态,可以首先列举从当前状态到游戏终止双方所有可能的路径组合,根据最终的赢、平和输的结局反推到当前的步骤,统计计算得出当前状态的取胜概率和下一步能够取胜的最高概率的步骤。此计算也可以事先完成,并将任何状态下所有可能的下一个步骤的胜算概率存入一个表格,在需要时查询获得。对于国际象棋来讲,计算当前状态取胜概率需要穷举 10^{123} 种可能,而获得下一步取胜的最高概率则需要穷举 10^{46} 种可能。对于围棋,要求则更高,分别为 10^{172} 种可能和 10^{360} 种可能。显然,使用这种“纯暴力”的方法解决国际象棋和围棋的博弈问题看起来是不可能实现和承受的计算能力和资源的要求。机器若想在这方面战胜人类还需更加智能的办法才行。所以,一个比较实际的方法是在最大算力和有限搜索宽度和深度的情况下,能够正确判定给定博弈状态下胜负的概率和行动的策略。所谓智能,无论是自然还是人工的,归根到底就是在有限信息的条件下,能够在博弈过程中判定和确定当前状态的优劣和下一步最佳的策略,最终战胜对手。对于人类来讲,这种智能是通过长期学习和历练积累和优化形成了一些套路和直觉。但这均属于隐性程序性知识,很难传授和模仿。

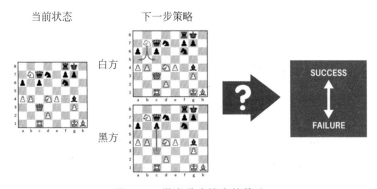

图 6-71　棋类游戏博弈的策略

6.6.1　国际象棋

在国际象棋的人机之争的过程中,机器所采用的策略首先是最大限度利用本身强大的算力,在博弈过程中的每一个状态采用搜索树的逻辑推理方法搜索尽可能多的游戏途径,判断和决定胜算率最高的下一个状态。同时,通过引入“价值函数”来评估所搜寻到不同策略的优劣,以弥补有限搜索空间的不足。20 世纪 90 年代末战胜世界国际象棋冠军加里·卡斯帕罗夫(Garry Kasparov,1963—)的 IBM 深蓝便是拥有这样一个专家系统的超级专用计算机。IBM 公司深蓝团队的领军人物是来自中国台湾的许峰雄博士(Feng-Hsiung Hsu,1959—),他拥有“疯狂的小鸟”绰号,在卡内基-梅隆大学攻读博士研究生时便沉醉于计算机博弈,并提出了能够计算棋路的“Chip Test”技术,研制成了一台用于国际象棋的计算机,起名为"深思"。加入 IBM 公司后,他带领深蓝团队发明了单步延伸算法。这种算法在逐层进行策略搜索时,如果发现某一步的结果显著好于其他步,则会进一步加深这一步棋的搜索以确认其中是否存在陷阱。同时,IMB 专门定制了超级计算机,采用了 480 个专用芯片提供强大的运算能力,每秒钟运算 2 亿步棋,且可搜索和估计随后的 12 步棋,在单步延伸的情况下可搜索 40 步棋,大大超出了人类所能达到的估算能力和水平。在 1997 年 5 月全球瞩目的人机大赛中,深蓝以 2 胜 3 和 1 负的成绩击败了国际象棋世界冠军[图 6-72(a)]。在著名的第六局比赛中,卡斯帕罗夫开局时企图用一个出其不意的计谋引诱深蓝上钩,却没有意想到机器做出了一个完全反常的反应,彻底打乱了他的阵脚。如图 6-72(b)所示,此局仅走了 19 步便结束,成为国际象棋史上的传奇。鉴于在深蓝计算机架构设计和算法发明,特别是对机器首次战胜人类这一历史性事件的贡献,1989 年香农教授向许峰雄博士颁发了奖状[图 6-72(c)]。需要指出的是,IBM 深蓝计算机的算法程序所包含的知识,均是由专家根据专业知识和经验所总结出来的规则。从这个意义上讲,这是一个典型的"专家系统",而不具备机器学习的功能和能力。正因如此,包括许峰雄在内的许多人并不认为深蓝是人工智能系统。

(a) 1997年5月IBM深蓝计算机以二胜三和一负击败世界国际象棋冠军卡斯帕罗夫　　(b) 人机对决的第六局　　(c) 许峰雄和香农

图 6-72　国际象棋的故事

6.6.2　围棋

围棋是一个非常古老的策略型博弈游戏,起源于中国,有长达几千年的历史,是古代"琴、棋、书、画"中的一种。全球估计有 4000 万围棋的玩家,其中约 4000 人可以称得上是顶级的高手。为了成为专业棋手,棋手一般在 6 岁起就进入专业学校集中培养,每天学棋练棋。一些专业棋手投入毕生精力,学习掌握围棋策略和技巧。围棋对弈双方在棋盘 19×19 网格的交叉点上交替放置黑色和白色的棋子。落子完毕后,棋子不能移动。对弈过程中围地吃子,以所围"地"的大小决定胜负。围棋规则简洁而优雅,但状态空间复杂度和游戏树复杂度却大大高于国际象棋和其他棋类游戏。所以,使用征服国际象棋的策略战胜围棋几乎不可能。长期以来,计算机在围棋上与人类对决的表现不佳,最多也就是业余水平。谷歌旗下的英国人工智能公司 DeepMind 于 2016 年 3 月利用所开发的一套基于人工智能的策略和算法"AlphaGo"竟然以 4 比 1 的成绩战胜 9 段顶尖职业韩国棋手李世石[图 6-73(a)]。一年之后,2017 年 5 月的乌镇人机大战,AlphaGo 又以 3 比 0 战胜了世界排名第一的中国棋手柯洁[图 6-73(b)]。AlphaGo 也在网上以 Master 的掩护身份与多位世界围棋冠军和顶级职业选手比赛,均以全胜告捷。

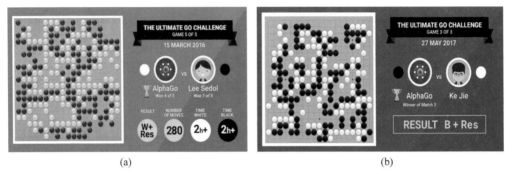

(a)   (b)

图 6-73 围棋的故事

AlphaGo 在围棋上采用了什么样的策略和算法战胜人类的呢?围棋的博弈状态和策略均可以棋盘上 361 个格点的落棋状态表述,如黑棋为 +1,白棋为 -1,空置为 0。数学上可以用一个 361 维的向量 $S(S_1, S_2, \cdots, S_{361})$ 表示,向量中的元素代表各个格点的状态。同时,在此状态下,下一步所要落子的策略也可以用一个同样维度的向量 $A(A_1, A_2, \cdots, A_{361})$ 来表示。所以,围棋的数学问题是在博弈过程中给定状态 S,找到最佳应对策略 A,确保最终获得最大地盘。为此,AlphaGo 采用了一种基于统计概率的蒙特卡洛树搜索(Monte Carlo Tree Search,MCTS)方法[图 6-74(a)],中心思想是通过随机的搜索,发现和优化所经过的状态节点的有利的策略。此算法有几个基本环节,即选择、扩展和评估、回传和实施,如图 6-74(a)所示。随着搜索次数的增加,此算法最终趋于最佳策略。MCTS 是一个与应用领域无关的纯统计机器学习方法,比纯暴力的学习方法更加高效。同时,AlphaGo 引入了两个深度学习的卷积神经网络(convolution neural network,CNN),一个为"决策网络"负责策略,即选择下一步走法;另一个为"价值网络"用来预测比赛的胜利方,即最终取胜的概率[图 6-74(b)上图]。另外,采用监督学习方法,DeepMind 团队用人类围棋高手的 3000 万步围棋棋谱训练这两个神经网络。他们还利用强化学习的方法,在神经网络之间运行了数千局围棋,进一步优化了网络中的参数[图 6-74(b)下图]。最后,AlphaGo 将 MCTS 搜索与决策和价值网络有机结合起来,形成了一个完整和强大的人工智能系统[①]。所以,AlphaGo 围棋人工智能系统的核心是深度机器学习的功能和能力。构成和强化其智能的知识来源是无监督的随机搜索、有监督的专业模仿以及自我对弈的强化学习。事实证明,AlphaGo 智能算法和算力所构成的智

---

① 原始文献:Silver D,et al. Mastering the Game of Go with Deep Neural Networks and Tree Search. Nature, 2016,529:484-489.

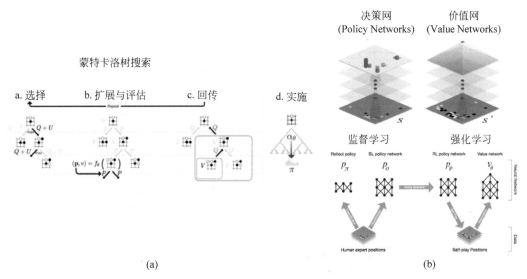

蒙特卡洛树搜索

a. 选择　　b. 扩展与评估　　c. 回传　　d. 实施

决策网 (Policy Networks)　　价值网 (Value Networks)

监督学习　　强化学习

(a)　　　　　　　　　　　　　　(b)

图 6-74　AlphaGo 的智能算法

能系统最终在围棋这一人类极高的专业智能竞赛中取得了超过了人类的成绩。

AlphaGo 在更大程度上借鉴和依赖大量人类所积累的围棋程序性知识,并在此基础上通过强化学习做了进一步优化。2017 年 10 月,DeepMind 公司在 *Nature* 杂志发表一篇论文,介绍了一个新的人工智能系统 AlphaGo Zero[①],它完全不依赖人类棋手的经验棋谱,只需要了解相关棋牌的游戏规则,通过自我学习训练便可以获取关于博弈的知识。AlphaGo Zero 采用了与 AlphaGo 相同的蒙特卡洛树搜索的算法,但仅用了一个深度学习神经网络代替了原先的策略和价值网络。将两者结合,利用强化学习的方式,通过自己与自己对决,AlphaGo Zero 可以很快学习并掌握高超的棋艺[图 6-75(a)]。从零开始,经过 36 小时的训练,它的性能便超过了曾经击败李世石的 AlphaGo Lee。相比之下,这个版本的 AlphaGo 当年花了数月的时间进行学习和训练。72 小时之后,AlphaGo Zero 与 AlphaGo Lee 在与当年李世石相同的博弈环境下对决,2 小时内双方共下了 100 回合,AlphaGo Zero 大获全胜。值得说明的是,AlphaGo Zero 只用了一台具有 4 个张量处理单元(TPU)的服务器,而 AlphaGo Lee 却用了多台服务器,总共 48 个 TPU。21 天后,AlphaGo Zero 超过了战胜柯洁和 60 位专业棋手的 AlphaGo Master,40 天后它便超过了所有已知的 AlphaGo 版本,成为独霸全球的围棋霸主,如图 6-75(b)所示。图中 Elo 等级是指由匈牙利裔美国物理学家 Elo 创建的一个衡量各类对零和博弈活动水平的评价方法,是当今对弈水平评估公认的权威标准。

AlphaGo Zero 不仅可以解决围棋问题,也可以在不需要知识预设的情况下,解决一切棋类问题。经过 9 小时的训练,它已击败了最强国际象棋冠军程序 Stockfish,成绩为 25 胜、72 平和 3 负。另外,经过 12 小时训练,它也超过了最强的日本象棋(shogi)程序

---

① 原始文献: Silver D, et al. Mastering Chess and Shogi by Self-Play with a General Reinforcement Learning Algorithm, rXiv: 1712.91815v1, 2017.

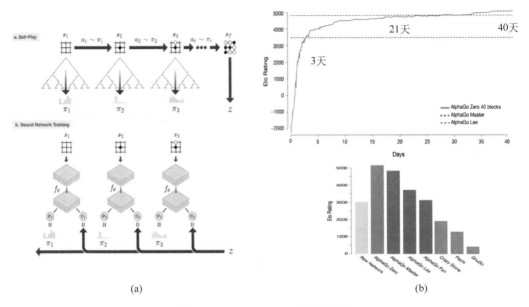

(a)　　　　　　　　　　　　　　　　　(b)

图 6-75　AlphaGo Zero 的智能算法

Elmo，并取得了 46 胜、2 平和 52 负的成绩（图 6-76）。有趣的是，对于 AlphaGo Zero 来讲，每秒所要计算的位置数对国际象棋和日本象棋分别为 80 000 和 40 000 次，而对 Stockfish 和 Elmo 却高达 70 000 000 和 35 000 000 次！可见 AlphaGo Zero 通过自己学习所掌握的精湛棋艺具有更高的智能水平[①]。

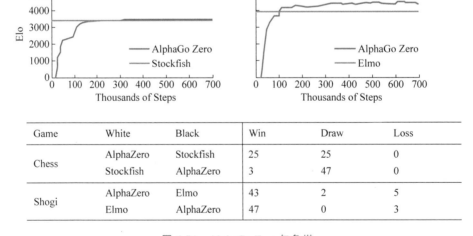

Game	White	Black	Win	Draw	Loss
Chess	AlphaZero	Stockfish	25	25	0
	Stockfish	AlphaZero	3	47	0
Shogi	AlphaZero	Elmo	43	2	5
	Elmo	AlphaZero	47	0	3

图 6-76　AlphaGo Zero 与象棋

---

① 原始文献：Silver D，et al. Mastering Chess and Shogi by Self-Play with a General Reinforcement Learning Algorithm，arXiv：1712.01815，2017.

到此为止,人工智能系统借助强大的智能算法和算力在完美信息零和博弈游戏领域已经全面超过人类,成为霸主。12 岁入段、揽获 14 项国际冠军的李世石在败给智能机器之后于 36 岁正式退役,宣告了自己 24 年职业围棋生涯的结束。在接受韩联社采访时,他悲观地表示:"在围棋 AI 出现以后,我发觉即使自己成为第一名,也永远需要面对一个不可战胜的实体。"世界冠军柯洁与 AlphaGo 对决失利后经过反思却另有一番评论,他说:"与 Alpha Go 对决后,我从根本上重新思考了围棋。现在我看到这种反思对我帮助巨大。我希望所有的围棋玩家都深思 Alpha Go 对下棋的理解和思维的风格,这些均有极深的含义。虽然我输了,但我发现围棋的潜力巨大并且会继续进步。"他还讲,"人类已经研究围棋研究了几千年了,然而人工智能却告诉我们,我们甚至连其表皮都没揭开!"的确,在这些比赛中,AlphaGo 和 AlphaGo Zero 所表现出来的直觉棋感和创新策略令行业专家惊叹和佩服,给这些高深莫测、变化无限的博弈游戏带来了新的灵感和思路。所以,机器战胜人类不一定意味着这个领域的终结,而是一个新阶段的开始。

6.7 情感计算

情感计算(affective computing)或人工情绪智能(artificial emotional intelligence)的概念是在 20 世纪 90 年代中最先由 MIT 媒体实验室罗莎琳·皮卡德(Rosalind Picard,1962—)提出的,最初的目标是赋予机器(计算机等)识别、理解和表达情感或情绪的能力,从而实现人机交互中的共情。人工智能的先驱马文·明斯基也曾说过:如果机器不能很好地模拟情感,那么人们可能永远也不会觉得机器具有智能。在讨论自然智能时,我们讨论了情绪、情感和情绪智能的概念和模型。认知与情绪均属于人类心理现象和心智能力的组成部分,认知属于理性的思维而情绪属于感性的感觉,两者既有区别,又有联系。关于两者的关系,目前仍存在各种不同的观点。早期的观点更倾向于认知和情绪属于心智能力的两个不同部分,基本上是相互独立的,通过相互作用影响和产生行为。后来大量的观察和测试则表明两者无论是在生理和心理层次均是密不可分的混合体,集成在一起共同影响和产生不同的有意识或非意识行为。的确,情感不仅在人类进化的过程中与我们的认知相互作用和配合,使我们更好地适应环境和赢得竞争从而生存和发展,在现代社会中也帮助我们更好地交流和协作。所以,我们将与认知相关的智商和与情绪相关的情商均归入人类心智和心理能力的重要组成部分,强调它们对个人和群体实现有价值和意义目标的基本驱动因素。

尽管如此,人类情绪和情感本质上是基于神经系统所产生的一种心理现象和行为,其表现方式有一些可以辨识的不同形式,但这些现象非常复杂和动态,目前还没有一个理论模型能够比较全面和精确地描述。在实际中人类个体对别人甚至本身情绪的状态和变化的识别和把握能力即情绪智能(或情商)方面具有较大的差别和很强的主观性,而且这些差别也很难用科学的方法进行测试和衡量。在这样的情况下,我们如何才能使得机器也具有人类情感的属性和能力呢? 在讨论的人工智能,特别是物体图像识别和自然语言处理之后,我们至少知道可以从人脸表情、语音语调、肢体动作、语音文字和生理反应等图像和声音数据中通过机器学习算法提取许多特征信息。如果这些特征信息能够反映和描述人类的特定情绪或情感，那么机器就能够识别这些情绪或情感，并且根据这些情绪或情感的含义做出相应的反应。与通过人脸识别判断和证实身份或语音识别获取文字内容不同，人类脸部表情、声音信号以及身体形态等表达的情绪和情感特征更为复杂、动态和不确定。通过人工智能的算法对这些现象进行分类、聚类和回归等，的确是一项极具挑战性，甚至是在目前理论框架下难以实现的任务。

迄今为止，学术界和产业界最为关注的领域之一是通过人脸的表情识别情绪，即人脸表情识别（face expression recognition，FER）。人脸表情是人类心灵的窗口，也是情绪表达的屏幕。人的喜怒哀乐均伴随一些特定的表情特征。对此，达尔文的早期观察与研究认为，这种现象不仅在人类中也在哺乳和啮齿动物中普遍存在。美国心理学家艾克曼及合作者在达尔文理论的基础上发展了人类情绪分类与脸部肌肉运动特征的模型，成为传统人脸表情识别特征提取的经典理论框架。这种经典的理论认为，人类的内在心理情绪与外部行为表现如人脸表情具有可靠（经常发生）、明确（一一对应）和普遍（与文化、情境等无关）的对应或映射关系。因此，可以通过人脸不同功能区域的肌肉活跃的动态组合所形成的不同特征形态表达和识别不同情绪，如人类的基本情绪，甚至是更为复杂动态的复合情绪等。人脸表情这种自然和普遍的方式，与文化和情境的关系不大。基于这种信念，艾克曼等发明了人脸动作编码系统 Facial Action Coding System（FACS）[①]。如图 6-77 所示，基于 FACS 的人脸表情识别，就是将人脸划分为多个活动单元（action unit，AU），将表情识别问题转换为判断哪几个活动单元活跃（active）对应哪个分立情绪。如愤怒可以由 AU4、AU5、AU7 和 AU23 单元的单向或双向运动来确定等。当然，通过人脸动作单元编码只是表情特征提取的方法之一。利用人工智能如深度神经网络的监督学习进行人脸识别也是常用的方法。为此，首先需要对原始数据进行人工标注，然后对神经网络进行训练，便可以进行人脸表情和情绪识别。早期的数据集均基于某些专业演员根据对不同分立情绪模式所对应的脸部表情进行标注。人脸表情和数据标签均过于理想和简单，与实际中的人脸表情差别较大。后来，学术界通过直接搜集和标注实际中的人脸表情，即 Expression in the wild 对神经网络进行训练和测试。

 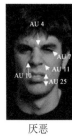 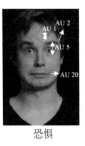   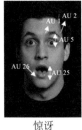

愤怒　　　　厌恶　　　　恐惧　　　　愉快　　　　悲伤　　　　惊讶

图 6-77　通过人脸动作编码系统识别对应基本情绪

---

① 原始文献：Ekman P，Friesen W. Facial Action Coding System：A Technique for the Measurement of Facial Movement. Palo Alto：Consulting Psychologists Press，1978.

　　虽然这种特征提取方法长期以来在学术界和产业界被普遍接受并使用，但其可靠性和有效性并未经过系统深入的验证。最近，由美国心理学家 Barrett 教授领导的专家团队，耗时两年查阅了一千多项研究报告，全面系统检查、汇总和研究相关研究的证据，发现人类情绪的表达方式极其丰富复杂，很难靠简单的面部肌肉运动的编码系统来识别[①]。他们的研究发现，当人们生气时，只在平均不到 30％ 的时间内会皱眉。所以皱眉并不等于愤怒，而只是这种情绪的众多表达方式之一。反之，人们在平均超过 70％ 的时间内，生气时并不皱眉；实验观察表明，人们不生气时却经常会皱眉。虽然人类的确通过脸部肌肉的规则运动表达和传递情绪，但所遵循的运动方式与规律极其复杂动态，在不同的文化背景、发生情境和心理状态下存在和表现为不同的模式。根据心理学的理论，决定人的情绪的关键因素不仅是他或她的外在表现（如脸部表情、身体姿态、声音文字等），还有主观感受和生理反应等因素。所以，仅靠外在表现来识别和判断情绪并不可靠。

　　为了克服通过人脸表识别情绪的局限性，人们尝试将反映情绪的其他信息如声音、文字、身体姿态等相关联数据以及相关的模型融合形成一个多模态的神经网络。2019 年中国科技大学的研究团队提出了一种具有注意力导向的音视频深度融合的情绪识别算法，通过引入因式分解双线性池化（factorized bilinear pooling，FBP）对不同的音频和视频数据进行深度融合，从而提出了神经网络提取情绪特征的能力和识别精度[②]（图 6-78）。

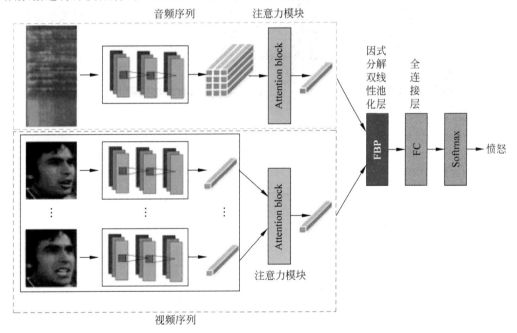

图 6-78　具有注意力机制的音视频高度融合算法模型

---

　　① 原始文献：Barrett L，et al. Emotional Expressions Reconsidered：Challenges to Inferring Emotion From Human Facial Movements，Psychological Science in the Public Interest，2019，20(1)：1-68.

　　② 原始文献：Zhang Y，et al. Deep Fusion：An Attention Guided Factorized Bilinear Pooling for Audio-video Emotion Recognition，arXiv：1901.04889v1 [cs.LG]，2019.

利用 AFEW8.0 数据集,融合算法较单纯视频算法的精确度提高了 8.12 百分点,达到了 62.48% 的最高水平。另外,在数据集的 7 种情绪中,算法对愤怒(angry)、快乐(happy) 和中性(neutral)识别精度较高,但对厌恶(disgust)、惊讶(surprise)却难以区别。

2020 年,美国马里兰大学的研究组提出了一种情景感知(context-aware)的多模态情绪识别算法,基于复合性原理同时考虑:①基于图像的面部表情、身体姿态等多模态情景;②提取输入图像中的语义信息并通过自注意力机制进行编码;③利用深度地图模拟社交互动和距离[①](图 6-79)。在 EMOTIC 数据集上对 26 种情绪类型取得了平均 AP= 35.48 的成绩,较之前的最佳成绩提高了七八个百分点。另外,在另一个基于真实世界中人行走视频的数据集 GroupWalk 上,4 种情绪的识别取得平均 AP=65.83 的成绩。

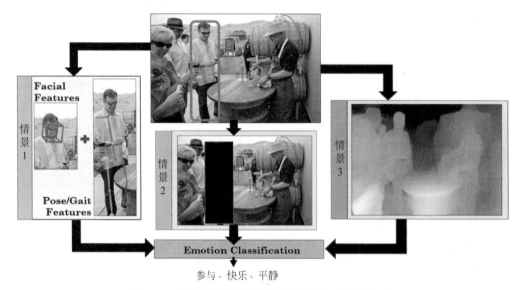

图 6-79 具有情景感知的多模态情绪识别算法模型

虽然多模态融合和结合情景信息的确可以提高情绪识别的精度,但总体的识别水平仍不高,明显低于人类的平均水平;此外,实际中人类个体对别人甚至本身情绪的状态和变化的识别和把握能力即情绪智能(或情商)方面具有较大的差别,而且这些差别也很难用科学的方法进行测试和衡量。所以,人类情绪自动识别的研究目前仍处于初级阶段,这不仅与人工智能算法和训练测试数据集有关,更受制于心理学和生理学关于情绪和情感的理论模型的区别和不足。

6.8　人工智能的挑战

基于深度学习神经网络的人工智能算法在博弈游戏、图像视觉和自然语音处理等方面取得了巨大的成功,这并不只是算法方面的突破和进步,也依赖于其他几个关键的因

---

① 原始文献:Mittal T. EmotiCon:Context-Aware Multimodal Emotion Recognition using Frege's Principle, arXiv:2003.06692v1 [cs.CV],2020.

素。首先,在这些领域中通过大量的人工和自动标注产生了多个大型的专业数据库,特别是开源的在线数据库可以很容易用来训练算法模型,对研究和开发新算法和应用提供了必要条件。另外,针对不同应用所提出的各种明确可度量的目标或代价函数为监督机器学习提供了明确的评价标准。当然,计算机技术的发展和应用提供了足够和廉价的计算资源,如 NovuTensor 和 GPU 等。最后,需要指出的是,目前比较成功的应用案例大都具有基础数据单元(如像素、词等)的信息量不大(即多样性或可能性有限),但所组合的信息量却巨大的特点。这本身也是人类所获取和掌握的知识的基本特征。所以,深度学习算法通过对大量数据的监督学习(或者无监督学习),建立了对于模型特征的自动抽象和提取,最终在高性能计算系统的支持下,实现了对于许多领域复杂的问题有效的智能求解。

当然,人工智能算法和系统仍存在许多不足。首先,目前达到或超过人类表现和水平的人工智能系统均只限于某个特殊的垂直专业领域,属于特殊人工智能,即 ANI。特别令人诧异的是,在人类自然智能中最突出的"一般智能因素"即 g-factor 在人工智能中似乎并不存在,或者到目前为止还不够明显。另外,非监督学习虽然对人类自然智能十分自然和容易,但对人工智能却十分困难和笨拙。还有一个有趣的现象就是所谓"知识迁移"问题。对于人类来讲,不仅具有一个智力共同因素,所掌握的知识也可以融会贯通。但对于机器来讲,却很难将针对某一个专业的基础知识转移应用到另一个领域。人类的学习是由浅入深、由基础到专业的渐进过程,而机器学习却是专注一个专业,从零到一,达到极致。最后,深度学习算法必须依赖大量结构性数据,更多的是对数据中所包含的特征信息的记忆,缺乏通过少量数据进行归纳和推理的能力。在这个方面,人类特别是具有超高智能的人群具有不可比拟的优势。

针对人工智能所存在的问题,MIT 的学者于 2018 年正式提出了关于人工智能的探索使命,那就是致力于回答和解决关于人工智能的两个基本问题:①人类智能从工程的角度和视角是如何工作的? ②如何利用我们对人类智能的理解,为了社会的福祉创造更加智能机器? 为了实现这些目标,MIT 在物体和文字识别、环境和自我感知、人类与机器学习、情感识别与交流、语言特别是语义与大脑的关系以及产生新主意、新问题和新理论的创造力六个智能领域提出了研究的问题与方向(图 6-80)。

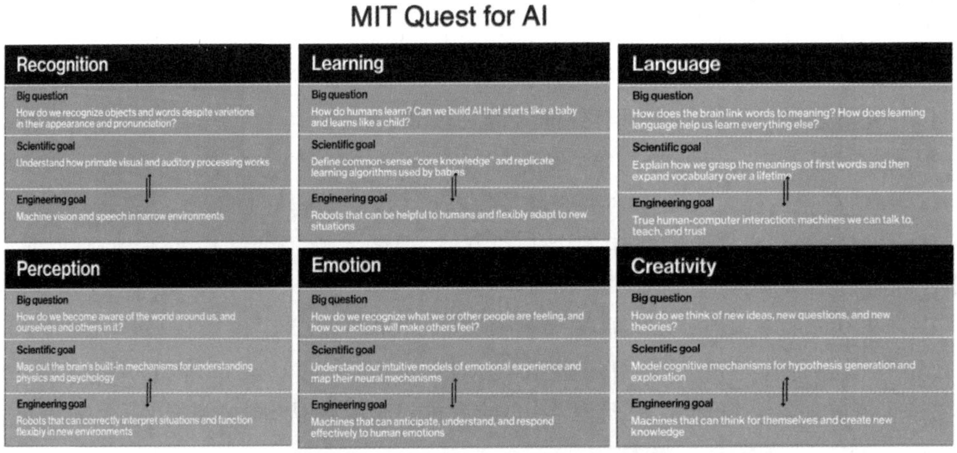

图 6-80　MIT 关于人工智能的探索课题

6.9 人类与机器的未来

无论智能系统如何强大,归根到底,它仍旧是人类所创造的工具。人类将知识和智能赋予了机器,使得机器具有了更丰富的功能和更强大的性能,从而更好地服务于人类的需要。同时,智能的机器也成就了人类,给人类带来了前所未有的应用和价值。总体来讲,目前人类处于主导、控制和主动的位置,而机器则是依赖、顺从和被动地受制于人类(图 6-81)。所以,若将人工智能作为一种"中性"的技术和工具,则信息与智能时代的技术和工具与工业时代和农业时代的机械、电气技术和工具并无本质上的差异。

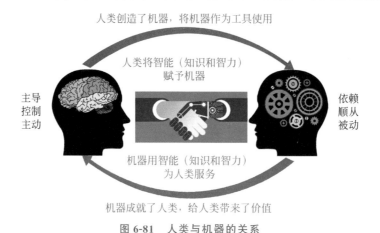

图 6-81 人类与机器的关系

历史上任何一次技术革命必然带来社会的变革,也必然对生活在变革时期的人类带来巨大的影响。在过去工业革命的几百年中,人类通过越来越细的专业化知识的学习、积累和分工与协作创造了巨大的财富和高度的文明。但这种基于功能性技术和机器的生态体系和文明在具有学习、感知甚至思维能力且更加专业化和系统化的智能机器的冲击下将开始分化瓦解。这在很大程度上开始挑战人类所具有的隐性程序性知识和本质自然智能(图 6-82)。

在工业技术革命的社会变革时代,人类经历了蓝领体力工作者被机械和电气机器人取代的阵痛和转变。在正在发生的信息技术革命的社会变革时代,人类将要迎来白领知识工作者被信息和智能机器人所替代的浪潮和前景。

但这并不是人类与机器的竞争,而是人与人之间(或组织与组织、区域与区域、国家与国家等)的竞争。赢家将是那些拥有和控制机器(特别是智能技术平台和终端)的个人和群体,还有那些比机器更加智能的个人和群体,而输家则可能是那些不拥有机器或智能低于机器的个人和群体(图 6-83)。

也许在不远的将来,人工智能技术和系统的进步使得其在各个领域内所有产生经济、政治和社会价值等方面全面超过人类。请注意,这不一定是所谓一般人工智能(AGI),也可能是许多特殊人工智能(ANI)的有机组合。但从"成功智能"概念来理解,人

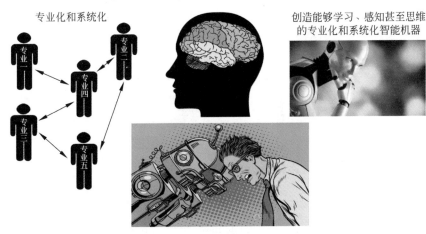

隐形知识
(Tacit Knowledge)

本征智能
(Intrinsic Intelligence)

专业化和系统化

创造能够学习、感知甚至思维
的专业化和系统化智能机器

图 6-82　人类将如何应对？

赢家

拥有和控制机器的人

输家

不拥有机器或智能低于机器的人

比机器更加智能的人

图 6-83　智能时代的赢家与输家

工智能即使作为一个工程性质的"黑盒子"，也已经达到了与人类共生存，甚至共命运的水平和地位。我们将人类历史上的这一时刻称为世界文明的"奇点"（singularity）。

以色列历史学家尤瓦尔·赫拉利（Yuval Noah Harari，1976— ）在《未来简史》一书中对未来 21 世纪的人类前途和命运做了生动的预测和描述。他认为人类将会失去在经济和军事上的用途，因此经济和政治制度将不再认同人类的价值；社会系统仍然认同人类整体的价值，但个人则无价值；社会系统仍然认为某些独特的个人有价值，但这些人会是一群超人类的经营阶层，而不是大众。他说："人类把工作和决策权交给机器和算法完成，大部分的人终将沦为无用阶级。"

不管赫拉利所断言的人类未来前途和命运如何，我们所能回顾和预见的是，人类自起源到如今已经经历和基本完成了"生物性"的进化,目前正在经历和体验前所未有的"技术性"进化(图 6-84)。这种技术性进化将从智能工具的产生、使用到普及,再到人类本身的变异、分化与融合。最终结的问题是:①智能如何发展,最终将会带来什么后果与结局?②人类如何应对,最终将会迎来什么前途和命运?

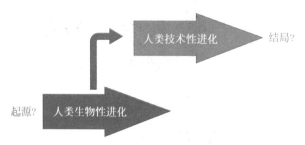

图 6-84　人类进化的起源、途径与结局

　　人类社会的文明发展经历了物质、能量和数据三个不同的发展阶段,最终每一种标志性的基本要素的人均占有或消耗数量均达到了饱和的程度,在某种意义上标志着那个时代的终结。当数据的人均数量也在不远的未来达到饱和时,下一个衡量人类社会文明的标志极有可能将是人类人均具有智能物体或机器的数量(图 6-85)。

　　随着智能物体数量的爆炸性增长,在不远的将来,人类将与机器结合,甚至融为一体而形成真正的"超级智能"。这也许是目前唯一符合逻辑且具有一定可信度的长期预测。也许有一天,我们可以实现个人知识甚至智能在电子与生物器件和系统之间迁移。这种对人类生物体的改造和超越使人感到生命在物理和数字世界中的成长,而不是死亡。这也许就是人类未来的进化方法和途径(图 6-86)。

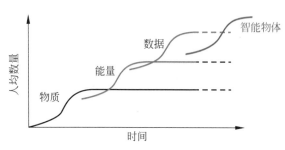

图 6-85　不同时代衡量人类文明的标志

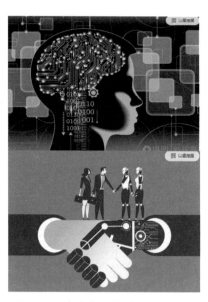

图 6-86　人类与机器的融合与共生

目前唯一不能确定,也是最令人困惑和担忧的是,这种人与机器融合而产生的超级智能是如何为人类社会服务的。它能够为人类整体带来永恒的物质和精神的自由和平等吗?还是它会沦为少数人类控制和奴役甚至毁灭大多数人类的工具和武器?无论哪种情形发生,这对未来的人类社会和文明的意义又是什么呢?也许我们需要更完善的理论模型来理解、解释和预测正在发生的未来?也许我们的世界将会经历一个极不稳定的发展时期?

本篇小结

1. 人工智能定义
- 人工智能是一种具有智能的数学模型、计算程序和执行系统,它能够胜任和完成由人类或自然智能所从事的职能和任务。

2. 人工智能分类
- 按水平表现:超级、普通和低级;按应用范围:一般、特殊。

3. 人工智能模型
- 系统模型:算法+算力。

4. 人工智能算法
- 算法具有学习和应用功能。
- 深度学习神经网络(CNN、RNN、注意力等)。

5. 人工智能应用
- 图像视频、自然语音、博弈游戏等。

6. 人工智能问题
- 限于特殊人工智能;
- 不擅长无监督学习;
- 很难实现知识迁移;
- 过度依赖大量数据;
- 逻辑推理能力偏弱。

7. 人类与机器
- 人工智能将在各个专业领域达到或超过人类智能;
- 智能机器将作为替代性工具改变和分化人类社会;
- 人类与机器融合共生也许是人类进化的唯一途径。

讨论课题

1. 关于人工智能的概念
- 人工智能作为一个"黑盒子"能够完成一些人类所从事的工作和任务,并在表现上达到和超过人类,这是否意味着人工智能将永远不会与自然智能具有相同的内部工作机制？为什么？

2. 关于人工智能的模型

- 人工智能的模型是一个基于计算机架构的信息模型，与大脑自然智能具有极大的不同。对此，你有什么看法？这是人工智能唯一或者最优的模型吗？为什么？

3. 关于人工智能的问题

- 人工智能目前仍属于专门领域的 Artificial Narrow Intelligence，为什么会出现人工智能严重偏科的现象，应如何改进？

4. 关于人类和机器的关系

- 智能机器比人类更加专业化，这似乎与人类知识工作者的专业化趋势发生冲突。你对此如何理解？又如何解决？

- 人工智能将对人类社会带来不可逆转的巨大影响。作为个人，你将如何应对？

图 书 资 源 支 持

感谢您一直以来对清华大学出版社图书的支持和爱护。为了配合本书的使用，本书提供配套的资源，有需求的读者请扫描下方的"书圈"微信公众号二维码，在图书专区下载，也可以拨打电话或发送电子邮件咨询。

如果您在使用本书的过程中遇到了什么问题，或者有相关图书出版计划，也请您发邮件告诉我们，以便我们更好地为您服务。

我们的联系方式：

地　　址：北京市海淀区双清路学研大厦 A 座 714

邮　　编：100084

电　　话：010-83470236　010-83470237

资源下载：http://www.tup.com.cn

客服邮箱：tupjsj@vip.163.com

QQ：2301891038（请写明您的单位和姓名）

用微信扫一扫右边的二维码,即可关注清华大学出版社公众号。

教学资源·教学样书·新书信息

人工智能科学与技术
人工智能|电子通信|自动控制

资料下载·样书申请

书圈